U0322235

彩图 1　电力电子器件"大餐"

彩图 2　中国"和谐号"CRH1、CRH2、CRH3、CRH5 型动车组

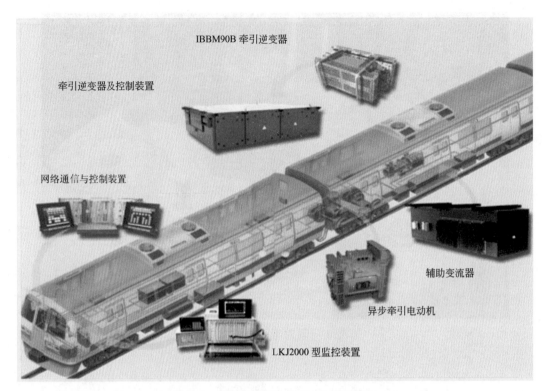

彩图 3　轨道车辆牵引传动系统结构

彩图 4　电力电子二极管

左:4 500 V、800 A 紧密封装二极管

右:1 700 V、1 200 A 模块化二极管

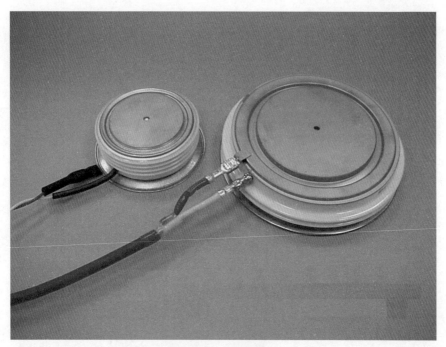

彩图 5　晶闸管

左:4 500 V、800 A 晶闸管

右:4 500 V、1 500 A 晶闸管

彩图 6　IGBT

左:1 700 V、1 200 A 模块化 IGBT

右:3 300 V、1 200 A 模块化 IGBT

彩图 7　6 500 V-1 500 A 对称型 IGCT

IGCT＝改进型 GTO＋集成门极电路＋反并联二极管(可供选择的)

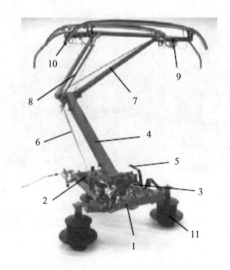

1—底架；
2—阻尼器；
3—升弓装置；
4—下臂；
5—弓装配；
6—下导杆；
7—上臂；
8—上导杆；
9—弓头；
10—滑板；
11—绝缘子

彩图 8　DSA250 型单臂受电弓实物图

彩图 9 ATM9 型牵引变压器实物图

1—热油出油管输入油冷却器;2—电动油泵;3—油冷却器;4—热油吸入油管;
5—变压器绕组;6—冷却风入口;7—油冷却器散热片及热风出口;8—油流继电器;
9—温度继电器;10—原边线路侧套管;11—接线端子

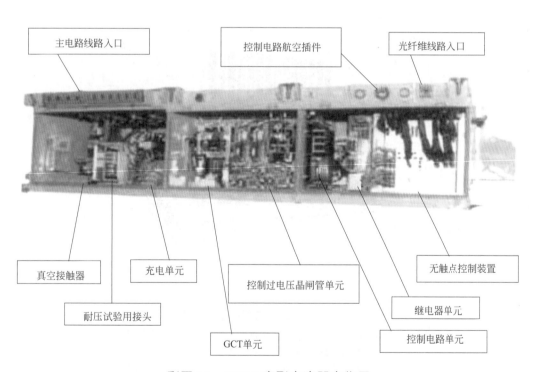

彩图 10 CRH2 牵引变流器实物图

彩图 11　脉冲整流器实物图

1—吸收电容器;2—吸收电阻器;3—驱动接口电路板;4—平衡电阻器;5—复合母线;6—散热器;
7—支撑电容;8—IPM;9—箝位二极管;10—吸收二极管

彩图 12　逆变器功率模块实物图

1—吸收电容器;2—吸收电阻器;3—驱动接口电路板;4—平衡电阻器;5—复合母线;6—散热器;
7—支撑电容;8—IPM;9—箝位二极管;10—吸收二极管

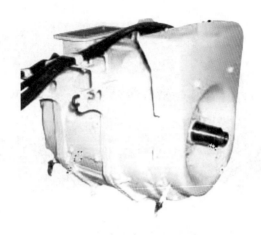

彩图 13　牵引电机实物图

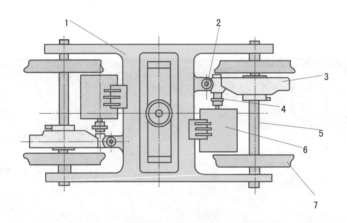

彩图 14　牵引电机安装位置图

1—转向架;2—齿轮箱固定装置;3—齿轮箱;4—齿轮弯曲轴万向接头;
5—轮轴;6—主电机;7—车轮

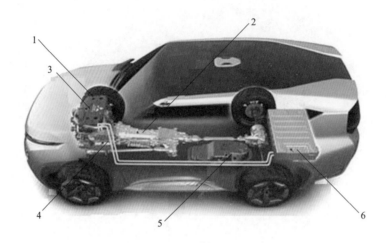

彩图 15 三菱混合动力车动力系统配置图

1—电动机；2—自动变速器；3—发动机；4—逆变器；5—燃料箱；6—蓄电池

彩图 16 特斯拉 Models 电动汽车动力系统配置图

1—异步电动机；2—电机驱动器；3— 锂电池组；4—快速充电插头

普通高等教育"十一五"国家级规划教材
同济大学"十二五"本科规划教材

电力电子技术

（第二版）

康劲松　陶生桂　主　编
徐国卿　副主编
邵丙衡　主　审

中国铁道出版社
2018年·北京

内 容 简 介

本书是普通高等教育"十一五"国家级规划教材,重点阐述了电力电子技术基础知识和应用技术。绪论阐述了电力电子技术学科的形成、发展及应用领域,包括了电力电子技术在轨道交通领域的发展和应用;第1章介绍了各种典型的电力电子器件,重点介绍了现代应用广泛的自关断器件原理和电气特性,还介绍了新材料电力电子器件的诞生演变和应用;第2至第5章分别阐述了四种基本电力电子变换电路:直流斩波电路(包括隔离型变换电路)、整流电路(包括有源逆变电路)、无源逆变电路(包括多电平逆变电路)、交-交变换电路的原理、拓扑结构和参数计算方法;第6章介绍了电力电子电路的PWM控制技术;第7章介绍了电力电子器件软开关技术;第8章介绍了电力电子器件的驱动及缓冲电路;第9章介绍了电力电子技术在轨道交通车辆和电动汽车中的典型应用;书后附录是电力电子变换器的设计案例。

本书可作为电气工程及其自动化专业、自动化专业、机电一体化专业及其他相关专业教材,也可作为从事电力、电气自动化、轨道交通和电动汽车电力传动等领域的工程技术人员参考用书。

图书在版编目(CIP)数据

电力电子技术/康劲松,陶生桂主编.—2版.—北京:
中国铁道出版社,2015.12(2018.4重印)
普通高等教育"十一五"国家级规划教材　同济大学
"十二五"本科规划教材
ISBN 978-7-113-20911-7

Ⅰ.①电… Ⅱ.①康…②陶… Ⅲ.①电力电子学-
高等学校-教材　Ⅳ.①TM1

中国版本图书馆CIP数据核字(2015)第206190号

书　　名:	**电力电子技术 (第二版)**
作　　者:	康劲松　陶生桂　主编

责任编辑:	阚济存　电话:010-51873133　电子信箱:td51873133@163.com
封面设计:	冯龙彬
责任校对:	焦桂荣
责任印制:	郭向伟

出版发行:	中国铁道出版社 (100054,北京市西城区右安门西街8号)
网　　址:	http://www.tdpress.com
印　　刷:	北京铭成印刷有限公司
版　　次:	2010年12月第1版　2015年12月第2版　2018年4月第2次印刷
开　　本:	787 mm×1 092 mm　1/16　印张:17　字数:359千
印　　数:	3 001～6 000册
书　　号:	ISBN 978-7-113-20911-7
定　　价:	45.00元

版权所有　侵权必究

凡购买铁道版图书,如有印制质量问题,请与本社读者服务部联系调换。电话:(010)51873174(发行部)
打击盗版举报电话:市电(010)51873659,路电(021)73659,传真(010)63549480

第二版前言

自《电力电子技术》(普通高等教育"十一五"国家级规划教材)于 2010 年出版以来,收到了许多读者的反馈意见,其中不乏对该书的肯定,也有一些非常宝贵的建议和意见。在原书的基础上,再版时结合作者教学科研中积累的经验,不仅在内容上进行扩充和拓展,亦对原书中的一些图表进行了更新。在兼顾经典理论的同时,也反应了近年来电力电子技术领域的研究成果。

本书作为电气信息类专业必修的一门专业基础课,可用于普通高校本科高年级的日常教学,亦可作为相关专业技术人员的培训教材,也适用于从事科研和工程项目相关人员的参考书。本书的教学时数设计为 54 学时,考虑到各个学校相应专业对课程要求的不同,在实际教学中可选用部分内容,对于学时为 36 学时的教学,可略去带 * 的选学内容。此外,本书对电力电子技术专业术语做了英文标注,每章都附有英文习题,并配套有多媒体双语教学课件,适合目前大学教育对电力电子技术课程双语教学的要求。

全书内容安排如下:绪论阐述了电力电子技术学科的形成、发展及应用领域,包括了电力电子技术在轨道交通领域的发展和应用;第 1 章介绍了各种典型的电力电子器件,重点介绍了现代应用广泛的自关断器件原理和电气特性,还介绍了新材料电力电子器件的诞生演变和应用;第 2 至第 5 章分别阐述了四种基本电力电子变换电路:直流斩波电路(包括隔离型变换电路)、整流电路(包括有源逆变电路)、无源逆变电路(包括多电平逆变电路)、交-交变换电路的原理、拓扑结构和参数计算方法;第 6 章介绍了电力电子电路的 PWM 控制技术;第 7 章介绍了电力电子器件软开关技术;第 8 章介绍了电力电子器件的驱动及缓冲电路;第 9 章介绍了电力电子技术在轨道交通车辆和电动汽车中的典型应用;书后附录一个电力电子变换器的设计案例。

本书由同济大学康劲松、陶生桂主编,徐国卿副主编,邵丙衡主审。本书编写人员分工如下:陶生桂编写了第 3 章,徐国卿编写了第 6 章、第 7 章和第 9 章第 1、5 节,其余各章节由康劲松编写,全书由康劲松进行了统稿工作。编写过程中,书稿的录入以及公式、图表的整理和绘制得到了杨纯义、胡国强、武松林等研究生的协助,特此表示感谢。本书还要对书末所列参考文献的作者表示衷心感谢。

　　电力电子技术是一门实践性很强的的专业课程,建议开设 8 学时以上的实验课程,培养学生掌握运用理论知识解决实际问题的能力。

　　限于作者的学识水平,本书虽力求完善,但不足与错误之处在所难免。作者殷切希望使用本书的教师、学生和使用本书的专业技术人员,对于本书的内容提出批评和指正,我们将不胜感激。

作　者

2015 年 10 月

第一版前言

电力电子技术是应用电力电子器件对电能进行变换与控制的一种现代技术，是一门20世纪后期新兴的边缘学科。电力电子技术具有高效、节能的优点，已广泛地应用和渗透到能源、环境、制造业、交通运输业、国防以及日常生活等各个领域，并体现出作为核心关键技术的重要性。

电力电子技术是高等学校工科电气工程及其自动化专业和自动化专业学生必修的一门专业基础课程，也是与电力、交通、新能源等有关的高科技领域的工程技术人员必须掌握的重要技术。

编者在从事多年电力电子技术教学和科研工作的基础上编写了本书。本书是一部侧重于阐述电力电子技术基础知识和应用技术的综合教材；结合了电力电子技术领域的最新成果，补充了最新知识点，并介绍了电力电子技术在现代电力牵引车辆的典型应用；本书吸收了原铁路院校沿用教材《电力电子技术》和上海市"九五"重点教材《城市轨道车辆电力传动》的部分内容。本书力求突出基本理论与基本方法，论述上先易后难、由浅入深，注重讲清基本概念，循序渐进，并结合典型应用予以分析介绍，以期望读者对电力电子技术的基本理论与实际应用有较深入的理解。

本书的内容安排如下：绪论阐述了电力电子技术学科的形成、电力电子技术的发展及应用领域，并介绍了电力电子技术在轨道交通领域的发展与应用；第1章是本书的基础，介绍了各种典型的电力电子器件，重点介绍现代应用广泛的自关断器件原理和主要电气特性；第2章至第5章分别阐述了四类基本变换电路，包括直流斩波电路、整流电路（包括有源逆变电路）、无源逆变电路、交流变换电路的原理、结构和参数计算方法；第6章介绍了电力电子电路的PWM控制技术；第7章介绍了电力电子软开关技术；第8章介绍了电力电子器件的驱动技术及缓冲电路；第9章介绍了电力电子技术在电力牵引车辆中的典型应用。

本书由同济大学康劲松、陶生桂主编，徐国卿副主编，邵丙衡主审。本书编写人员分工如下：陶生桂编写了第3章，徐国卿编写了第6章、第7章和第9章第1节、5节，剩余各章节由康劲松编写，全书由康劲松进行了统稿工作。

根据编者的教学经验，本书是按照54学时的教学内容进行了精选，考虑到各个学校相应专业对课程要求的不同，在实际教学中可选用部分内容，对于学时为36学时教学，可删去带*的选学内容。本课程对电力电子技术专业术语做了英文标注，每章都附有英文习题，并配有多媒体双语教学课件，更适合于当前大学教学应用。

本课程是一门实践性很强的课程,建议开设 8 学时以上实验课程,培养学生掌握运用理论分析并解决实际问题的能力。

西南交通大学连级三、郭世明,北京交通大学叶斌,铁道科学研究院吴茂杉,大连交通大学叶家金,同济大学陈效国等许多同行专家曾对此书做过历史性贡献,在此表示深切谢意。本书整理、绘图得到牛一川、景诗毅等研究生的大力协助,特此表示感谢。

限于我们的学识和信息,本书虽力求完善,但错误和不足之处难免存在,殷切期望专家和读者给以批评和指正。

编　者

2010 年 12 月

目　　录

绪 论

电能在人类的生产和生活中扮演着重要的角色,它的应用几乎涉及生产和生活的每一个角落:工业、交通、军事、尖端科技、医疗等等。据统计,到 2010 年,有 80% 的电能都是经过变换后应用于实际工作的。我们需要随时改变电能的类型(交流、直流),改变电压、电流的大小来适应各种环境的需要。电力电子技术是实现将各种能源高效率地变换成高质量电能,是节能、环保和提高生活质量的重要手段,已经成为弱电控制与强电运行之间,信息技术与先进制造技术之间,传统产业实现自动化、智能化、节能化、机电一体化的桥梁。电力电子的突出特点是高效、节能,是现代能源、工业和国防的重要支撑技术。因此,无论是高技术应用领域,还是各种传统产业,乃至照明、家电等与人民日常生活密切相关的应用领域,电力电子技术已无所不在。

0.1 电力电子技术的概念

根据美国 W. Newell 在 1974 年的描述,电力电子技术是电力学、电子学和控制理论三个学科交叉而形成的,如图 0-1 所示,并且这一观点得到了学术界的普遍接受。

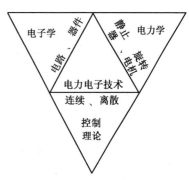

电力电子技术在能量的产生和使用之间建立了一个联系,它可以使不同的负载得到所期望的最佳能量供给形式和最佳控制,同时保证了能量传递的高效率。电力电子变换的功率可以大到几百兆瓦甚至吉瓦,也可以小到几瓦甚至瓦级以下。例如,我国铁路牵引网采用 25 kV/50 Hz 的单相交流电源,给交流电力机车供电时,其电压和频率都要进行变换;上海城市轨道交通牵引网为 1 500 V直流电源,要给城轨车辆供电时,同样要经过变换。变换的途径就是通过电力电子器件和电力电子电

图 0-1 电力电子技术的描述

路。图 0-2 是一个典型的电力电子电路框图。电源的电能通过电力电子器件经过变换之后传输给负载,控制器把反馈信号与最初设定参考值相比较,通过改变驱动信号,满足不同负载对于电能的需求。

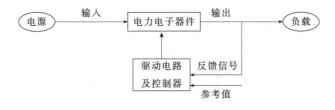

图 0-2 电力电子电路框图

通过电力电子技术进行电能变换的主要特征是功率器件工作在开关状态,这与模拟电子

技术中使用功率放大电路实现的电能变换并不相同,后者变换效率低下,并不属于电力电子技术的范围。

电力电子技术主要包含有以下几个部分:

(1)电力电子器件:功率二极管(PD)、晶闸管(SCR)、门极可关断晶闸管(GTO)、绝缘栅双极晶体管(IGBT)等,分为不控型、半控型和全控型3类。

(2)电力电子变换电路:斩波(DC/DC 变换)、整流(AC/DC 变换)、逆变(DC/AC 变换)、交流变换(AC/AC 变换)4 大类型的基本变换电路。

(3)电力电子电路的外围电路:驱动电路、缓冲电路、保护电路等。

电力电子技术涉及的知识领域也十分广阔。如图 0-3 所示,电力电子技术把强电领域和弱电控制领域进行了很好的结合,突出了以弱电控制强电的特征。

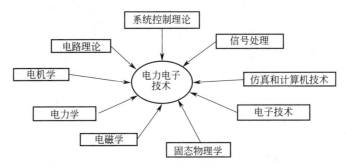

图 0-3　电力电子技术所涉及的知识领域

0.2　电力电子技术的发展概况

电力电子技术是以电力为对象的电子技术,这是一门利用电力电子器件对电能进行转换与控制的新型学科。电力电子技术包括电力电子器件、变流电路和控制电路 3 大部分。电力电子器件是电力电子技术发展的物质基础。

1947 年,贝尔实验室发明了晶体管,引发电子技术的一场革命,半导体二极管开始应用于电力领域,催化了电力电子技术的产生。1956 年,贝尔实验室发明了晶闸管,1957 年美国通用电气公司生产出了第一只晶闸管,1958 年晶闸管开始商业化,其优良的电气性能和控制性能开辟了电力电子技术的新时代。

尽管晶闸管具有优越的性能,但它只能控制开通,关断则需要依靠外界条件,所以属于半控型器件,其应用受到了一定的限制。到了 1970 年以后,传统的电力电子器件已由普通的晶闸管派生出了快速晶闸管、逆导晶闸管(RCT)、双向晶闸管(TRIAC)、不对称晶闸管(ASCR)等器件,从而形成了一个晶闸管大家族。与此同时,各类晶闸管的电压、电流、du/dt、di/dt 等参数定额都有很大提高,开关特性也有很大改善,到此时传统的电力电子技术已发展到了比较成熟的地步。20 世纪 70 年代后期,以门极可关断晶闸管(GTO)、电力晶体管(GTR)、功率场效应管(Power MOSFET)为代表的全控型器件迅速发展。这些器件既可以控制开通,也可以控制关断,并且开关速度高于晶闸管。这种控制方式与数字电子技术和计算机技术结合,进一步促进了电力电子技术的快速发展。

20 世纪 80 年代以后,人们利用复合工艺将各类具有优势的器件复合在一起,推出了一系列性能更加优越的器件,如绝缘栅双极晶体管(IGBT)、集成门极换流晶闸管(IGCT)等。IG-

BT 是 MOSFET 和 GTR 的复合,兼有 MOSFET 驱动功率小、速度快的优点和 GTR 通态压降小、载流能力强的优点,性能优越,已成为现代电力电子技术主导器件之一。与 IGBT 相对应,IGCT 是 MOSFET 与 GTO 的复合,兼备 MOSFET 和 GTO 两种器件的优点。同时出现了静电感应型电力电子器件:静电感应晶体管(SIT)、静电感应晶闸管(SITH)。

电力电子器件经过半个多世纪的发展,取得了辉煌的成就,但与微电子领域高度的集成化相比,电力电子技术仍处于分立元件时代。1997 年,美国海军提出了电力电子积木(PEBB)的概念。该概念主张使用标准化的电力电子单元,一台电力电子装置由许多电力电子单元组装而成,由于设计的标准化和模块化,电力电子装置的维护将变得十分简单。1998 年,美国电力电子系统中心(CPES)正式提出了电力电子集成技术的思想,其核心是研制集成的电力电子模块。

现代电力电子技术除了不断向高电压、大电流方向发展外,在器件、电路及其控制技术方面与传统的电力电子技术相比有如下特点:

(1)集成化:几乎所有全控型器件都由许多具有相同功能的单元胞管并联集成。例如一个 1 000 A 的 GTO 元件,其内部是由近千个单元 GTO 胞管并联集成;一个 40 A 的功率 MOS-FET 由上万个单元并联集成。

(2)高频化:目前 GTO 的工作频率可达 1~2 kHz,电力晶体管 GTR 可达 2~5 kHz,IG-BT 可达 100 kHz,功率 MOSFET 可达兆赫兹以上,静电感应晶体管 SIT 则达到 10 MHz 以上,这标志着电力电子技术已进入高频化时期。

(3)全控型:电力电子器件实现全控化,即元件本身具有门极自关断能力,这是现代电力电子器件在功能上的重大突破。上述 GTO、GTR、SITH、功率 MOSFET、SIT 以及 IGBT、MGT、MCT 等都实现了全控化,从而避免了传统电力电子器件关断时所需要的强迫换流电路。

(4)电路"弱电化",控制技术数字化:全控型器件及其高频化的功能促进了电力电子电路的弱电化。PWM 电路、谐振变换电路以及高频斩波电路,这些本来只用于弱电领域的电路,如今已成为电力电子电路的重要形式。随着微型计算机等微电子技术与电力电子技术的结合,控制电力电子电路的技术也逐步数字化。

(5)多功能化和智能化:传统电力电子器件只有开关功能,多数用于整流,而现代电力电子器件的品种增多、功能扩大、使用范围拓宽,不但具有开关功能,有的还具有放大、调制、振荡以及逻辑运算和保护等功能,因而使电力电子器件多功能化,甚至智能化。

(6)专用化:为了进一步提高器件的功能和降低成本,国际上出现了电力电子器件的专用化集成电路(ASIC)以及专用的智能化功率集成模块(IPM)。IPM 不仅把功率开关器件 IGBT 和驱动电路集成在一起,而且还内置有过电压,过电流和过热等故障检测电路。它由高速低功耗的管芯和优化的门极驱动电路以及快速保护电路构成。即使发生负载事故或使用不当,也可以保证 IPM 自身不受损坏。这些器件集中了上述全控化、弱电化、智能化等多种优点。

0.3　电力电子技术的应用

电力电子技术的应用十分广泛,在工业、交通运输、电力系统、国防领域和民用领域的典型应用如表 0-1 所示。

表 0-1　电力电子技术在各行各业中的应用

运用领域	工业	交通运输	电力系统	国防领域	民用领域
电力电子技术 · 电力传动	伺服系统、数控机床、鼓风设备、起重机、干燥机、空气压缩机、电机软启动、开采设备	轨道车辆牵引传动系统、电动汽车、磁悬浮列车、太空车运动系统	风力发电、潮汐发电	炮塔随动控制系统、排爆机器人、无人战斗机、常规动力潜艇水下电驱动系统	空调、电冰箱、便携电动工具、电梯、电动自行车、电动玩具
电力电子技术 · 电能变换	工业电源、UPS、焊接设备、激光器、化学电镀、冶金感应加热系统	轨道列车辅助系统、卫星电源系统、船舶供电、飞机供电系统、汽车车内供电系统	高压直流输电、新能源并网发电、无功功率补偿器、有源电力滤波器	电磁炮、移动电站、火控雷达、声纳、报警系统、通信系统	微波炉、电热毯、计算机、电磁炉、音响、霓虹灯广告牌、复印机、电视机、电影、日光灯、医疗器械

0.4　电力电子技术在轨道交通中的发展和应用

在电力电子技术应用的各领域中,轨道交通是应用电力电子器件总容量最大、技术要求最先进、可靠性要求极高的部门,电力电子技术的发展水平,很大程度上决定了轨道交通电力牵引发展的技术水平和发展的规模。

1879 年的世界第一台电力机车和 1881 年的第一台城市电车都在尝试直流斩波供电牵引方式。1891 年西门子实验了三相交流直接供电、绕线式转子异步电动机牵引的机车,1917 年德国又试制了采用"劈相机"将单相交流供电进行旋转,变为三相交流电的试验车。这些技术探索最终都因系统庞大、能量转换效率低、电能转换为机械能的转换能量小等因素,未能成为牵引动力的适用模式。

1955 年,水银整流器机车问世,标志牵引动力电传动技术实用化的开始。1957 年,通用公司的商用晶闸管的发明,标志电力牵引进入电力电子技术时代。1965 年,晶闸管整流器机车问世,使牵引动力电传动系统发生了根本性的技术变革,全球兴起了单相工频交流电网电气化的高潮。除了传统的 16.67 Hz 交流和 3 000 kV 直流电气化铁路,新电气化铁路均可采用 50 Hz 和 60 Hz 工频。因此,欧洲出现了多种铁路电网电流制式,通过采用电力电子新技术不断地克服多种供电方式带来的弊端。

20 世纪 70 年代,采用异步交流传动系统的 DE-2500 内燃机车问世,交流传动在牵引领域重新展现前所未有的生机。到 80 年代末期随着可关断晶闸管 GTO 的应用技术逐渐成熟,轨道交通交流传动技术在全世界得到应用。90 年代初开发了水冷 GTO 模块,进一步优化了缓冲电路和结构技术,因此在大大提高功率的同时,变流器重量和体积再次降低约 20%。

电力电子器件的发展和电力传动技术的不断成熟大大提高了电气机车的运行速度,各国从 20 世纪 60 年代开始争先恐后的研究时速 200 km 以上的电气化高速铁路。日本是最早进行这方面研究的国家,早在 1964 年,日本的 0 系列动车使用二极管整流,运行时速达到 210 km。80 年代,其又开发出 100 系列和 200 系列动车,通过可控硅整流,运行时速可达 260 km。80 年代末 90 年代初,法国和德国也相继开始建设高速铁路,这一时期的均使用 GTO 全控型器件作为开关器件,代表有日本的 300 系列动车,法国 TGV 动车,德国 ICE1 动车,此时列车的运行时速已达 300 km。21 世纪之后,韩国、西班牙加入研制高速铁路的行列,这一时期高速列车应用的电力电子器件已经开始向 IGBT 转变,而列车的运行速度已经上升到 350 km/h。中国于 2007 年首次推出采用 IGBT 牵引变流器的"和谐号"CRH1 高速动车组,最高时速为 250 km;2008 年,采用 IPM 三电平牵引变流器的"和谐号"CRH2 型动车组最高运行速度已经超过 350 km/h;2009 年末和 2010 年初相继开通的武广客运专线和郑西线,运行速度再次刷新了纪录,并把我国的铁路推向高速化的时代。

0.5　本书知识结构

本书是电力电子技术基础知识和应用技术的综合教材,尤其着重介绍了电力电子技术在轨道交通的发展和典型应用。根据电力电子技术中知识理解的难易程度,本书一改常规将 DC/DC 变换的部分先于 AC/DC 变换介绍,力求读者能够循序渐进地学习,由易到难,提高学习的效率和积极性。在每章之后配有相关英文专业词汇,以便读者阅读电力电子技术的英文文献。

本书的主题知识结构分为如下几个部分:

第一部分(第 1 章):介绍各种典型的电力电子器件基本特性,着重介绍现代应用最广泛的如晶闸管、GTO、IGBT 等。同时介绍了近些年一些新型器件的原理、发展、应用状况。对于器件介绍,涉及其基本结构、工作原理、主要参数等,为后续的电力电子电路学习打好基础,但本章并不涉及器件制造工艺。

第二部分(第 2 章~第 5 章):主要介绍电力电子基本电路,包括斩波、整流、逆变、交-交变换等。这一部分是本书的主要部分,也是学习的重点和难点。电力电子电路种类繁多,并且随着应用场合的不同也不尽相同,但是其基本的原理和基本电路是不变的。通过学习经典的电力电路,并透彻分析其原理,掌握不同电路之间的共性和个性,对于以后应用设计具体电路是十分有益的。

第三部分(第 6 章~第 8 章):这部分介绍电力电子的辅助知识,包括 PWM 技术以及电力电子器件门控电路。PWM 技术的出现,使电力电子电路的性能有很大的改善与提高,以前一些难以实现的控制策略和控制指标都能加以实现。因此,PWM 技术在电力电子的历史上产生了深远的影响。同时,不同的电力电子器件,对于门极的控制要求也各不相同,因此,不同的器件,门控电路不尽相同。通过结合第一章,在对器件学习的基础之上,了解不同器件的不同驱动方式也是很有必要的。另外,在第 7 章和第 8 章分别简单介绍了软开关技术的基础知识以及用来保护电力电子器件的缓冲电路(吸收电路)结构。

第四部分(第 9 章):这部分介绍了电力电子的应用情况,并举例分析。这一部分是本书的特色,本书注重电力电子技术在轨道交通和电动汽车中的应用,通过一些轨道交通和电动汽车应用的实例,说明电力电子技术在电力传动、电能变换中的重要作用,突出了电力电子技术是实用性和工程性很强的一门技术。本部分内容相对比较复杂,读者可以根据自身状况进行学习。

在学习本课程之前,一般情况下已学过"电路"和"电子技术基础(数字电路、模拟电路)"两门课程并能掌握常见电子仪器的使用方法,这些都将对电力电子技术的学习有很大的帮助。相信通过学习本书,能使读者对电力电子技术有一个系统的、深刻的、详细的理解和认识。并且在应用之中获得较大的收益。

1　电力电子器件的原理与特性

电力电子技术的发展,实际上是以电力电子器件特性为基础的。学习电力电子技术这门课程,要先从器件学起。通过了解各种器件的特性以及应用的差别,将对以后电力电子变换电路的学习起到至关重要的作用。本章在 1.1 节对电力电子器件进行了分类,在 1.2 节之后开始对电力电子领域常用的器件进行介绍。考虑到很多器件的原理与模拟电子技术是相通的,因此,为便于理解,在模拟电子技术中曾经使用的,原理相同的器件都在 1.2 节中讲解。而在 1.3 节之后所介绍的器件都是电力电子技术具有代表性的器件。

1.1　电力电子器件的分类与应用

1.1.1　电力电子器件的分类及其基本特点

电力电子器件品种繁多,因此有数种分类方法。通常按开关控制性能分为:

(1)不控型器件:这是无控制端口的二端器件,如功率二极管,不具备可控开关性能。

(2)半控型器件:这是有控制端口的三端器件,但其控制端在器件导通后即失去控制能力,即无关断能力,为了关断器件必须借助外部条件。晶闸管及其大部分派生器件均属这一类。

(3)全控型器件:这也是有控制端口的三端器件,但其控制端具有控制器件导通和关断的双重功能,故称自关断器件。如 GTO、GTR、IGBT 等器件均属这一类。

电力电子器件特别是全控型器件,为了掌握其较多的性能,往往还根据器件内部载流子参与导电的种数不同来分类。只有一种载流子,即只有多数载流子参与导电的电力半导体器件称单极型器件,如电力场控晶体管(功率 MOSFET)、静电感应晶体管(SIT)等。有空穴和电子两种载流子参与导电的电力半导体器件称双极型器件,如 GTO、GTR、SITH 等。第三种称复合型器件,这是一种单极型器件与双极型器件的复合集成器件,如绝缘栅双极晶体管(IG-BT)是用单极型的 MOSFET 作为控制器件、以双极型的 GTR 作为主导器件的复合管。

不同类型的电力电子器件具有不同的性能,双极型器件如晶闸管、GTO、GTR、SITH 等,它们的通态压降较低,阻断电压高,电流容量大,适用于中大容量的变流设备。如其中晶闸管用在我国早期的干线电力机车上,而 GTO 和 IGBT 用于我国新型电力传动轨道车辆和高速动车组上,其电压和电流的定额都高达 10^3 级。

单极型器件有多数载流子导电,无少数载流子存储效应,因而开关时间短,一般为纳秒数量级(典型值为 20 ns)。以功率 MOSFET 为例,电压可达 1 000 V,电流为 200 A,开关时间仅 13 ns,其中较少器件工作频率可达 500 kHz 以上。这类器件另一优点是输入阻抗很高,通常大于 40 MΩ,故称电压控制型器件,而在上述双极型器件中除静电感应晶闸管(SITH)为电压控制型器件外,其余的晶闸管及其家族和 GTR 等双极型器件,均为电流控制型器件,故其控制性能和功耗不如单极型的功率 MOSFET。此外单极型器件的电流具有负的温度系数,温度上升、电流下降,因而器件有良好的电流自动调节能力,不易产生局部热点,所以二次击穿(Second Breakdown)的可能性极小,这一点与双极型的 GTR 有根本不同(详见 1.2 节 GTR

部分）。其不足之处是导通压降高、电压和电流定额都较双极型器件小。主要用于功率较小、工作频率高的机器人传动等高性能传动装置中。复合型器件既具有如 GTR、晶闸管等双极型器件的电流密度高、导通压降低等优点，又具有 MOSFET 等单极型器件输入阻抗高、响应速度快的优点。因此这种新型复合器件已引起人们的高度重视。目前已开发的这种器件有：肖特基注入 MOS 门极晶体管（SINFET）、绝缘栅双极晶体管（IGBT）、MOS 控制晶体管（MGT）、MOS 控制晶闸管（MCT 或 MCTH）以及功率集成电路（PIC）和智能型功率集成电路（SPIC）、智能型功率模块（IPM）等。

为了进一步了解各类电力电子器件的家族关系，以便掌握其通性和特点，请参阅如图 1-1 所示的电力半导体家族"树"。

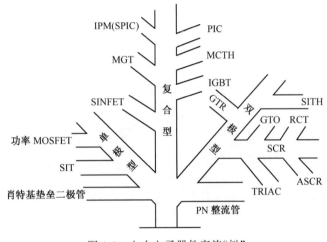

图 1-1 电力电子器件家族"树"

1.1.2 电力电子器件的主要应用场合

电力电子器件的基本用途是构成各种变流电路，使交流（AC）和直流（DC）的电能进行互相变换，其主要转换形式共有四种，如图 1-2 所示。

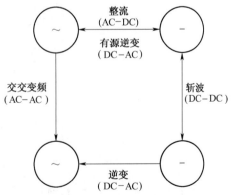

1. 交流到直流的变换，即整流。采用不可控器件得到电压固定的直流，采用可控器件得到可控直流。必要时还可逆向进行，使电能逆变到交流电网，即实现有源逆变。

2. 直流到直流的变换。它借助可控器件构成斩波器以实现这种转换，这时输出的直流电压可控，既可完成电压较高的直流电变为电压较低且可调节的直流输出，还可能逆向进行变换，使电压较低的直流升压成电压较高的直流。

图 1-2 电力半导体实现变流的基本方式

3. 直流到交流的逆变换，即由可控器件构成逆变器（变频器），实现无源逆变。当用电机作为无源逆变的负载时，需要时也可用逆变器实现由交流到直流的反变换。根据不同容量的逆变器及其不同的工作频率，可选用 GTO、IGBT 或功率 MOSFET 等器件。

4. 交流到交流的变换。例如把工频 50 Hz 的交流变为输出频率较低的可调的交流，即由可控电力电子器件构成周波变流器实现交-交变流。使电压固定的交流变为电压可调的交流。

　　上述各种变换电路已普遍深入地应用到各个领域。电力电子器件输出容量(输出电流、电压定额的乘积)及其工作频率是决定电力电子器件应用场合的基本因素。图 1-3 是电力电子器件的输出容量及工作频率与应用领域的相关图,可见发电厂输配电系统中的直流输电与动态无功补偿容量最大,可达 10^8 V·A 级,电力牵引的变换装置为 4 000～10 000 kV·A,但频率较低;而小容量的微波炉等设备,频率高达 100 MHz 以上。

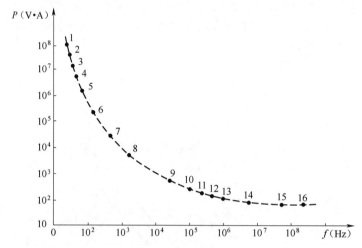

图 1-3　电力电子器件的输出容量、频率与应用领域的相关曲线

1—高压直流输电;2—动态无功补偿;3—直流电解;4—电力牵引;

5—电动机驱动;6—不间断电源;7—电动汽车;8—感应加热;

9—高频感应加热;10—音频放大器;11—超声波发生器;

12—开关电源;13—照明;14—电视扫描;15—通信;16—微波炉

　　图 1-4 以开关频率为横坐标,器件容量为纵坐标,标示出不同电力电子器件在不同领域中

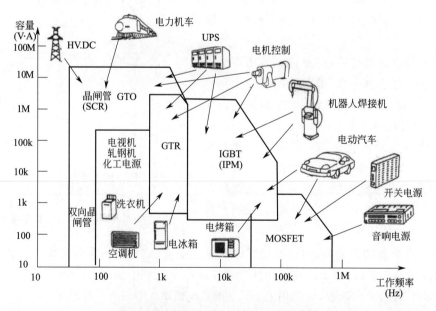

图 1-4　电力电子器件的比较和应用领域

应用的区别。晶闸管的频率最低,但容量可达 100 MV·A,主要用于高压直流输电,其中容量为 1 kV·A 的领域则是双向晶闸管 TRIAC 在家用电器中的应用。GTO 的应用范围在主要用于轨道交通车辆和大功率不间断电源(Uninterruptable Power Supply—UPS)中。GTR 模块曾被大量用在电机控制、空调机、UPS、逆变器、电冰箱等各方面,但现被 IGBT(IPM)取代。功率 MOSFET 在汽车电子设备、自动电焊机、高频火花加工、电磁炉及电子检测设备中用得较多。而小功率的 MOSFET 主要用在开关电源、录像机、音频电源等电子设备中。

展望未来,电力电子器件在下列 3 个主要方面将取得重大进展:

1. 全控型器件将在加大功率、提高工作频率、控制简单可靠这三方面继续发展。如 IGBT 的电压等级正向 8 000 V 以上,电流等级正向 2 000 A 发展。GTO 则可能达到 20 000 V,6 000 A 以上。

2. 在 20 世纪 90 年代内,由于 MCT、SITH 和 SIT 等器件的大容量化和实用化(如日本批量生产了 200 kW、200 kHz 的 SIT 高频加热设备)、集 MOSFET 与 GTR 两者优点的 IGBT 电流和电压的进一步提高以及 GTO 性能的改善,如使 GTO 关断损耗下降 30%,这些进展将迫使晶闸管和 GTR 的应用范围越来越小,最终可能被淘汰。

3. 功率集成电路(PIC)的智能化和容量的加大。由于它的芯片上集成了一个系统,其中既包括了全控型电力电子器件,又在不同程度上包括了驱动电路、保护电路、传感器、诊断电路和控制电路,即具有某种初步智能化功能。它的进一步发展,将会使电力电子技术跃入智能化功率集成电力电子技术的新时代。目前用于轨道交通车辆的智能型功率模块(IPM)最高水平已达 3 300 V、1 500 A。

1.2 功率二极管(PD)、功率三极管(GTR)、功率场效应管(Power MOSFET)

1.2.1 功率二极管(PD)

功率二极管(Power Diode—PD)自 20 世纪 50 年代初期获得应用。虽然是不可控器件,但其结构和原理简单,工作可靠,直到现在功率二极管仍然大量应用于许多电气设备当中。特别是快速恢复二极管和肖特基二极管,仍分别在中、高频整流和逆变中,具有不可替代的位置。功率二极管的基本结构和工作原理与信息电子电路中的二极管是一样的,都是以半导体 PN 结为基础的。功率二极管实际上是由一个面积较大的 PN 结合两端引线以及封装组成的,图 1-5 给出了功率二极管的外形、结构和电气图形符号。从外形看,功率二极管早期主要有螺栓型和平板型两种封装,现都已采用模块化封装(见彩图 4)。

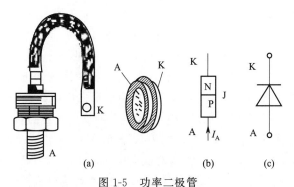

图 1-5 功率二极管

(a)功率二极管的外形;(b)功率二极管的结构;(c)功率二极管的电气图形符号

1. 功率二极管的基本特性

（1）静态特性（Static Characteristic）

功率二极管的静态特性主要是指其伏安特性，如图 1-6 所示。当功率二极管承受的正向电压达到一定值（门槛电压 U_{TO}），正向电流 I_A 才开始明显增加，处于稳定导通状态。与正向电流 I_A 对应的功率二极管两端的电压 U_A 即为其正向电压降。当功率二极管承受反向电压 U_B 时，只有少子引起的微小而数量恒定的反向漏电流。

（2）动态特性（Dynamic Characteristic）

因为结电容的存在，功率二极管在零偏置（外加电压为零）、正向偏置和反向偏置这三种状态之间转换的时候，必然经历一个过渡过程。在这些过渡过

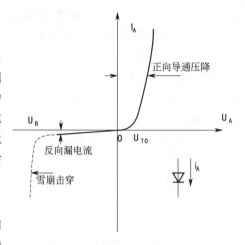

图 1-6 功率二极管的伏安特性

程中，PN 结的一些区域需要一定时间来调整其带电状态，因而其电压-电流特性不能用前面的伏安特性来描述，而是随时间变化的，这就是功率二极管的动态特性，并且往往专指反映通态和断态之间转换过程的开关特性。这个概念虽然由功率二极管引出，但可以推广至其他各种电力电子器件。

图 1-7 给出了功率二极管由正向偏置转换为反向偏置时其动态过程的波形。当原处于正向导通状态的功率二极管的外加电压突然从正向变为反向时，该功率二极管并不能立即关断，而是经过一段短暂的时间才能重新获得反向阻断能力，进入截止状态。在关断之前有较大的反向电流出现，并伴随有明显的反向电压过冲。这是因为正向导通时在 PN 结两侧储存的大量少子需要被清除掉以达到反向偏置稳态的缘故。

设 t_F 时刻外加电压突然由正向变为反向，正向电流在此反向电压的作用下开始下降，下降速率由反向电压的大小和电路中的电感决定，而管压降由于电导调制效应基本变化不大，直至正向电流为零的时刻 t_0。此时功率二极管由于在 PN 结两侧（特别是多掺杂 N

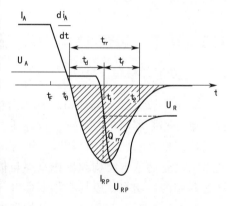

图 1-7 功率二极管的关断过程

区）储存有大量少子而并没有恢复反向阻断能力，这些少子在外加反向电压的作用下被抽取出功率二极管，因而形成较大的反向电流。当空间电荷区附近的储存少子即将被抽尽时，管压降变为负极性，于是开始抽取离空间电荷区较远的浓度较低的少子。因而在管压降极性改变后不久的 t_1 时刻反向电流从其最大值 I_{RP} 开始下降，空间电荷区开始迅速展宽，功率二极管开始重新恢复对反向电压的阻断能力。在 t_1 时刻以后由于反向电流迅速下降，在外电路电感的作用下会在功率二极管两端产生比外加反向电压大得多的反向电压过冲 U_{RP}。在电流变化率接近于零的 t_2 时刻（有的标准定为电流降至 $25\% I_{RP}$ 的时刻），功率二极管两端承受的反向电压才降至外电压的大小，功率二极管完全恢复对反向电压的阻断能力，图中阴影部分为反向恢复电荷 Q_{rr}。时间 $t_d = t_1 - t_0$ 被称为延迟时间，$t_f = t_2 - t_1$ 被称为电流下降时间，而时间 $t_{rr} = t_d + t_f$ 则被称为功率二极管的反向恢复时间。其下降时间与延迟时间的比值 t_f / t_d 被称为恢复系数，

用 S_r 标记。S_r 越大则称恢复特性越软,实际上就是反向电流下降时间相对较长,因而在同样的外电路条件下造成的反向电压过冲 U_{RP} 较小。

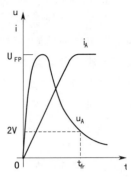

图 1-8 给出了功率二极管由零偏置转换为正向偏置时其动态过程的波形。可以看出,在这一动态过程中,功率二极管的正向压降也会先出现一个过冲 U_{FP},经过一段时间才趋于接近稳态压降的某个值(如 2 V)。这一动态过程时间被称为正向恢复时间 t_{fr}。出现电压过冲的原因是:

图 1-8 功率二极管的
导通过程

(1)电导调制效应起作用所需的大量少子需要一定时间来储存,在达到稳态导通之前的管压降较大。

(2)正向电流的上升会因器件自身的电感而产生较大的压降。电流上升速率越大,U_{FP} 越高。当功率二极管由反向偏置转换为正向偏置时,除上述时间外,势垒电容电荷的调整也需要较多时间来完成。

2. 功率二极管的主要参数

(1)正向平均电流 $I_{A(AV)}$

指功率二极管长期运行时,在指定的管壳温度(简称壳温,用 T_C 表示)和散热条件下,其允许流过的最大工频正弦半波电流的平均值。在此电流下,因管子的正向压降引起的损耗造成的结温升高不会超过所允许的最高工作结温。这也是标称其规定的电流参数。可以看出,正向平均电流是按照电流的发热效应来定义的,因此在使用时应按照工作中实际波形的电流与正向平均电流所造成的发热效应相等,即有效值相等的原则来选取功率二极管的电流定额,并应留有一定的裕量。通过对正弦半波电流的换算可知,正向平均电流 $I_{A(AV)}$ 对应的有效值为 $1.57I_{A(AV)}$。不过,应注意的是,当用在频率较高的场合时,功率二极管的发热原因除了正向电流造成的通态损耗外,其开关损耗也往往不能忽略。当采用反向漏电流较大的功率二极管时,其断态损耗造成的发热效应也不小。在选择功率二极管的正向电流定额时,这些都应加以考虑。

(2)正向压降 U_A

指功率二极管在指定温度下,流过某一指定的稳态正向电流时对应的正向压降。有时候,其参数表中也给出在指定温度下流过某一瞬态正向大电流时功率二极管的最大瞬时正向压降。

(3)反向重复峰值电压 U_{RRM}

指对功率二极管所能重复施加的反向最高峰值电压,通常是其雪崩击穿带电压 U_B 的 2/3。使用时,往往按照电路中功率二极管可能承受的反向最高峰电压的两倍来选定此项参数

(4)最高工作结温 T_{JM}

结温是指管芯 PN 结的平均温度,用 T_J 表示。最高工作结温是指在 PN 结不损坏的前提下所能承受的最高平均温度,用 T_{JM} 表示。T_{JM} 通常为 125~175 ℃。

(5)浪涌电流 I_{FSM}

指功率二极管做能承受的最大的连续一个或几个工频周期的过电流。

由于功率二极管导通之后的特性与关断时刻的特性都与晶闸管类似,因此其承受电压和电流的计算方法与晶闸管是相同的,在晶闸管的介绍中将加以详细说明。

3. 功率二极管的主要类型

功率二极管在许多电力电子电路中都有着广泛的应用。功率二极管可以在交流—直流变换电路中作为整流器件，也可以在电感器件的电能需要适当释放的电路中作为续流器件，还可以在各种变换电路中作为电压隔离、箝位或者保护器件。在应用时，应根据不同场合的不同要求，选择不同类型的功率二极管。当然，从根本上讲，性能上的不同都是由半导体物理结构和工艺上的差别造成的。

(1)普通二极管(General Purpose Diode)

普通二极管又称整流二极管(Rectifier Diode)，多用于开关频率不高(1 kHz 以下)的整流电路中。其反向恢复时间较长，一般在 5 μs 以上，这在开关频率不高时并不重要，在参数表中甚至不列出这一参数。但其正向电流定额和反向阻断电压定额却可以达到很高，分别可达数千安和数千伏以上。

(2)快恢复二极管(Fast Recovery Diode—FRD)

恢复过程很短，特别是反向恢复过程很短(一般在 5 μs 以下)的二极管被称为快恢复二极管，简称快速二极管。工艺上多采用掺金措施，结构上有的采用 PN 结型结构，也有的采用对此加以改进的 PIN 结构。特别是采用外延型 PIN 结构的所谓快恢复外延二极管(Fast Recovery Epitaxial Diodes—FRED)，其反向恢复时间更短(可低于 50 ns)，正向压降也很低(0.9 V 左右)，但其反向耐压多在 1 200 V 以下。不管是什么结构，快恢复二极管从性能上可分为快速恢复和超快速恢复两个等级。前者反向恢复时间为数百纳秒或者更长，后者则在 100 ns 以下，甚至达到 20～30 ns。

(3)肖特基二极管(Schottky Barrier Diode—SBD)

以金属和半导体接触形成的势垒为基础的二极管称为肖特基势垒二极管，简称为肖特基二极管。肖特基二极管在信息电子电路中早就得到了应用，但直到 20 世纪 80 年代以来，由于工艺的发展才得以在电力电子电路中广泛应用。与以 PN 结为基础的功率二极管相比，肖特基二极管的优点在于：反向恢复时间很短(10～40 ns)，正向恢复过程中也不会有明显的电压过冲；在反向耐压较低的情况下其正向压降也很小，明显低于快恢复二极管。因此，其开关损耗和正向导通损耗都比快恢复二极管还要小，效率高。肖特基二极管的弱点在于：当所能承受的反向耐压提高时，其正向压降也会高的不能满足要求，因此多用于 200 V 以下的低压场合；反向漏电流较大且对温度敏感，因此反向稳态损耗不能忽略，而且必须更严格地限制其工作温度。

1.2.2　功率三极管(GTR)

1. 单管形式与达林顿结构的 GTR

功率三极管也称巨型晶体管(Giant Transistor Recovery—GTR)或电力晶体管，这是一种双极型大功率、高反压晶体管，它具有自关断能力、并有饱和压降低、开关时间短和安全工作区宽等特点。在二十多年以前，由于 GTR 实现了高频化和模块化，并且价格也较便宜，可使变流装置结构大为简化，可靠性提高。因此在交流电机调速、不间断电源和中频电源等电力变流装置中获得了广泛应用。由于 GTR 的电流和功耗大，出现了一些与小功率晶体管不同的新问题，例如 GTR 的电流增益下降问题、大电流条件下基区的横向压降上升而使发射极电流分布不均问题、二次击穿问题等。

单管 GTR 的电流增益较低，需要有相当大的门极驱动功率才能控制单管 GTR 的导通，这就使单管 GTR 的门控电路工作困难、损耗相当大，因此采用了所谓"达林顿"结构，以改善

GTR 性能。GTR 由此经历了单管电力晶体管、达林顿管和达林顿模块三个阶段。

采用达林顿结构是提高增益的有效方式,它由两个或多个晶体管复合连接组成,以达到用最少的器件获得最高增益的作用。图 1-9(a)表示两个 NPN 晶体管的达林顿结构,图 1-9(b)表示 PNP-NPN 达林顿结构。图中 VT$_1$ 为驱动管,VT$_2$ 为输出管,GTR 的类型取决于驱动管。与单管相比,它们的共同特点是,电流增益高,输出管不会饱和,但关断时间较长。目前最通用的是达林顿模块,它是把单个或多个达林顿结构的 GTR 及其辅助器件,即续流二极管 VD$_1$,稳定电阻 R,快速二极管 VD$_2$ 等制作在一起,如图 1-9(c)所示,再用环氧树脂密封而成,结构紧凑、功能强、体积小。图 1-9(c)是两只 NPN 单管复合的 GTR 模块,图 1-9(d)是由两只三级达林顿 GTR 及其辅助器件构成的单臂桥式电路模块的原理电路图。为了改善器件的开关过程和并联使用,中间级晶体管的基极均有引线在外,如图中 BC$_{11}$、BC$_{12}$ 等端子。日本富士公司生产的 2DI150 A-120 型 GTR 模块,即为这种类型,基本参数为:$I_C=150$ A、$U_{CEO}=1\,200$ V、$\beta=70$、功耗 $P_C=1\,000$ W。

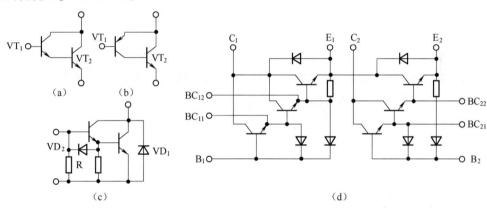

图 1-9　GTR 的达林顿结构及模块电路

(a)NPN-NPN 达林顿管;(b)PNP-NPN 达林顿管;(c)达林模块电路;(d)达林顿桥臂模块电路

2.GTR 的静态特性与参数

在实际应用中应注意 GTR 的输出特性、电流增益以及电压和电流的极限值等。

(1)输出特性

GTR 的输出特性即集电极伏安特性 $U_{CE}=f(I_C)$,如图 1-10 所示。图中(Ⅰ)为截止(阻断)区,GTR 处于关断状态,此时基极电流 $I_B=0$,GTR 承受高电压,仅有极小的漏电流存在,其集电结与发射结均处于反向偏置状态。图中(Ⅱ)区为线性工作区,又称放大区,此时集电结仍处于反向偏置,而发射结为正向偏置,集电极电流 I_C 与基极电流 I_B 之间呈线性关系,所以若工作在开关状态的 GTR 应尽量避免进入线性工作区,以免 GTR 上的功耗过大。(Ⅲ)为临界饱和区,随着基极电流的增加,电流增益开始下降,I_C 与 I_B 之间出现非线性关系。故

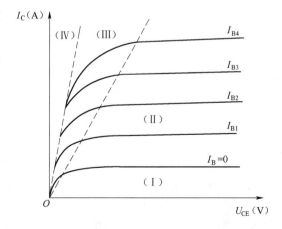

图 1-10　GTR 共射极电路的输出
特性 $U_{CE}=f(I_C)$

输出特性弯曲,即进入临界饱和区。(Ⅳ)为深饱和区,基极电流变化时,集电极电流不再变化,这时电流增益与通态电压 U_{CES} 均为最小值,类似一只导通的开关。基极与射极间的电压用 U_{BES} 表示,集电极与发射极间电压用 U_{CES} 表示,称为饱和压降。这是一个重要参数,决定电子器件作开关管工作时的功耗大小。

(2)电压极限值

GTR 的击穿电压不仅随管子的型号而不同,而且与管子的具体接法有极大的关系。图 1-11 (a)、(b)、(c)、(d)、(e)表示 5 种不同的电路,即各具有不同的基极条件,其伏安特性不同,而且相应的电压极限值也各不相同。

图 1-11(a)是 GTR 发射极开路时集电极与基极间承受电压的情况,相应的击穿电压为 BU_{CBO};图 1-11(b)是 GTR 基极开路时集电极与射极之间加电压的情况,击穿电压为 BU_{CEO};图 1-11(c)是基极与射极短路条件下集电极与射极之间加电压的情况,击穿电压为 BU_{CES};图 1-11(d)是基极与射极之间有外接电阻的情况,击穿电压为 BU_{CER};图 1-11(e)是基极与射极之间接有反向偏压的情况,击穿电压为 BU_{CEX}。图 1-11(f)则画出上述五种情况下的伏安特性,每条特性用相应的电路图号(a)、(b)、…、(e)表示。由图可见

$$BU_{CEX} > BU_{CES} > BU_{CER}$$

比较上述不同电路对集电极与发射极击穿电压的影响,可见图 1-11(e)电路在发射结上施加反向偏压可以提高击穿电压的数值,所以应用普遍。

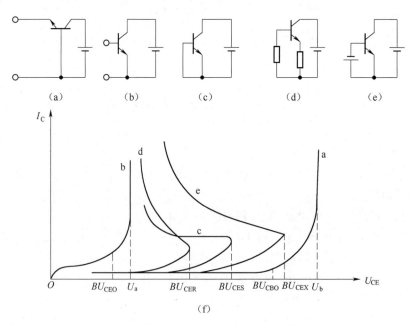

图 1-11 GTR 在不同基极条件下的伏安特性及电压极限值

为了防止管子在使用中因电压超过极限值而损坏,除了适当选用管型外,还需要增设若干过压保护措施,以确保工作安全。

(3)电流和功率的极限值

集电极电流的最大值 I_{CM} 是保证 GTR 工作正常、不致引起大电流效应、造成管子电性能变差甚至损坏的极限值。

最大耗散功率 P_{CM} 是 GTR 在最高工作温度下的耗散功率,其值由管压降与集电极电流

的乘积所决定,这些热能会使 GTR 结温达到极限值。

3. GTR 的动态特性

GTR 作为高频开关,经常处于开、关的瞬态过程之中。为了降低动态损耗,希望器件具有理想的开关特性,但实际上由于结电容和过剩载流子的存在,集电极电流的变化总是滞后于基极电流,而且波形边缘倾斜。图 1-12 表示 GTR 基极、集电极电流波形和开关时间。

图中开通时间 t_{on} 是 GTR 由截止到饱和开通过程的时间,其中包括延迟时间 t_d 和上升时间 t_r。前者相应于发射结电容的充电过程,后者相应于载流子的传输时间。为了减小开通时间,可以选择结电容小的 GTR,或者提高基极正向驱动电流的幅值和波形陡度,以提高发射结充电速度。一般开通时间为纳秒(ns)的数量级。

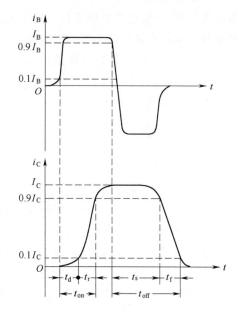

图 1-12 GTR 基极、集电极
电流波形和开关时间

图中关断时间 t_{off} 包括存储时间 t_s 和下降时间 t_f。存储时间是指 GTR 由饱和到截止的过程中,将过剩电荷运走并使 GTR 开始进入线性工作区的那一段时间。下降时间 t_f 是指进入线性工作区后直到电流最后消失所需的时间。关断时间较开通时间长得多,存储时间 t_s 大约为 $3\sim8\ \mu s$,下降时间 t_f 约为 $1\ \mu s$。为了提高工作频率,缩短关断时间,应选择电流增益小的管子,防止深度饱和并且加大反向偏置电流。

du/dt 和 di/dt 将会影响 GTR 开关过程中的工作,因为实际电路中必然存在着电感和电容,过大的 du/dt 和 di/dt 将增大管子中的瞬时电流或电压,能导致运行点超过安全工作区使管子损坏。

4. GTR 的二次击穿

在 GTR 断态情况下集射极间所加的电压 U_{CE} 逐步加大时,GTR 的漏电流随着加大,当 U_{CE} 上升到最高电压额定值 BU_{CEO} 时,其断态伏安特性已出现上弯,这时 GTR 处于一次击穿临界状态。BU_{CEO} 又称一次击穿电压值,发生一次击穿时漏电流很快增加,如果有外接电阻限流,一般不会发生 GTR 特性变坏,如不加限制,就会导致破坏性的二次击穿(以 SB 表示)。二次击穿是发生在一次击穿后集电极电流的继续增长,当增长到某一点(图 1-13 中的临界点 A),特性出现向低阻抗区高速移动的负电阻现象,此时集电极电流急剧增长,电流幅值仅决定于外电路参数。二次击穿的时间在纳秒或微秒级,即使在这样短的时间内,它也能使 GTR 内部出现明显的电流集中和过热点。因此一旦发生二次击穿,轻者使 GTR 的耐压降低、特性变差,严重时 GTR 如无足够的功率 P_{CM} 裕量,就会使集电极和发射极熔通,造成永久性破坏。

引起二次击穿的主要的原因是器件内部局

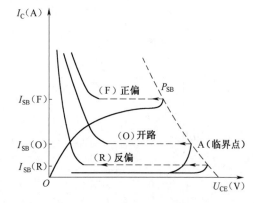

图 1-13 GTR 的二次击穿特性

部温度过高,引起电流急剧增长。因此凡是对 GTR 电压、电流、导通时间有关的各种因素以及器件本身的质量等都会影响二次击穿。

图 1-13 表示 GTR 在不同条件下的二次击穿特性。图中 F、O、R 三条曲线分别对应发射结正偏($I_B > 0$)、开路($I_B = 0$)和反偏($I_B < 0$)三种条件下的二次击穿特性。到达二次击穿临界点的电流、电压称二次击穿电流(I_{SB})和二次击穿电压(U_{SB}),其乘积为二次击穿功率(P_{SB})。由图 1-13 可见,基极反偏时二次击穿电压 U_{SB} 数值较大,但二次击穿电流 I_{SB} 较小;反之,基极正偏时 U_{SB} 较小而电流 I_{SB} 较大。

5. GTR 的安全工作区

GTR 工作中受到许多条件的限制,为了保证 GTR 的安全可靠工作,建立了安全工作区(Safe Operating Area—SOA)的概念,并分为正向偏置安全工作区(FBSOA)和反向偏置安全工作区(RBSOA)。正向偏置安全工作区如图 1-14(a)所示。图中 AB 段表示最大集电极电流 I_{CM} 的限制,它取决于管芯尺寸;BC 段表示最大功率 P_{CM} 的限制,它由 GTR 的热阻和最高结温所决定;CD 段表示正偏下二次击穿功率 P_{SB} 的限制,它由二次击穿电压和二次击穿电流所决定;DE 折线段则为最大耐压 U_{CEO} 的限制,它由 GTR 的雪崩击穿电压(一次击穿电压)所决定。

图中实线是直流条件下的安全工作区,称为直流安全工作区,它对应的条件最恶劣,允许的运行范围最小。虚线对应于不同导通宽度的脉冲电流工作方式,随着导通时间的缩短,二次击穿耐压量和允许的最大功耗均随之增大,安全工作区随之扩大,若脉冲宽度减小至 1 μs 时,就不存在允许功耗与二次击穿的限制,其安全工作区变成 I_{CM} 和 BU_{CEO} 所决定的矩形面积。此外,随着结温的上升,安全工作区将明显缩小。

反向偏置安全工作区(RBSOA)如图 1-14(b)所示,它表示基极流过反向电流使 GTR 关断时,允许关断的集射极电压 U_{CE} 和集电极电流 I_C 之间的关系,这一关系称为基极反向偏置安全工作区(RBSOA)。这就是说 RBSOA 曲线是描述 GTR 在反向偏置状态时,瞬态关断过程的电流电压运行轨迹的极限边界。由图可见 RBSOA 曲线随基极反向电流的增大而变窄,因为反向基极电流越大,关断越快,所以集电极承受的 du/dt 越大。增大了的 du/dt 势必增大 GTR 关断时的瞬时功耗,而瞬时功耗的加大,会使安全工作区缩小。但是,基射极间的反向偏置可以提高 GTR 集射结的一次击穿电压如图 1-11(e)所示,所以 GTR 的驱动电路仍普

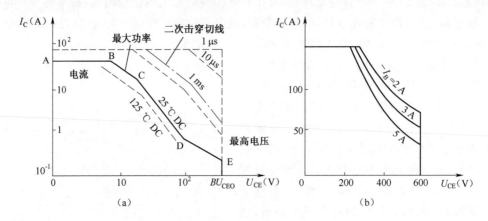

图 1-14　GTR 的安全工作区

(a)GTR 的正向偏置安全工作区(FBSOA);(b)GTR 的反向偏置安全工作区(RBSOA)

遍采用足够的反向基极电流,以提高器件的电压承受能力。

1.2.3 功率场效应管(Power MOSFET)

1. 功率场效应晶体管概述

功率场效应晶体管又称功率 MOSFET 或电力 MOSFET(Power Metal Oxide Semiconductor Field Effect Transistor-Power MOSFET),它和小功率场效应晶体管一样,有结型和绝缘栅型两种类型,但通常主要指绝缘栅型中的 MOS 型,而把结型电力场效应晶体管称作静电感应晶体管(SIT)。功率 MOSFET 在导通时只有一种极性的载流子(多数载流子)参与导电,是单极型晶体管。

功率 MOSFET 有三个电极:栅极 G、漏极 D、源极 S。MOSFET 用栅极电压控制漏极电流,因此驱动电流在 100 nA 量级,直流电流增益达 $10^8 \sim 10^9$,栅极几乎不消耗功率,它的输入阻抗是纯电容性的。驱动功率小,驱动电路简单,是场控型器件的一个重要的优点。

此外功率 MOSFET 的热稳定性优于双极型电力晶体管,这是因为单极型的功率 MOSFET 和 SIT 等管子具有正的电阻温度系数。在电流加大时,温度上升、电阻加大,对电流起自限流作用;多只管子并联应用时,有自动均流作用,这是双极型的晶体管所没有的。前面曾论述了 GTR 的二次击穿问题,其原因就在于它的电阻温度系数为负,如电流一旦有局部集中现象,则电流加大,温度升高,电阻降低,电流更加集中,导致器件瞬间烧坏的二次击穿,功率 MOSFET 没有这种缺点。

功率 MOSFET 的另一显著优点是不存在双极型器件不可避免的少数载流子的存储效应,因而开关速度很快,工作频率很高,这是其他电力电子器件达不到的。通常它的开关时间为 $10 \sim 100$ ns,而双极型器件的开关时间则以微秒计,甚至达到几十微秒。但是 MOSFET 的一个主要缺点是通态电阻比较大,因此通态损耗也较大,尤其是随着器件耐压的提高,通态电阻随之加大,所以单管容量难以提高,一般只适应电压较低、电流较小的小功率高频率的电力电子装置。但如果把 MOSFET 作为驱动级器件和其他电流容量大的电力电子器件复合起来,就可创造出性能卓越的新型场控器件,如 IGBT、MCT、GCT 等。

功率 MOSFET 是通过栅极电压的高低去控制器件内部导电沟截面积的大小,实现控制漏极电流的目的,为了减小器件的通态电阻,在保证所需耐压的条件下。应尽量减少导电沟的长度,因此每个 MOSFET 的胞管都要做得很小,一个功率 MOSFET 必须由很多个胞管组成。

由于 MOSFET 的输入端具有高阻抗特点,因此在静电较强的场合,栅极受到感应而积累的电荷难以泄放,从而引起器件的静电击穿,使栅极的薄氧化层击穿,造成栅极与源极短路;或者引起器件内部的金属化薄膜铝条被熔断,造成栅极开路或源极开路。所以应用或储存功率 MOSFET 时,要防止静电击穿。通常功率 MOSFET 的栅极电压 U_{GS} 的极限值应限制在 $\pm(15 \sim 20)$V 内,以免引起击穿。

MOSFET 的种类和结构繁多,按导电沟道可分为 P 沟道和 N 沟道。当栅极电压为零时,源极与漏极之间已存在导电沟道的 MOSFET 称为耗尽型;当栅极电压不等于零时才存在导电沟道的 MOSFET 称为增强型,其中栅极电压大于零导通的器件称 N 沟道 MOSFET,小于零导通的器件称 P 沟道 MOSFET。增强型中以 VDMOS 为主,这是因为它的漏极到源极的电流垂直于芯片表面流过,这种结构可使导电沟道缩短、截面积加大,具有较高的通流能力,可制成容量较大的器件。通常应用的功率 MOSFET 大多是 N 沟道增强型器件。下面以此类器件为例加以讨论,其电路符号如图 1-15(a)所示。

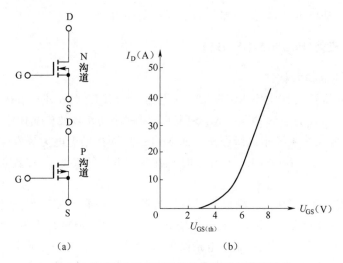

图 1-15 功率 MOSFET 的电路符号与转移特性

2. 功率 MOSFET 的转移特性和输出特性

在一定的漏极与源极间的电压 U_{DS} 下,功率 MOSFET 的漏极电流 I_D 和栅极电压 U_{GS} 的关系曲线称为 MOSFET 的转移特性。N 沟道增强型 MOSFET 的转移特性 $I_D = f(U_{GS})$ 如图 1-15(b)所示。

由图 1-15 可见,I_D 较大时,I_D 与 U_{GS} 间的关系近似线性,这段直线的斜率称为 MOSFET 的跨导 G_{FS},即 $G_{FS} = dI_D / dU_{GS}$。开始导通的电压 $U_{GS(th)}$ 称开启电压。

图 1-16 是 MOSFET 的漏极伏安特性,由图可见伏安特性分 4 个区。

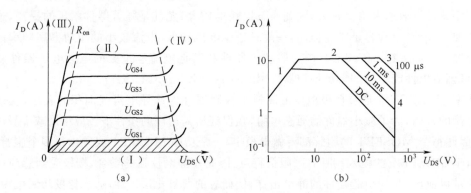

图 1-16 功率 MOSFET 的输出特性和正偏置的 FBSOA

(a)输出特性 $I_D = f(U_{DS})$;(b)正向偏置的安全工作区

1——截止区,$U_{GS} \leqslant U_{GS(th)}$,$I_D = 0$,这和 GTR 的截止区相对应。

2——饱和区,或称有源区,$U_{GS} > U_{GS(th)}$。在该区中当 U_{GS} 不变时,I_D 几乎不随 U_{DS} 的增加而加大,I_D 近似为一常数,故称饱和区。由于 MOSFET 与 GTR 的结构不同,这里的饱和区不和 GTR 的饱和区相对应,而对应于 GTR 的放大区。当用于线性放大时,MOSFET 工作在此区内。

3——非饱和区,或称可调电阻区。这时漏源电压 U_{DS} 和漏极电流 I_D 之比近似为常数,而几乎与 U_{GS} 无关。此区对应于 GTR 的饱和区,当 MOSFET 作为开关应用时,应工作在此区内。

4——雪崩区,当 U_{DS} 增大超过饱和区时,漏极的 PN 结发生雪崩击穿,I_D 急剧增长而导致器件的损坏。

功率 MOSFET 无反向阻断能力,在漏源极加反向电压时器件导通,因此在应用时若必须承受反向电压,则 MOSFET 电路中应串入快速二极管。

功率 MOSFET 的正向偏置安全工作区(FBSOA),如图 1-16(b)所示,它和 GTR 的安全工作区相比是有所不同的,首先功率 MOSFET 没有二次击穿问题,因此也就没有二次击穿功率 P_{SB} 的限制线;另外是功率 MOSFET 本身的导通功耗比 GTR 大,在低 U_{DS} 时,其功耗要受到输出特性的(Ⅲ)区较大的通态电阻 R_{on} 的限制[见图 1-16(a)]。所以功率 MOSFET 的正向偏置安全工作区由 4 条边界线组成:一是漏极与源极间通态电阻的限制线,在这一区内由于电压较低,沟道电阻增加,导致器件所允许的工作电流下降;二是最大漏极电流限制线;三是最大功耗限制线;四是最大漏源极电压限制线。

功率 MOSFET 的三个极间都存在着极间电容 C_{GS}、C_{GD}、C_{DS},但一般生产厂提供的是漏源极短路时的输入电容 C_{iss},可近似为输入电容 C_{in}。

为了器件的安全,不被静电击穿,MOSFET 在测试和接入电路前,器件应存放在抗静电包装袋或金属容器中。当器件接入电路时,工作台、电烙铁、测量仪器等都必须接地。三个电极未全部接好前,电路不应加上电压。

本节介绍的三种常见电力电子器件:电力电子二极管、电力电子三极管以及功率 MOS-FET,其原理与模拟电子技术之中用于信号处理的二极管、三极管和 MOS 管原理一致。但是与模拟电子技术最大的不同是,在模拟电子中,器件工作在线性放大区域,对信号进行线性处理。而在电力电子领域,这些器件都是代替了理想的开关,工作在开关状态,即在截止区和饱和区,而绝不允许工作在线性放大区内。当工作在线性区域内,器件承受的电压和电流都很大,很快就会烧坏。因此,这就要求电力电子的门极控制电路要经过特别的设计以符合这种特殊的工作状态,有关门极驱动的内容将在第 8 章中进行介绍。

1.3 晶闸管(SCR)

1.3.1 结构与工作原理

晶闸管(Thyristor)是硅晶体闸流管的简称,也称作可控硅整流器(Silicon Controlled Rectifier),简称 SCR。自 1957 年美国通用电气公司发明第一只晶闸管,揭开电力电子技术的扉页起,由于它的效率高、结构可靠、体积小、无噪声、无磨损、响应快等优点,很快就取代传统的电动发电机组和水银整流器,在变流技术领域里长达 20 多年的时间中占据了主导地位,并形成一个晶闸管家族。

晶闸管较传统变流机组和水银整流器的主要优点如下:

(1)功率放大倍数大:晶闸管的放大倍数在 10^4 以上,比电动发电机组高三个数量级,比水银整流器高一个数量级。

(2)快速响应性好:电动发电机组是秒级,晶闸管和水银整流器是毫秒级,故比机组快三个数量级。

(3)功耗小、效率高:晶闸管整流器正向压降小,约 1 V,损耗小、效率高。

晶闸管是一种 PNPN 四层三端器件,它内部由三个结 J_1、J_2 和 J_3,外部有三个端子,分别从阳极 A、阴极 K 和门极(即控制极)G 引出,整个管芯密封后装在散热器上。根据散热器的不同,有螺栓式和平板式(彩图 5)两种。通常用风冷,大功率晶闸管,也有用水冷、油冷等冷却方式。晶闸管的外形、结构和电气图形符号如图 1-17 所示。

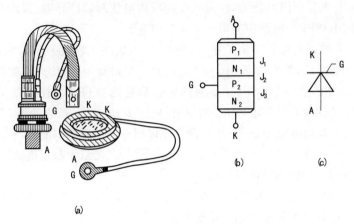

图 1-17 晶闸管的外形、结构和电气图形符号

(a)外形;(b)结构;(c)电气图形符号

为了说明晶闸管的工作原理,可以把中间的两层 N_1 和 P_2 分为两部分,构成一个 PNP 型三极管和一个 NPN 型三极管的复合管,如图 1-18 所示。图中 I_{c1}、I_{c2} 和 I_{c0} 分别为两只晶体管的集电极电流和漏电流。

当晶闸管承受正向阳极电压时,为了使晶闸管导通,必须使承受反向电压的 $N_1 P_2$ 结 J_2 失去阻挡作用。观察图 1-18 可以看出:每个晶体管的集电极电流同时就是另一个晶体管的基极电流。因此两个互相复合的晶体管电路,当有足够的门极电流流入时,就会形成强烈的正反馈,造成两只晶体管的饱和导通,即通过门极控制,实现了晶闸管的饱和导通。

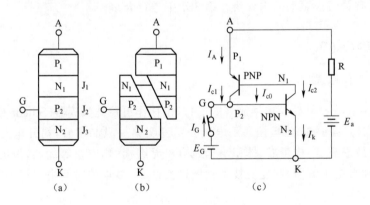

图 1-18 用两个晶体管说明晶闸管的工作原理

1.3.2 晶闸管的基本特性

1. 晶闸管的伏安特性

晶闸管的伏安特性是阳极与阴极间的电压和阳极电流的关系,又称为晶闸管的静态特性。晶闸管的伏安特性位于第 I 象限的是正向伏安特性,位于第 III 象限的是反向伏安特性。反向特性是晶闸管的反向阳极电压与阳极漏电流的伏安特性,它与一般二极管的反向特性相似。在正常情况下,当晶闸管承受反向阳极电压时,晶闸管总是处于阻断状态。当反向电压增加到一定数值时,反向漏电流增长较快。若再继续增大反向电压,会导致晶闸管的反向击穿,造成

晶闸管损坏。晶闸管的正向特性又有阻断状态和导通状态之分(简称断态和通态)。在门极电流 $I_G=0$ 情况下,逐渐增大晶闸管的正向阳极电压。先是晶闸管处于断态,只有很小的正向漏电流。随着正向阳极电压的增加,当达到正向转折电压 U_{BO} 时,漏电流突然剧增,特性从高阻区(阻断状态)经负阻区到达低阻区(导通状态),如图 1-19 所示。

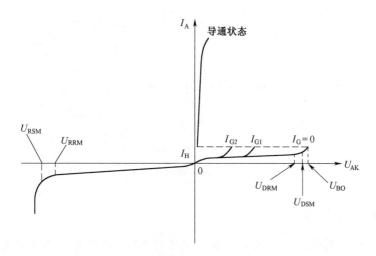

图 1-19 晶闸管的正、反向伏安特性

导通状态下的晶闸管特性也和二极管的正向特性相似,能通过较大的阳极电流,而本身的管压降(通态峰值电压)却很小。小容量晶闸管的管压降约 2 V,大容量约 2.5 V。在正常工作时,不允许把正向阳极电压加到转折电压 U_{BO},而是靠门极上送进触发电流 I_G,使晶闸管导通。门极电流越大,阳极电压的转折点越低(图 1-19 中 $I_{G2}>I_{G1}>0$)。在晶闸管导通后逐步减小阳极电流,当 I_A 小到等于 I_H 时,晶闸管便由导通变为阻断。I_H 是维持晶闸管导通所需的最小电流,简称维持电流,I_H 通常不大于几十毫安,大容量晶闸管约几百毫安。

2. 门极的伏安特性

晶闸管的门极和阴极间有一个 PN 结 J_3,它的伏安特性称为门极伏安特性,实际上晶闸管的门极伏安特性的分散性较大。当门极触发电流过小时,不足以使晶闸管导通,若触发电流过大,就会引起门极附近过热甚至烧坏。其具体数值可由生产厂家给出的产品目录(说明书)中查得,例如中等容量晶闸管的门极触发电流不大于 350 mA,大容量晶闸管则不大于 450 mA。相应的门极触发电压规定不大于 5 V,但也不应小于规定的门极不触发电压(通常≥0.2 V),稍高的门极触发电压有利于避免杂散的干扰信号对晶闸管造成误触发。

3. 开关特性

图 1-20 给出了晶闸管的门极电流 I_G,阳极电流 I_T 和阳极 V_T 的典型开关波形。晶闸管的开通过程以门极注入正向电流的时刻开始,开通时间 t_{gt} 由延迟时间 t_d 和电流上升时间 t_r 组成。在晶闸管开通之后,存在导通压降 U_{on}。关断过程同功率二极管动态过程相似。图中,关断过程从 t_1 开始,阳极电流 I_T 开始下降。关断过程中反向电流由晶闸管所在电路中的电网电压或负载电压提供。关断时间为 t_q,其中反向电流恢复时间为 t_{rr},反向峰值电流为 I_{rr},整个关断过程消耗的电量为 Q_{rr}。

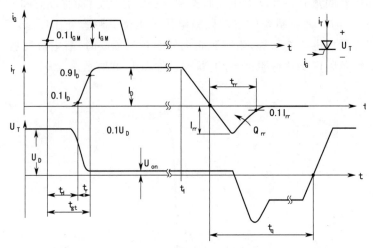

图 1-20　晶闸管的开关特性

1.3.3　晶闸管的主要参数

为了正确使用晶闸管,不仅需要定性地了解晶闸管的伏安特性,更重要的是定量地掌握晶闸管的主要参数。下面介绍一些主要参数及其意义,并适当提供一些数值,这些数值在晶闸管出厂合格证上是会给出其实测值的。

1. 晶闸管的电压定额(参阅图 1-19 的伏安特性)

(1)断态重复峰值电压 U_{DRM}:是指晶闸管两端出现的重复最大瞬时值断态电压。晶闸管正向工作时有断态和通态两种状态,定义中断态与通态都指正向工作。规定断态重复峰值电压 U_{DRM} 为断态不重复峰值电压 U_{DSM} 的 90%。至于不重复峰值电压和晶闸管的转折电压 U_{BO} 的差值,一般由晶闸管制造厂自定。这样,在已知的 U_{BO} 下,该晶闸管能承受的 U_{DRM} 值和 U_{DSM} 值均可获得。

实际上 U_{BO} 指具体器件的转折电压,每只晶闸管的 U_{BO} 都可能有差别,而对于一批商品化的晶闸管,其 U_{DSM} 和 U_{DRM} 通常都会统一标定,而忽略它们在 U_{BO} 值间的差别。

(2)反向重复峰值电压 U_{RRM}:晶闸管两端出现的重复最大瞬时值反向电压。规定反向重复峰值电压 U_{RRM} 为反向不重复峰值电压 U_{RSM} 的 90%。反向不重复峰值电压 U_{RSM} 可从反向伏安特性得出。

(3)额定电压:通常用 U_{DRM} 和 U_{RRM} 中较小的那个数值标作该晶闸管的额定电压。

由于瞬时过电压会使晶闸管遭到破坏,因而应选用晶闸管的额定电压为其正常工作峰值电压的两倍,作为电压的安全裕量。

(4)通态(峰值)电压 U_{TM}:晶闸管通过规定倍数的额定通态平均电流值时的瞬态峰值电压。显然,为了减少损耗和器件的发热,应该选用 U_{TM} 较小的晶闸管。

2. 晶闸管的电流定额

(1)通态平均电流 I_{TAV}:工频正弦半波的通态电流在一个整周期内的平均值。根据这一定义,当电流的峰值为 I_m 时,有关系式为

$$I_{TAV} = \frac{1}{2\pi}\int_0^\pi I_m \sin\omega t\, \mathrm{d}\omega t = \frac{I_m}{\pi} \tag{1-1}$$

已知正弦半波电流的有效值为

$$I = \sqrt{\frac{1}{2\pi}\int_0^\pi (I_\mathrm{m}\sin\omega t)^2\,\mathrm{d}\omega t} = \frac{I_\mathrm{m}}{2} \tag{1-2}$$

因此,在正弦半波情况下电流有效值和平均值的比值为

$$\frac{I}{I_\mathrm{TAV}} = \frac{\pi}{2} \approx 1.57 \tag{1-3}$$

所以,晶闸管可以承受的负载电流有效值 I 是该管通态平均电流 I_TAV 的 1.57 倍。例如 $I_\mathrm{TAV}=100$ A 的晶闸管其允许的电流有效值为 157 A。

当流过晶闸管的负载电流波形不为半波正弦电流时,必须求得该负载电流的有效值,使负载电流有效值不超过晶闸管允许的电流有效值,即 $1.57 I_\mathrm{TAV}$。晶闸管的这种电流定额定义与以后要讨论的其他电力电子器件是有所不同的。

(2)维持电流 I_H:使晶闸管维持通态所必需的最小阳极电流。

(3)擎住电流 I_L:晶闸管刚从断态转入通态,在去掉触发信号之后,能维持通态所需的阳极电流。通常 I_L 约为 I_H 的 2~4 倍。

(4)浪涌电流 I_TSM:一种由电路异常情况引起的、并使结温超过额定结温的不重复性瞬时最大通态过载电流。其允许峰值通常为 $4\pi I_\mathrm{TAV}$ 或更大一些。I_TSM 代表器件的瞬时过载能力,例如 100 A 器件其值为 1.3~1.9 kA;1 500 A 器件,其值为 28~34 kA。

3. 动态参数

(1)断态电压临界上升率 $\mathrm{d}u/\mathrm{d}t$:在规定条件下,不会导致从断态到通态转换的最大阳极电压上升率。其数值对于不同等级(共七级)的晶闸管是不同的,最差的 A 级器件为 25 V/μs,最好的 G 级高达 1 000 V/μs,一般的是 100~200 V/μs。

晶闸管的阳极电压低于转折电压 U_BO 时,在过大的 $\mathrm{d}u/\mathrm{d}t$ 下也会引起误导通。因为阻断状态下晶闸管上突然加以正向阳极电压,在其内部相当于一个电容的 J_2 结上,就会有充电电流流过结面,这个电流流经 J_3 结时,起到了类似于触发电流的作用。因此过大的充电电流就会引起晶闸管的误触发导通。

(2)通态电流临界上升率 $\mathrm{d}i/\mathrm{d}t$:在规定的条件下,晶闸管能承受而无有害影响的最大通态电流上升率,目前最差的 A 级晶闸管为 25A/μs,最好的 G 级晶闸管为 500 A/μs,普通的是 100~200 A/μs。

过大的 $\mathrm{d}i/\mathrm{d}t$ 可使晶闸管内部局部过热而损坏,因为当门极流入触发电流后,晶闸管开始只在靠近门极附近的小区域内导通,然后导通区才逐渐扩大,直至全部结面都导通。如果电流上升太快,很大的电流将在门极附近的小区域内通过,造成局部过热点而烧坏。

表 1-1 给出了 12 kV/1.5 kA 等级 SCR 的主要特性。导通时间 t_gt 是 14μs,关断时间 t_q 是 1 200 μs。在导通时刻的通态电流临界上升率 $\mathrm{d}i_\mathrm{T}/\mathrm{d}t$ 和在关断时刻的断态电压临界上升率 $\mathrm{d}u_\mathrm{T}/\mathrm{d}t$ 是变换器设计的重要参数。为了确保适当和可靠的运行,$\mathrm{d}i_\mathrm{T}/\mathrm{d}t$ 和 $\mathrm{d}u_\mathrm{T}/\mathrm{d}t$ 不得超过其最高限额。反向恢复电荷 Q_rr 是 T_rr 和 I_rr 的函数。为了减少在关断时的功率损耗,应该选择值比较小的 Q_rr。

4. 晶闸管家族的其他主要电力电子器件

(1)快速晶闸管(Fast Switching Thyristor)

上述普通晶闸管在 400 Hz 以上工作时,额定电流迅速减小,这是由于晶闸管的开关损耗

表 1-1 12 kV/1.5 kA SCR 的主要特性

额定最大值	U_{DRM}	U_{RRM}	I_{TAV}	I_{TSM}	—
	12 000 V	12 000 V	1 500 A	34 000 A	—
开关特性	开通时间	关断时间	di_T/dt	du_T/dt	Q_{rr}
	$T_{gr}=14~\mu s$	$t_q=1~200~\mu s$	100 A/μs	2 000 V/μs	7 000 μC
器件型号:FT15000 AU-240(Mitsubishi)					

随频率增加而加大的缘故。对普通晶闸管的管芯结构和制造工艺加以改进后,缩短了开关时间,并使 di/dt 和 du/dt 的耐量都有提高。它的关断时间通常只有 20~50 μs,比普通晶闸管快一个数量级。因此可用于工作频率在 400 Hz 以上的变流电路中。

(2)逆导型晶闸管(Reverse Conducting Thyristor)

在逆变电路和斩波电路中,常将晶闸管和功率二极管反并联使用,因此发展了逆导型晶闸管。它是把晶闸管和功率二极管制作在同一管芯上的集成器件,因此它的正向伏安特性和普通晶闸管的正向伏安特性相同,反向的伏安特性则和二极管的正向特性相同,如图 1-21(a)所示。

逆导型晶闸管具有正向压降小、关断时间短、高温特性好、额定结温高等优点。由于它等效为晶闸管和反并联的功率二极管。因此使用时减少了电路中的器件数目,使装置的体积缩小、重量减轻、价格降低、接线缩短、经济性好。特别是消除了功率二极管的接线,从而消除了接线中的电感,可使斩波电路或逆变电路中晶闸管承受反向偏置的时间增加。但由于晶闸管和功率二极管是制作在同一管芯上的,故晶闸管与功率二极管载流容量的比值是固定的,从而限制了它的灵活应用。

逆导管的额定电流分别以晶闸管的电流和功率二极管的电流表示。前者为分子,后者为分母。如 300 A/150 A,两者的比值根据应用要求确定,一般为 1~3。

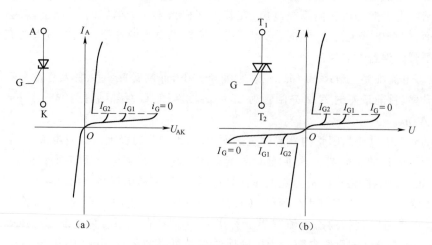

图 1-21 逆导型和双向型晶闸管的符号与伏安特性
(a)逆导型晶闸管的符号和伏安特性;(b)双向晶闸管的符号和伏安特性

(3)双向晶闸管(Bi-directional Triode Thyristor)也做(Triode AC Switch-TRIAC)

在交流调压和可逆直流调速等电路中,需要应用两只反并联的晶闸管,以获得正反双向都有可控的性能,因此研制了双向晶闸管以代替两只反并联的晶闸管。双向晶闸管无论从结构还是伏安特性来看,都可以看成一对反并联的普通晶闸管,它的等效电路和伏安特性如图1-21(b)所示。它有两个主电极 T_1 和 T_2,一个门极 G 使主电极的正反两个方向均可触发导通,使双向晶闸管在第 I 和第 III 两个象限有对称的伏安特性。

双向晶闸管共有4种门极触发方式:在第 I 象限(正向)门极 G 的触发脉冲电压极性相对主极 T_2 的电压极性可正也可负,即采用 I $_+$、I $_-$;在第 III 象限(反向)门极 G 对主极 T_2 的电压极性也可正可负,即采用 III $_+$、III $_-$,但由于器件结构关系,采用 III $_+$ 触发方式所需门极功率相当大,难以采用,只能在 I $_+$、III $_-$ 或 I $_-$、III $_-$ 中采用一组。否则若采用 I $_+$、III $_+$ 或 III $_+$、I $_-$ 进行触发,就会失败。

双向晶闸管能够只用一个门极 G 轮流进行正反向的控制,是因为它的管芯中不仅有两只反并联的普通晶闸管,而且还复合着一只小的门极晶闸管的缘故。

双向晶闸管在交流电路中应用时,会遇到换流问题。如果电路对换流的要求可以为双向晶闸管的换流能力所满足,则在流过器件的电流过零后不加触发时,它将在处于上升阶段的反电压作用下关断,恢复器件的阻断能力。这种情况称换流成功。如果电路对换流的要求超过器件的换流能力,这时如在通过器件的电流过零后不加触发,由于器件中的载流子还没有恢复到截止状态的位置,这时在相反方向承受电压,这些载流子电流就可能作为器件反向工作时的触发电流,而导致双向晶闸管的误导通,即换流失败。

双向晶闸管通常用在交流电路中,因而不能用电流平均值来表示其额定电流,而用有效值来表示,这与普通晶闸管的额定电流值的定义不同。例如额定电流为 200 A 的双向晶闸管允许的峰值电流为 $200\sqrt{2}$ A,即 283 A,而一个峰值电流为 283 A 的普通晶闸管,根据公式(1-1),它的电流平均值为 $283/\pi=90$ A。所以一个 200 A 的双向晶闸管可以代替两个反并联的额定电流为 90 A 的普通晶闸管。

1.4 门极可关断晶闸管(GTO)、门极换流晶闸管(GCT)

1.4.1 门极可关断晶闸管(Gate Turn-off Thyristor-GTO)

1. GTO 的特点与工作原理

普通晶闸管应用在直流电路里,只能用门极正信号使它触发导通,而不能用门极负信号使它关断。要想关断晶闸管必须用专门的强迫换流电路,因此使整机电路复杂、体积庞大、重量增加、效率降低、能源消耗增加,并且产生较强的噪声和较多的电路故障。因此 20 世纪 70 年代初就研制出了 1 200 V、5~75 A 的门极可关断晶闸管,简称 GTO。首先用于彩色电视机中,到了 80 年代中期就研制出了 2 500 A、4 500 V 的大容量器件,到 90 年代中期,容量已达 6 000 A、6 000 V。随着这些高电压、大功率 GTO 器件的问世,日本和西欧许多国家很快就研制出了 600~3 000 kV·A 的 GTO 变频器,分别用在电动车组、电传动内燃机车和电力机车上。目前冶金系统的 GTO 逆变器单机容量已达 100 00 kV·A。GTO 逆变器的体积比晶闸管逆变器的体积减小 40% 以上,重量也大为减轻。由于 GTO 逆变器不需要强迫换流电路,而使电路的损耗减少了 64% 左右。上述优点对重量、体积和效率都有严格要求的电牵引车辆而言,无疑是十分重要的。因此 20 世纪 80 年代之后,GTO 广泛应用在轨道交通车辆传动系统中。

GTO 和晶闸管一样,都是 PNPN 四层三端(阳极 A,阴极 K,门极 G)器件,它们的基本结构和工作原理很相近。用 PNP 和 NPN、两只复合晶体管的等效电路(图 1-18)也可解释 GTO

的放大和门控原理。但不同的是晶闸管等效电路中两只晶体管的放大系数 $\alpha_1 + \alpha_2$ 比 1 大得多,通过导通时两只等效晶体管的正反馈作用,使晶闸管导通时的饱和较深,因此无法用门极负信号去关断阳极电流。GTO 则不同,总的放大系数 $\alpha_1 + \alpha_2$ 仅稍大于 1 而近似等于 1,因而处于临界导通或浅饱和状态,这是 GTO 与晶闸管的一个重要区别。

GTO 的符号及电路如图 1-22(a)所示。把 GTO 接入电阻负载电路,在门极加上正的触发脉冲和足够大的负脉冲时,GTO 就能导通和关断,其波形如图 1-22(b)所示。

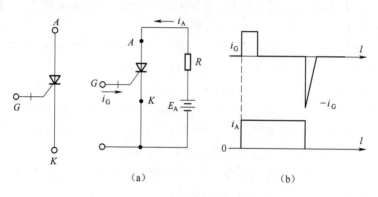

图 1-22 GTO 的符号、电路和波形

(a)符号和触发电路;(b)门极和阳极电流波形

GTO 和晶闸管都是电流控制型器件。GTO 对门极触发脉冲的要求和晶闸管的要求相似,但它对关断脉冲的要求很高,在关断过程中容易损坏 GTO 器件,因此门极控制电路比较复杂。此外 GTO 的饱和度较浅,所以管压降也比晶闸管大,为保护管子而设置的电路(缓冲电路)中的损耗也较大。但由于它的上述许多优点,使它成为第二代电力电子器件中电压高、功率大的优良器件,在电力牵引为主的领域里获得较广泛的应用。

GTO 的关断机理及关断方式与晶闸管根本不同,晶闸管用强迫关断或使阳极电流小于维持电流的方法关断,GTO 的关断原理仍可用图 1-23 的二个晶体管复合电路来说明,图中电流放大系数 $\alpha_1 = I_{C1}/I_A$,$\alpha_2 = I_{C2}/I_K$。在要关断 GTO 时,门极负偏置电压 E_G 经开关 K 加到门极,这时晶体管 $P_1 N_1 P_2$ 的集电极电流 I_{C1} 被抽出,形成门极负电流 $-I_G$。由于 I_{c1} 的抽走,使 $N_1 P_2 N_2$ 晶体管的基极电流减小,进而使其集电极电流 I_{c2} 也减小,于是引起 I_{c1} 的进一步下降,如此不断循环下去,最后使 GTO 的阳极电流下降到尾部电流再进一步降到零而关断。

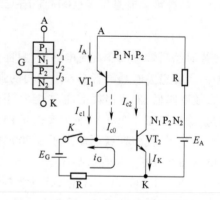

图 1-23 GTO 的关断机理图

由于两只晶体管的电流放大倍数 $\alpha_1 + \alpha_2$ 仅稍大于 1,且 α_1 比 α_2 小得多,因此集电极电流 I_{c1} 占总阳极电流的比例较小,只要设法抽走这部分电流,即可使 GTO 关断。通常门极负脉冲电流的幅值约为 GTO 被关断的最大阳极电流的 20%～33%。

用小的门极负电流关断大的阳极电流的能力用 GTO 的电流增益 β_{off} 来表示,故 β_{off} 的数值为

$$\beta_{\text{off}} = \frac{I_{\text{TGQM}}}{|-I_{\text{GM}}|} \qquad (\beta_{\text{off}} = 3 \sim 5) \tag{1-4}$$

式中 I_{TGQM}——可关断峰值电流；

I_{GM}——门极负电流最大值。

门极负偏压 E_{G} 不能超过 GTO 的门极反向雪崩电压，否则很大的门极反向雪崩电流将使门极功耗过大而损坏器件。

2. GTO 的基本特性

(1)GTO 的伏安特性

GTO 作为晶闸管家族中的一员，其伏安特性与晶闸管的伏安特性(图 1-19)很相近，它的 U_{BO}、U_{DSM} 和 U_{DRM} 等的术语含义，与晶闸管有关术语的含义相同。GTO 的正、反向额定电压一般规定为 U_{DRM} 或 U_{RRM} 的 80% 作为该器件的额定电压。

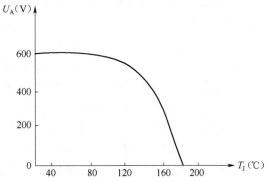

图 1-24 GTO 的耐压与结温关系

GTO 的耐压性能受多种因素的影响，其中结温的影响较大，随着结温的升高，GTO 的耐压会下降，如图 1-24 所示。当 GTO 的结温高于 125 ℃时，使两只等效晶体管的放大系数 α_1 和 α_2 大为增加，以致回路增益较多地大于 1，所以不加触发信号，也会在过大的漏电流下使 GTO 误触发而自行导通。

GTO 的阳极耐压性能和门极的状态也有很大关系，门极开路的耐压性能较差，门极短路比开路可以提高其耐压接近 10%，门极加负偏置－5 V，约比开路时提高耐压 40%。

此外，不少 GTO 还制成逆导型，不能承受反向电压。当需要承受反向电压时，应和功率二极管串联使用。

(2)通态压降特性

GTO 的通态压降特性是它的伏安特性的一部分，如图 1-25 所示。由图可见随着阳极通态电流 I_{A} 的增加，其通态压降 U_{TM} 增加，即 GTO 的通态损耗也增加。图示为 GFF200 型器件的特性。

(3)GTO 的开通特性

器件从断态到通态的过程中，电流、电压及功耗随时间变化的规律为器件的开通特性，这是一个动态过程。GTO 的开通特性如图 1-26 所示。

当 GTO 阳极加上正电压，并给门极注入一定的触发电流，在阳极电流大于擎住电流时，GTO 完全导通。开通时间 t_{on} 由延迟时间 t_{d} 和上升时间 t_{r} 组成。开通时间取决于器件

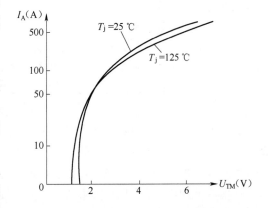

图 1-25 GTO 的通态压降特性(GFF200 型)

的特性、门极电流上升率 di_{G}/dt 以及门极触发电流幅值的大小等因素。由图可见，在延迟时间 t_{d} 内导通的功率损耗 p_{on} 比较小，大部分的开通损耗出现在上升时间内，随着阳极电流的增加和开通时间延长都会使器件的开通损耗加大。

（4）GTO 的关断特性

从门极加上负偏压 $-u_G$ 开始，出现了门极负电流 $-i_G$，经过存储时间 t_s 后，$-i_G$ 达到最大值 $-I_{GM}$ 时，阳极电流 i_A 开始下降，同时阳极电压 u_A 由正常的管压降逐渐加大。GTO 关断过程中的阳极电压、阳极电流和功耗与时间的关系是 GTO 的关断特性，如图 1-27 所示。关断过程中的存储时间 t_s 与下降时间 t_f 两者之和称为关断时间 t_{off}（也可用 t_q 表示）；但有些文献与器件生产工厂定义 t_s、t_f，还有时间上较长的（几十微秒）尾部时间 t_t 三者之和为关断时间。存储时间的含义是从门极关断电流达到其峰值电流的 10% 的时刻起，到阳极可关断电流下降到 90%

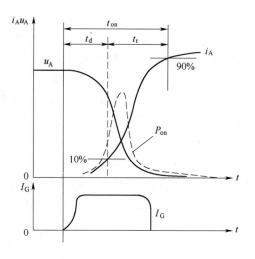

图 1-26　GTO 的开通特性

时的时刻为止的间隔。在这段时间里阳极电流变化很小，而门极电流已达最大值。t_s 结束的瞬间是电流放大倍数 $\alpha_1 + \alpha_2 = 1$ 的瞬间。当阳极可关断电流下降到 10% 时，t_f 结束，开始尾部时间 t_t。此后直到阳极电流减小到维持电流 I_H 时为止，都是 t_t 阶段，所以尾部时间 t_t 是一个相对较长的过程。在此过程中仍有载流子从门极抽出，阳极电压虽已建立，但这时若有过大的阳极重加电压，则 GTO 的关断失败，并导致 GTO 的损坏。在感性负载下关断的下降时间内，阳极电压往往有一个尖峰电压，使关断损耗突然加大，过大的 P_{off} 会使 GTO 损坏。这个尖峰电压 U_p 的成因及预防将在以后讨论。关断过程中 P_{off} 的曲线见图 1-27 中的虚线。

3. GTO 的主要参数

GTO 的许多参数与晶闸管相似，但也有一些不同，如可关断峰值电流等。

（1）可关断峰值电流 I_{TGQM}

GTO 的阳极电流允许值受两方面因素的限制：一个是受热学上的限制，即额定工作结温决定了它的平均

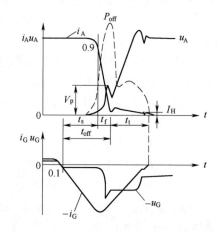

图 1-27　GTO 的关断特性

电流额定值，这与晶闸管相同，受硅片面积、散热条件等的限制；另一个是受电学上的限制。因为电流过大时，$\alpha_1 + \alpha_2$ 增加，稍大于 1 的临界导通状态被破坏，使 GTO 饱和程度加深，导致门极关断失败。因此 GTO 存在着阳极可关断电流的最大值，即可关断峰值电流 I_{TGQM}。I_{TGQM} 是 GTO 的一个特征参数，它的容量一般用这个参数来标称。如 3 000 A/4 500 V 的GTO，即指可关断峰值电流为 3 000 A，耐压为 4 500 V。

在实际使用中，可关断峰值电流 I_{TGQM} 受较多因素的影响：如门极关断电压的大小，门极负电流的波形、阳极电压上升率 du/dt、工作频率、再加（重加）电压的大小、甚至 GTO 阳极引线的长度等。图 1-28 是门极关断电源电压与 I_{TGQM} 的关系，随着 $-U_G$ 的加大，I_{TGQM} 上升。其原因是一方面较高的 $-U_G$ 易于使载流子从门极抽出；另一方面是 GTO 内部各小 GTO 胞管之间，在较高的门极负电压下，它们的关断时间差较小，不易造成关断时电流过于集中的现象，故有利于 I_{TGQM} 的加大。

（2）关断时的阳极尖峰电压 U_p

如前所述，在 GTO 关断过程中下降时间 t_f 尾部，感性负载下会出现一个阳极尖峰电压 U_p，这是一个很重要的参数，特别对大容量 GTO 更重要。尖峰电压是感性负载电路中阳极电流在 t_f 时间内的电流变化率与 GTO 缓冲保护电路中的电感的乘积 $L_s\mathrm{d}i_A/\mathrm{d}t$。因此，当 GTO 的阳极电流增加时，尖峰电压几乎线性增加，于是当 U_p 增加到一定值时，GTO 因 P_{off} 过大而失效。所以这个尖峰电压限制着可关断峰值电流的增加，为此 GTO 的生产厂家一般把 U_p 值也作为一个参数提供给用户，如 2 000 A/2 500 V 及 2 000 A/4 500 V 器件的 U_p 限制值为 640 V。

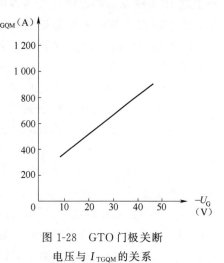

图 1-28　GTO 门极关断
电压与 I_{TGQM} 的关系

（3）阳极电压上升率 $\mathrm{d}u/\mathrm{d}t$

阳极电压上升率有静态与动态两种。静态 $\mathrm{d}u/\mathrm{d}t$ 是指 GTO 还没有导通时所能承受的最大断态电压上升率。这与晶闸管一样，过大的静态 $\mathrm{d}u/\mathrm{d}t$ 会使 GTO 误触发。误触发虽然未必使 GTO 损坏，但使电路无法正常工作。误触发的原因和晶闸管的原因相同，是 GTO 中反向结 N_1P_2（即 J_2 结）的结电容中，在过大的 $\mathrm{d}u/\mathrm{d}t$ 下流过较大的结电容电流引起的。结电容电流越大，流经 GTO 中 $N_1P_2N_2$ 管的门极电流越大，当 $\alpha_1+\alpha_2>1$ 时，没有外加触发电流也可使 GTO 导通。其原因还可由下列关系式说明：因为流过 GTO 的阳极电流有三部分组成，除 I_{c1} 和 I_{c2} 外，还有漏电流和结电容电流 I_{c0}，故有关系式

$$I_A = I_{c1} + I_{c2} + I_{c0}$$
$$= \alpha_1 I_A + \alpha_2 I_k + I_{c0} \tag{1-5}$$

式中　I_k——阴极电流，$I_k = I_A + I_G$，代入上式可得

$$I_A = \frac{\alpha_2 I_G + I_{c0}}{1 - (\alpha_1 + \alpha_2)} \tag{1-6}$$

由此式可见，存在着结电容电流和漏电流时，即使 $I_G = 0$，只要 $\alpha_1 + \alpha_2 = 1$，器件就会自触发导通。

与晶闸管相比，GTO 处于临界饱和状态，α_1 和 α_2 较小，所以 GTO 的静态 $\mathrm{d}u/\mathrm{d}t$ 承受力比晶闸管的承受力强，即 GTO 的临界电压上升率较大。

静态 $\mathrm{d}u/\mathrm{d}t$ 的承受力随器件的结温或阳极电压的上升而降低。在门极上加负偏压，或在门极与阴极之间并联电阻或电容，造成 J_3 结的分路，则可提高器件的 $\mathrm{d}u/\mathrm{d}t$ 承受力。

动态 $\mathrm{d}u/\mathrm{d}t$ 是指 GTO 关断过程中的阳极电压上升率，又称重加 $\mathrm{d}u/\mathrm{d}t$。若重加 $\mathrm{d}u/\mathrm{d}t$ 增加，则阳极电流很快上升，使关断损耗增加，因此 GTO 的关断能力下降，即可关断峰值电流 I_{TGQM} 减小。重加 $\mathrm{d}u/\mathrm{d}t$ 与可关断峰值电流的关系如图 1-29 所示，重加 $\mathrm{d}u/\mathrm{d}t$ 上升，I_{TGQM} 下降。

若在关断过程中的下降时间内 $\mathrm{d}u/\mathrm{d}t$ 过大，使阳极电流过快上升，由于此时阳极电流仍相当大，就可能会导致 GTO 的过热损坏。

（4）阳极电流上升率 $\mathrm{d}i/\mathrm{d}t$

GTO 能承受的极限电流上升率称临界电流上升率。晶闸管的 $\mathrm{d}i/\mathrm{d}t$ 是按通态电流达到

峰值的 10% 和 50% 两点间直线的斜率来定义的,而 GTO 有时采用通态电流达到 50% 可关断峰值电流的这点斜率定义为临界 di/dt。

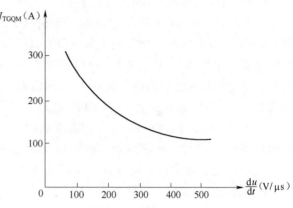

图 1-29　重加 du/dt 与 I_{TGQM} 的关系曲线

GTO 开通时由于电流首先从靠近门极的阴极区开始,然后逐步扩展到整个阴极,过大的 di/dt 使先导通部分的电流过于集中,以致产生局部热点而损坏器件。

表 1-2 给出了 4.5 kV/4 kA 不对称 GTO 的主要特性,其中 U_{DRM}, U_{RRM}, I_{TAVM} 和 I_{TSM} 与 SCR 的定义相同。此外, I_{TGQM} 是 4 000 A GTO 的额定电流,这是重复可控的通态电流,而不是最大平均通态电流 I_{TAVM}。开通延迟时间 t_d 和上升时间 t_r 分别是 2.5 μs 和 5.0 μs。关断时的储存时间 t_s 和下降时间 t_f 分别为 25 μs 和 3 μs。表中给出了阳极电流的最大上升率,栅极电流,阳极电压。

表 1-2　4.5 kV/4 kA 不对称 GTO 主要特性

额定最大值	U_{DRM}	U_{RRM}	I_{TGQM}	I_{TAVM}	I_{TSM}	—
	4 500 V	17 V	4 000 A	1 000 A	40 000 A(1 ms)	—
开关特性	开通时间	关断时间	di_T/dt	du_T/dt	di_{G1}/dt	di_{G2}/dt
	$t_d=2.5\ \mu$s $t_r=5.0\ \mu$s	$t_s=25.0\ \mu$s $t_f=3.0\ \mu$s	500 A/μs	1 000 V/μs	40 A/μs	40 A/μs
开通电压	当 $I_T=4\ 000$ A 时 $U_{on}=4.4$ V					
器件型号:5SGA40L4501(ABB)						

1.4.2　门极换流晶闸管(Gate Commutation Thyristor—GCT)

门极换流晶闸管 GCT 是在 GTO 多年发展经验基础上进一步改进而开发的新型电力电子器件,增加了缓冲层并采用透明阳极结构,结合了晶体管与晶闸管两种器件的优点,即晶体管的强关断能力和晶闸管的低通态损耗,容易实现并联。GCT 的容量与普通 GTO 相当,但开关速度比普通 GTO 快 10 倍,而且可以简化 GTO 应用时的缓冲电路,相对于 GTO 具有开关频率高、结构紧凑、损耗低的特点,是一种较理想的大功率中压开关器件。集成了多个并联功率 MOSFET 与其他辅助器件组成的门极驱动电路和一个平板型 GCT 的器件称为集成门极换流晶闸管 IGCT(Integrated Gate Commutation Thyristor),其外形见彩图 7。

GCT 可分为不对称型、逆导型和对称型 GCT,如表 1-3 所示。不对称型 GCT 一般用于电压型变换器,其反向阻断能力是不要求的。逆导型 GCT 将续流二极管集成到一个封装中,降低了成本。对称型 GCT 具有反向电压阻断能力,常用于电流型变换器。

GCT 大多制成逆导型,可与续流二极管 FWD 单片集成在同一芯片上。穿通型 GCT 的最小基区厚度与二极管相同,可承受相同的阻断电压。由于二极管和 GCT 享有同一个阻断结(PN$^-$),GCT 的 P 基区与二极管的阳极相连,这样在 GCT 门极和二极管阳极间形成电阻性

表 1-3　GCT 的分类

类型	反相并联二极管	阻断电压	6 000 V GCT	应　用
不对称型 GCT	不包含	$U_{RRM} \approx U_{DRM}$	$U_{DRM} = 6\ 000\ V$ $U_{RRM} = 22\ V$	用于有反并联二极管的电压型变换器
逆导型 GCT	包含	$U_{RRM} \approx 0$	$U_{DRM} = 6\ 000\ V$	用于电压型变换器
对称型 GCT（反相阻断）	不需要	$U_{RRM} \approx U_{DRM}$	$U_{DRM} = 6\ 000\ V$ $U_{RRM} = 6\ 500\ V$	用于电流型变换器

通道。逆导 GCT 与二极管隔离区中因为有 PNP 结构,其中总有一个 PN 结反偏,从而阻断了 GCT 与二极管阳极间的电流流通。

将 GCT 与其门极驱动电路集成到一块双面印刷板上,或用门极驱动电路包围 GCT,并与 GCT 和冷却装置形成一个自然整体,成为环绕型 IGCT。这两种形式都可以使 GCT 与门极驱动相距不超过 15 cm,门极-阴极回路中的杂散电感降至 5 mH 以下,关断时 di_g/dt 比标准 GTO 增大了两个数量级。加上采用透明阳极结构,其门极单元体积大约是 GTO 门极驱动单元的 50%。

到目前为止,GCT 已经商品化。ABB 公司已开发出了不同规格的 GCT 系列产品,最高研制水平为 6 kV/4 kA;日本三菱公司开发了直径为 88 mm 的 6 kV/4 kA 的 GCT,现已将 GCT 产品的制造水平提高到 6 kA/6 kV/780 Hz。

表 1-4 介绍了 6 kV/6 kA 不对称 GCT 的主要特性,它的最大可关断电流 I_{TGQM} 是 6 000 A,开通和关断时间比其他 GTO 快。特别是开通上升时间,与表 1-2 的 4 000 A GTO 的 25 μs 相比较,该器件仅有 3 μs。最大的 du_T/dt 高达 3 000 V/μs。最大门极额定开关电流 di_{G1}/dt 和 di_{G2}/dt 分别是 200 A/μs 和 10 000 A/μs,这样可以减少开关时间。与 GTO 的开通电压 U_{on} 在 $I_T = 4\ 000\ A$ 时为 4.4 V 相比较,该管的开通电压 U_{on} 在 $I_T = 6\ 000\ A$ 时等于 4 V。

表 1-4　6 kV/6 kA 不对称 GCT 的主要特性

额定最大值	U_{DRM}	U_{RRM}	I_{TGQM}	I_{TAVM}	I_{TSM}	—
	6 000 V	22 V	6 000 A	2 000 A	50 000 A	
开关特性	开通时间	关断时间	di_T/dt	du_T/dt	di_{G1}/dt	di_{G2}/dt
	$t_d < 1.0\ \mu s$ $t_r < 2.0\ \mu s$	$t_s < 3.0\ \mu s$	1 000 A/μs	3 000 V/μs	200 A/μs	10 A/μs
开通电压	当 $I_T = 6\ 000\ A$ 时 $U_{on} < 4\ V$					
器件型号:FGC6000 AX120DS(Mitsubishi)						

1.5　绝缘栅双极晶体管(IGBT)、智能功率模块(IPM)

1.5.1　绝缘栅双极晶体管(IGBT)

1. IGBT 的工作原理

绝缘栅双极晶体管(Insuiated Gate Bipolar Transistor)简称 IGBT,它是一种发展很快、应用很广的复合型电力电子器件。目前系列化的产品电流容量为 10～3 300 A、电压等级为 600～6 500 V,试制品已达 8 000 V,工作频率在 10～100 kHz 之间。IGBT 的主要缺点是通态电压降较大,但最近几年研制的新型 IGBT,通态压降明显下降。

IGBT 的层状结构如图 1-30 所示,其相当于一个由场效应管 MOSFET 驱动的厚基区 GTR,简化的等效电路如图 1-31(a)所示,其中 VT_1 是 N 沟道型 MOSFET,VT_2 是 PNP 型 GTR,R_{dr}是厚基区 GTR 的基区内电阻。所以 IGBT 是以 MOSFET 为驱动器件、GTR 为主导器件的达林顿电路结构器件。这种结构称 N-IGBT,即 N 沟道型的 IGBT,应用得较多。若用 P 沟道型 MOSFET 作为控制器件构成 IGBT,

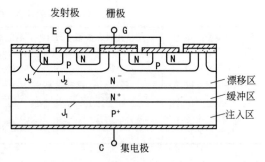

图 1-30　IGBT 的层状结构图

称 P-IGBT 型器件。一般的 IGBT 模块中,还封装了反并联的快速二极管,以适应逆变电路的需要,因此没有反向阻断能力。

IGBT 的图形符号如图 1-31(b)所示。图中漏极 D 用集电极 C 表示,源极 S 用发射极 E 表示,漏极电流 I_D 改用集电极电流 I_C 表示。对于 P-IGBT 型器件,图形符号中的箭头方向相反。图 1-31(c)是具有寄生晶体管 NPN 的实际等效电路,此寄生管正常情况下不起作用,但如果 I_C 太大,寄生管就会导通,使 IGBT 失控,这就是下面将会讨论的擎住效应。

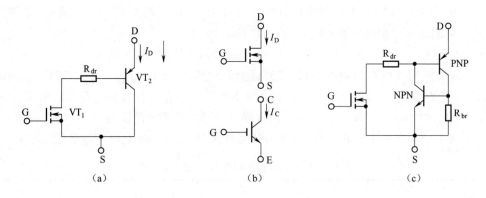

(a)　　　　　　　　　　(b)　　　　　　　　　　(c)

图 1-31　IGBT 的等效电路及图形符号

(a)简化等效电路;(b)二种图形符号;(c)实际等效电路

IGBT 的开通和关断受栅极控制,N 沟道型 IGBT 的栅极上加正偏置并且数值上大于开启电压时,IGBT 内的 MOSFET 的漏极与源极之间因此感应产生一条 N 型导电沟道,使 MOSFET 开通,从而使 IGBT 导通。反之,如在 N 沟道型 IGBT 上加反偏置,它内部的 MOS-FET 漏源极间不能感应产生导电沟道,IGBT 就截止。由此可知 IGBT 的控制原理与 MOS-FET 基本相同。

2.IGBT 的基本特性

(1)伏安特性

伏安特性即输出特性,N-IGBT 的伏安特性如图 1-32(a)所示。由图可知 IGBT 的伏安特性与 GTR 的伏安特性基本相似,不同之处是控制参数是栅极 G 与发射极 E 之间的电压 U_{GE} 表示,而不是基极电流。伏安特性的纵坐标为集电极电流 I_C,横坐标是集电极与发射极电压 U_{CE}。在一定的栅极电压下,随着 I_C 加大,通态电压 U_{CE} 加大,但加大栅极电压 U_{GE},在一定的 I_C 下可减小 U_{CE},即可以减少 IGBT 的通态损耗。IGBT 的伏安特性分:(Ⅰ)截止区、(Ⅱ)放大区或线性区、(Ⅲ)饱和区。截止区即正向阻断区,是由于栅极电压没有达到 IGBT 的开启电

压 $U_{GE(th)}$[图 1-32(b)]。放大区输出电流受栅射电压的控制，U_{GE} 越高、I_C 越大，两者有线性关系。在饱和区因 U_{CE} 太小，U_{GE} 失去线性控制作用。

由于结构上的原因，IGBT 的反向阻断电压只能达到数十伏的水平。目前模块化封装的 IGBT 都装有反并联功率二极管，成为逆导型器件。

(2)转移特性

如在图 1-32(b)横轴上作一条垂直线(即保持 U_{CE} 为恒值)与各条伏安特性相交，可获得转移特性。这是集电极电流与栅极电压 U_{GE} 之间的关系曲线。它与 MOSFET 的转移特性相同，当栅射电压 U_{GE} 小于开通电压 $U_{GE(th)}$ 时，IGBT 处于关断状态。在 IGBT 导通后的大部分集电极电流范围内，I_C 与 U_{GE} 呈线性关系。最高栅射电压受最大集电极电流的限制，其最佳值一般取 15 V 左右。在 IGBT 关断时，为了保证可靠关断，实际应用中在栅极加一定的负偏压，通常为 $-10\sim-5$ V。

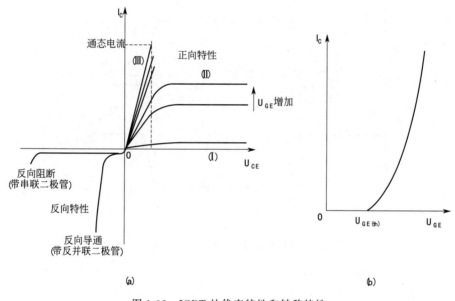

图 1-32 IGBT 的伏安特性和转移特性
(a)伏安特性示意图；(b)转移特性

(3)动态特性

图 1-33 是 IGBT 的开通和关断过程波形，U_{GE} 是作为控制信号的栅极电压波形，I_C 是集电极电流波形。这些波形与 MOSFET 开通时的波形相似。IGBT 在开通过程中，大部分时间是作为 MOSFET 来运行的，只有在电压 U_{CE} 下降过程的后期，PNP 晶体管才由放大区转到饱和区，因此 t_{fv2} 段电压下降过程变缓，只有在 t_{fv2} 结束时，IGBT 才完全进入饱和开通状态。此时，IGBT 仍存在一个饱和导通压降 $U_{CE(on)}$。IGBT 的开通时间由开通延迟时间 $t_{d(on)}$ 和电流上升时间 t_r 组成，通常约为 $0.2\sim0.5\mu s$。

在 IGBT 关断过程中，因为 MOSFET 关断后，PNP 晶体管中存储的电荷难以迅速消除，这段时间内 MOSFET 已经关断，IGBT 又无反向电压，造成 I_C 下降缓慢，这个下降时间称为拖尾时间，如图 t_{f2} 所示。关断时间由关断延迟时间 $t_{d(off)}$、电流下降时间 t_f 组成，约为 1 μs。

3. IGBT 的主要参数

除了前面提到的各种参数之外，IGBT 的主要参数还包括以下几个：

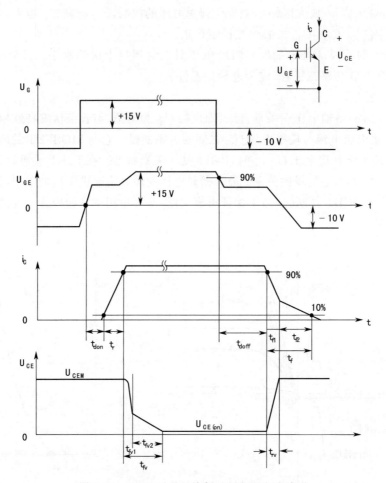

图 1-33　IGBT 开通和关断过程电压电流波形

（1）最大集电极-发射极电压（U_{CES}）：该电压由内部的 PNP 型晶体管的击穿电压确定，为了避免 PN 结击穿，IGBT 两端的电压绝对不能超过这个额定电压值。

（2）最高栅极-发射极电压（U_{GES}）：栅极电压受栅极氧化层的厚度和特性限制。虽然栅极的绝缘击穿电压约为 80 V，但是，为了保证可靠工作并且限制故障状态下的电流，栅极电压应该限制在 20 V 以内。

（3）最大集电极电流（I_{Cmax}）：包括直流电流 I_C 和 1 ms 脉宽最大电流 I_{CP}，该电流值与结温有关，随结温的升高而下降。有的厂家的标称数据为结温 25 ℃时，部分厂家按照结温 85 ℃来标称的，选择器件时应注意不同厂家之间的差异。

（4）最大集电极功耗（P_{CM}）：IGBT 的最大集电极功耗 P_{CM} 为正常工作温度下所允许的最大功耗。

表 1-5 介绍了 3.3 kV/1.2 kA IGBT 的主要特性，其中 U_{CE} 是集射极电压，I_C 是集电极额定直流电流，I_{CM} 是集电极最大重复峰值电流。这种 IGBT 具有最优开关特性，它能在 1 μs 内开通，在 2 μs 内关断。

4. 擎住效应（Latching Effect）

由于 IGBT 结构上的原因，内部存在一只 NPN 型寄生晶体管，等效电路如图 1-31(c)所示。当集电极电流大于规定的临界值 I_{CM}时，该寄生晶体管因有过高的正偏置被触发导通，使

表 1-5　3.3 kV/1.2 kA IGBT 的主要特性

额定最大值	U_{CE}	I_C	I_{CM}	—
	3 300 V	1 200 A	2 400 A	—
开关特性	t_{don}	t_r	t_{doff}	T_f
	0.35 μs	0.27 μs	1.7 μs	0.2 μs
饱和电压	当 I_C = 1 200 A 时 I_{CEsat} = 4.3 V			
器件型号:FZ1200R33KF2(Eupec)				

PNP 管也饱和导通,导致 IGBT 的栅极失去控制作用,这种现象称为擎住效应。IGBT 发生擎住效应后,集电极电流增大,造成过高的功耗,导致器件损坏。这种集电极电流超过 I_{CM} 引起的擎住效应称静态擎住效应。此外,在 IGBT 关断的动态过程中,若 du_{CE}/dt 过大,同样会引起上述寄生晶闸管的开通,使 IGBT 栅极失控,形成动态擎住效应。可通过加大栅极电阻 R_G 的办法,延长 IGBT 的关断时间,以减小重加 du_{CE}/dt 的数值,避免动态擎住效应的发生。

擎住效应曾经是限制 IGBT 电流容量的主要因素之一,现已得到很好的解决。

5. IGBT 的安全工作区

IGBT 开通时的正向偏置安全工作区 FBSOA 由电流、电压和功耗三条边界极限包围而成。最大集电极电流 I_{CM} 是按避免擎住效应而由厂方确定的;最高集电极-发射极电压 U_{CEM} 是由 IGBT 中 PNP 晶体管的击穿电压规定的;最高功耗则由最高允许结温所规定。如流过直流(DC)、发热严重,因而安全工作区变狭,如图 1-34(a)中 DC 线所示。若为脉冲电流,导电时间短,工作区变宽,脉冲越窄,工作区越宽。

IGBT 的反向偏置安全工作区 RBSOA 如图 1-34(b)所示,它随 IGBT 关断时的重加 du_{CE}/dt 而改变,du_{CE}/dt 数值越大,越容易引起 IGBT 的误导通,因此相应的反向偏量安全工作区越狭窄。

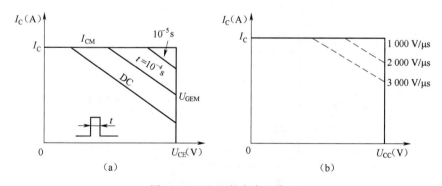

图 1-34　IGBT 的安全工作区
(a)正向安全工作区;(b)反向安全工作区

在应用 IGBT 的时候要注意的是 IGBT 有较大的极间电容,使 IGBT 的输入端显示出较强的容性特点,在输入脉冲作用下,将出现充放电现象。在器件开关过程中,极间电容是引发高频振荡的重要原因。由于 IGBT 对栅极电荷的集聚很敏感,因此要有一条低阻抗的放电回路,驱动电路与 IGBT 的连线要尽量短,如用绞线,其长度不应超过 1 m。此外,设计适当的缓冲电路,以抑制 IGBT 关断时产生的尖峰浪涌电压也很重要。有关 IGBT 的栅极控制电路和缓冲保护问题将在第 8 章阐述。

总之,在使用 IGBT 模块时,应特别注意以下三个方面:

1)IGBT 为电压驱动型器件,C、G、E 三极之间都有输入电容,故在开关时有电容电流。

2)IGBT 是高速开关器件,开关时会有较大的 di/dt 产生浪涌电压,应予以注意。

3)栅极是绝缘构造,因此要考虑静电对策,当栅极悬空时,不能在 C、E 极间加电压;G、E 极间不能加超过 ±20 V 的电压。

1.5.2 智能功率模块(IPM)

1. 智能型器件 IPM 简介

近年智能型电力电子器件发展很快,智能型器件 IPM (Intelligent Power Module)是一种在 IGBT 基础上再集成栅极驱动电路、故障检测电路和故障保护电路的电力电子模块。与普通 IGBT 相比,IPM 在系统性能和可靠性上均有进一步提高,而且由于 IPM 的通态损耗和开关损耗都比较低,散热器的尺寸减小,故整个系统的尺寸更小。模块结构适合于工业化、标准化生产,简化应用设计,提高系统性能与可靠性,在各种电力变换中起重要作用,正逐渐成为功率器件的主流产品。

2. IPM 的结构

根据内部功率模块配置的不同,IPM 可以分为 4 类:H 型(内部封装 1 个 IGBT)、D 型(内部封装 2 个 IGBT)、C 型(内部封装 6 个 IGBT)和 R 型(内部封装 7 个 IGBT)。如图 1-35 所示为一单元 IPM 的结构原理图,其基本结构为 IGBT 单元和反并联功率二极管;并且内置驱动电路,过电压、过电流与过热等故障检测保护电路以及故障报警输出电路。IPM 内部的驱动电路需要提供 15 V 稳定的驱动电源和开关控制信号来控制相应的 IGBT 导通与关断。

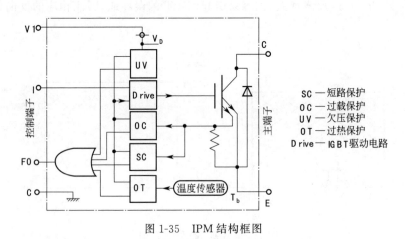

图 1-35 IPM 结构框图

3. IPM 保护方式

由于 IPM 内部有很多传感器,随时对 IPM 的状态进行控制,只要有一个保护电路起作用 IGBT 的门极驱动电路就会关断,同时产生一个故障输出信号。针对不同的需要可以设计不同的保护电路。以下是 IPM 的几种常见保护方式。

1)欠压锁定:IPM 内部控制电路由外接的直流电源供电。只要此电源电压下降到指定的阈值电压以下,IPM 就会关断,同时产生一个故障输出信号。为了恢复到正常运行状态,电源电压必须超过欠压复位阈值,在电源电压超过欠压复位阈值时,故障信号也消失。在控制电源上电和掉电期间,欠压保护电路都起作用,这属正常现象。

2)过热保护:在靠近 IGBT 的绝缘基板上安装有温度传感器,如果基板的温度超过设定阈值,IPM 内部的保护电路关断门极驱动信号,不响应控制输入信号,直到温度降下来。当温度下降到另一设定阈值以下 IGBT 方可恢复工作。

3)过流保护:由内置的电流传感器检测各桥臂电流,若通过 IGBT 的电流超过一定阈值,且持续时间大于一定延迟时间,IGBT 就会被软关断。假如延迟时间的典型值为 10 μs,那么小于 10 μs 的噪声引起的过流不会引起保护作用的发生。当过流保护其作用时,IPM 输出故障信号。

4)短路保护:如果负载发生短路或系统控制器发生故障,使 IGBT 的上、下桥臂同时导通,短路保护电路将其关断,同时输出一固定宽度故障信号。对于宽度小于一定宽度的短路电流(例如 2 μs 以下)不响应。

正是因为具有这些保护功能,既使内部的 IGBT 承受过大的电流电压应力,IPM 模块也不会损坏。

4. IPM 发展前景

IPM 除了在工业变频器中被大量采用之外,经济型的 IPM 在近年内也开始在一些民用品如家用空调变频器、冰箱变频器、洗衣机变频器中得到应用。IPM 也在向更高的水平发展,日本三菱电机开发的专用智能模块 ASIPM 将不需要外接光耦,通过内部自举电路可单电源供电并采用了低电感的封装技术,在实现系统小型化、专用化、高性能、低成本方面又推进了一步。现在,有些公司已经把 IPM 和整流模块封装在同一模块内,使系统电路设计更简单,体积更小。因此,IPM 在功率驱动领域将有极为广阔的发展前景。

另外针对于全控型器件如 GTO、GCT 和 IGBT,根据目前的产品或样品,表 1-6 对三种全控型器件进行比较。图 1-36 给出了目前国际上电力电子器件的最大电压、电流等级。

表 1-6　三种全控型器件性能比较

器　件	GTO	GCT	IGBT
最大电压和电流值	高	高	低
封装	平板封装	平板封装	模块或平板封装
开关速度	低	中等	高
开通(di/dt)缓冲	要求	要求	不要求
关断(du/dt)缓冲	要求	不要求	不要求
动态过电压箝位	无	无	有
动态 di/dt 和 du/dt 控制	无	无	有
短路电流保护	无	无	有
导通损耗	低	低	高
开关损耗	高	介于 GTO 和 IGBT 之间	低
损坏后器件特征	短路	短路	开路
门极驱动	复杂、单管驱动	复杂、集成模块	简单、紧凑
驱动电路损耗	高	介于 GTO 和 IGBT 之间	低

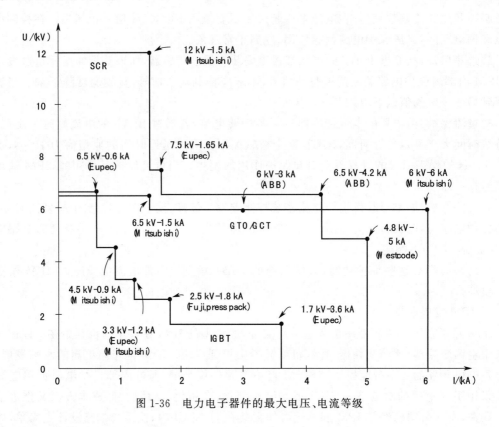

图 1-36　电力电子器件的最大电压、电流等级

1.6　新型电力电子器件

1.6.1　第三代半导体材料的性能特性

　　表 1-7 是典型的半导体材料特性对比。可以看出,GaN 和 SiC 的带隙都比 Si 高,临界击穿电场是 Si 材料临界场强的 9～10 倍。通常半导体材料的电力电子器件特性可以用巴里伽品质因子(Baliga Figure of Merit,BFM)来评估,即希望在器件关断时承受更高电压而在导通时电阻最小。GaN 和 SiC 的 BFM 都比 Si 材料高两个数量级。导热系数也是衡量电力电子器件的一个重要特性,GaN 的热导率与 Si 基本一样,而 SiC 的热导率是 Si 的三倍。与 SiC 相比,GaN 的沟道电阻比较低。但是,由于 GaN 基器件通常是在 Si、SiC 或者蓝宝石衬底生长的异质外延膜上制备,因此器件的缺陷密度也较高。虽然 SiC 制备的 MOS 型器件的沟道迁移率小于 $100\mathrm{cm}^2/\mathrm{Vs}$,但是 SiC 基器件是在同质外延上制备,因此器件的缺陷密度较低。

表 1-7　典型半导体材料特性对比

特　　　性	半导体材料				
	Si	GaAs	4H-SiC	6H-SiC	GaN
能带宽度(eV)	1.1	1.42	3.2	3.0	3.49
电子迁移	1 500	8 500	900	400	900
饱和电子漂移速率(10^7cm/s)	1	1.3	2.0	2.0	2.5

特　　性	半导体材料				
	Si	GaAs	4H-SiC	6H-SiC	GaN
临界击穿电场（MV/cm）	0.3	0.4	2.0	2.4	3.3
热导率（W/cm·K）	1.5	0.5	4.5	4.5	>1.5
BFM（V_{br}^2/R_{on}）	1	15.6	130	110	650

目前行业界的一个共识是：SiC 基器件更适合于高压（＞1 200 V）大功率器件的需求，而 GaN 基器件更适合应用于中低压（＜1 200 V）高速开关功率器件的需求。这两种材料器件在 600 V、1 200 V 和 1 700 V 电压等级应用中形成竞争。

1.6.2　碳化硅（SiC）功率器件

1. 碳化硅功率二极管

碳化硅功率二极管有三种类型：肖特基二极管（Schottky barrier diode，SBD）、PIN 二极管和结势垒控制肖特基二极管（junction barrier Schottky，JBS）。在 5 kV 阻断电压以下的范围，碳化硅结势垒肖特基二极管是较好的选择。JBS 二极管结合了肖特基二极管所拥有的出色的开关特性和 PIN 结二极管所拥有的低漏电流的特点。把 JBS 二极管结构参数和制造工艺稍作调整就可以形成混合 PIN-肖特基结二极管（merged PIN Schottky，MPS）。由于碳化硅二极管基本工作在单极型状态下，反向恢复电荷量基本为零，可以大幅度地减少二极管反向恢复引起的自身瞬态损耗以及相关的 IGBT 开通瞬态损耗，非常适用于开关频率较高的电路。

阻断电压为 14.9 kV 和 19.5 kV 的超高压 PIN 二极管，其正向和反向导通特性如图 1-37 所示，在电流密度为 100 A/cm^2 时，其正向压降分别仅为 4.4 V 和 6.5V。这种高压的 PIN 二极管在电力系统，特别是高压直流输电领域具有潜在的应用价值。

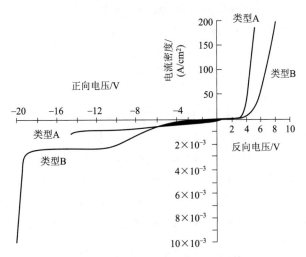

图 1-37　超高压碳化硅 PIN 二极管

2. 碳化硅 MOSFET 器件

功率 MOSFET 具有理想的栅极绝缘特性、高速的开关性能、低导通电阻和高稳定性，在硅基器件中，功率 MOSFET 获得巨大成功。同样，碳化硅 MOSFET 也是最受瞩目的碳化硅功率开关器件，其最明显的优点是良好的散热性，驱动电路非常简单及与现有的功率器件（碳化硅功率 MOSFET 和 IGBT)驱动电路兼容。碳化硅功率 MOSFET 面临的两个主要挑战是栅氧层的长期可靠性问题和沟道电阻问题。随着碳化硅 MOSFET 技术的进步，具有较大的电压电流能力的碳化硅 MOSFET 器件也被研发出来。

在碳化硅 MOSFET 的可靠性研究方面，在 350℃ 下碳化硅栅氧层具有良好的可靠性。如图 1-38 所示，20 多年以来碳化硅 MOSFET 栅氧层的可靠性得到明显提高。这些研究结果表明，栅氧层将有望不再是碳化硅 MOSFET 的一个瓶颈。

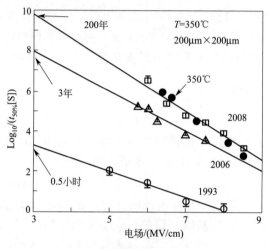

图 1-38　栅氧层性能的改进

3. 碳化硅 IGBT

由于理论限制，在碳化硅 MOSFET 器件中，其通态电阻随着阻断电压的上升而迅速增加。在高压领域，碳化硅 IGBT 器件将具有明显的优势。受到工艺技术的制约，碳化硅 IGBT 的起步较晚，高压碳化硅 IGBT 面临两个挑战：第一个挑战与碳化硅 MOSFET 器件相同，沟道缺陷导致的可靠性以及低电子迁移率问题；第二个挑战是 N 型 IGBT 需要 P 型衬底，而 P 型衬底的电阻率比 N 型衬底的电阻率高 50 倍。20 世纪 1999 年制成的第一个 IGBT 采用了 P 型衬底。经过多年的研发，逐步克服了 P 型衬底的电阻问题，2008 年的一款 13 kV 的 N 沟道碳化硅 IGBT 器件，其导通电阻达到 22 mΩ·cm²。

图 1-39 对 15 kV 的 N-IGBT 和 MOSFET 的正向导通能力做了一个比较，结果显示，在结温为 30 K 时，在芯片功耗密度为 200 W/cm² 以下的条件下，MOSFET 可以获得更大的电流密度，而在更高的功耗密度条件下，IGBT 可以获得更大的电流密度。新型高温高压碳化硅 IGBT 器件将对大功率应用，特别是电力系统的应用产生重大的影响。在 15 kV 以上的应用领域，碳化硅 IGBT 综合了功耗低和开关速度快的特点，相对于碳化硅的 MOSFET 以及硅基的 IGBT、晶闸管等器件具有显著的技术优势，特别适用于高压电力系统应用领域。

4. 碳化硅门极关断晶闸管

在大功率的工频开关应用中，比如高压直流输电（High Voltage DC，HVDC）、动态无功功率补偿、超大电流电解等，晶闸管以其耐压高、通态压降小、通态功耗低而具有较大优势。对碳化硅晶闸管的研究主要集中在 GTO 上。碳化硅门级关断晶闸管（SiC commutated gate turn-off thyristors，SiCGT)的研发也受到特别的关注。面积为 8 mm×8 mm 的 SiCGT 芯片，其导通峰值电流高达 200 A。单芯片脉冲电流达到 2000A 的 SiCGT 器件，如图 1-40 所示。

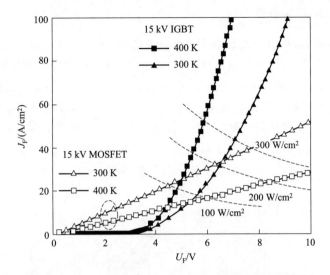

图 1-39 15 kV 碳化硅 IGBT 和 MOSFET 的导通特性对比

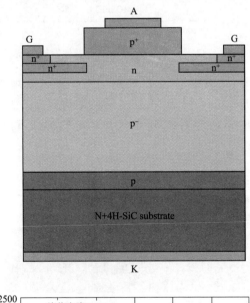

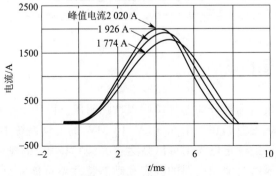

图 1-40 脉冲电流 2 000 A 的碳化硅门级关断晶闸管

1.6.3 氮化镓(GaN)功率器件

GaN 与 SiC 一样,与硅材料相比具有许多优良特性,但是由于它最初必须用蓝宝石或 SiC 晶片作衬底材料制备,限制了其快速发展。后来,它在 LED 照明应用市场的有力推动下,GaN 异质结外延工艺技术的发展产生了质的飞跃,2012 年 GaN-on-Si 外延片问世,为 GaN 材料及器件大幅度降低成本开辟了广阔的道路,随之 GaN 电力电子器件也得到业界热捧。

由于 GaN 器件只能在异质结材料上制造,所以其只能制作横向结构的电力电子器件,耐压很难超过 1kV,因此在低压应用要求较苛刻的场合可能会与硅基电力电子器件形成竞争态势,图 1-41 所示为对未来 GaN 电力电子器件发展的预测。

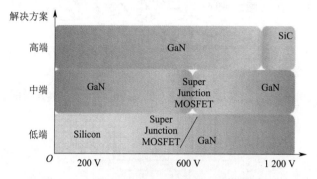

图 1-41 未来 GaN 电力电子器件发展的预测

从目前发展情况来看,最有前途的 GaN 电力电子器件是增强型氮化镓功率 MOSFET (enhancement-mode GaN(eGaN)MOSFET)。它的结构示意图如图 1-42 所示,可见与横向 Si MOSFET 结构完全相同,但由于 GaN 更加优异的电气特性,可望在中高端应用中对 Si 基 MOSFET 造成挑战。

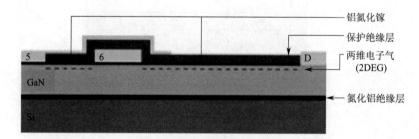

图 1-42 GaN-on-Si 增强性氮化镓功率 MOSFET(eGaN)结构示意图

1.7 器件的串联运行

中压传动系统中经常会需要开关器件串联以增加耐压。由于单个器件的电流容量通常足够大,因此一般不必并联。例如,在一个 6.6 kV/10 MW 的传动系统中,电动机额定电流只有 880 A,而与此相比,GCT 的额定电流则可以高达 6 000 A,IGBT 的额定电流也有 3 600 A。

由于串联的器件以及各自驱动电路的静态和动态特性不可能完全一致,因此它们在阻断状态或开通过程中,每个器件的压降不可能相同。器件串联的主要任务在于确保静态和动态条件下实现器件均压。

1.7.1 电压不均衡的主要原因

静态电压不均衡主要是由串联开关器件的断态漏电流 I_{lk} 不同而导致的,该漏电流又受器件结温和工作电压影响。动态电压不均衡的原因可分为两类:①器件开关特性的不一致导致的不均衡;②门(栅)极信号在系统控制器和开关间传输延迟不同所导致的不均衡。表 1-8 分类总结了电压分配不均的主要原因,其中 Δ 表示串联器件间的参数差异。

表 1-8 串联器件电压分配不均衡的主要原因

类　　型	电压不均衡的原因	
静态电压不均衡	ΔI_{lk}:器件的断态漏电流 ΔT_j:结温	
动态电压不均衡	器件	Δt_{don}:导通延迟时间 Δt_{off}:关断延迟时间(IGBT) Δt_s:存储时间(GCT) ΔQ_{rr}:反向恢复电荷 ΔT_j:结温
	门(栅)极 驱动电路	Δt_{GDon}:门(栅)极驱动电路导通延迟时间 Δt_{GDoff}:门(栅)极驱动电路关断延迟时间 ΔL_{wire}:门(栅)极驱动电路输出与器件门(栅)极间的引线电感

1.7.2 GCT 的电压均衡

1. 静态电压均衡

图 1-43(a)给出了一种静态电压均衡的常用方法,其中每个开关器件由一个并联电阻 R_p 进行均压保护。R_p 的阻值可由下述经验公式计算得到

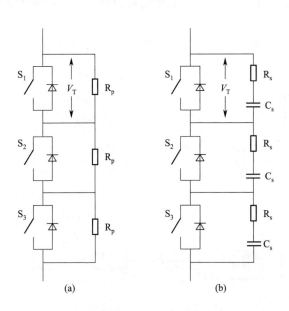

图 1-43 器件串联时的电压无源均衡技术

(a)静态电压均衡;(b)动态电压均衡

$$R_s = \frac{\Delta V_T}{\Delta I_{lk}} \tag{1-7}$$

式中 ΔV_T——串联器件间允许的最大电压差;

ΔI_{lk}——断态漏电流的误差容限。

对于非对称型和对称型 GCT,公式(1-7)均成立,R_p 的阻值一般在 $20 \sim 100$ kΩ 之间。

2. 动态电压均衡

对于动态电压均衡,需要考虑 GCT 运行的三种模式:

1)开通瞬态过程;

2)门(栅)极换相的关断瞬态过程;

3)自然换相的关断瞬态过程(只针对对称型 GCT)。

用于电压源型变频器中的非对称型 GCT 和反向导通型 GCT,其工作过程中存在前两种模式。而用于电流源型变频器中的对称型 GCT,则存在上述所有三个模式。

为了确保动态过程中的电压均匀分配,可以采用以下技术:

1)采用相同批次生产的器件,以减小 Δt_{don}、Δt_s 和 ΔQ_{rr};

2)实测器件的开关特性并匹配使用,以减小 Δt_{don}、Δt_s 和 ΔQ_{rr};

3)器件采用相同的散热条件,以减小 ΔT_j;

4)设计对称的门极驱动电路,以减小 Δt_{GDon} 和 Δt_{GDoff};

5)使门极驱动电路尽可能对称分布,以减小线路电感量的差别 ΔL_{wire}。

采用上述技术有助于减小器件开关瞬态过程中的电压不均衡,但是并不能确保得到满意的结果。为了保护串联开关器件,经常采用 RC 缓冲电路,详细分析见第 8 章。

1.7.3 IGBT 的电压均衡

用于 GCT 的静态和动态电压均衡技术也可同样用于 IGBT。另外,一种过电压有源箝位方案可用以限制开关暂态过程中的集电极-发射极电压 v_{CE}。由于晶闸管结构与 IGBT 不同,该方案并不适用于 GCT。

图 1-44 给出了过电压有源箝位方案的原理框图。每个 IGBT 的 v_{CE} 需要被检测,并与参

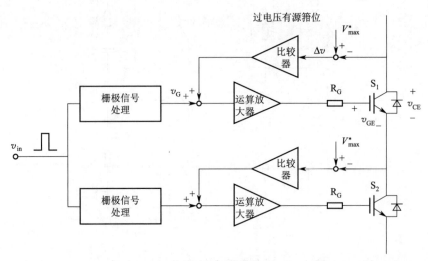

图 1-44 串联 IGBT 过电压有源箝位原理

考电压 $V_{\max}^*$ 进行比较（$V_{\max}^*$ 为器件的最大允许电压），将比较得到的差值 Δv 送至比较器。如果关断时检测得到的 v_{CE} 低于 $V_{\max}^*$，则比较器输出为零，器件正常工作不受影响。当 v_{CE} 要超过 $V_{\max}^*$ 时，$|\Delta v|$ 被叠加到栅极信号 v_G 上，则会强制将 v_{CE} 拉至低电位。通过采用这种 IGBT 有源放大区内的反馈控制，暂态过程中 v_{CE} 会被箝位到限制值 $V_{\max}^*$，有效地避免了器件过电压。不过，这种方案也同时会增加器件的开关损耗。

小　结

本章介绍了主要电力电子器件的基本结构、工作原理和特性、参数计算以及应用场合，应着重掌握不同器件的共性和特性，为以后进一步学习打好基础。本章对于器件的制作工艺不做要求，不需掌握。另外，有关器件的门极控制电路将会在第 8 章中单独介绍。

电力电子器件的分类有很多种，主要的分类方法可分为不可控型、半控型和全控型。在现代电力电子技术中，全控型器件（如 IGBT、GTO）现已逐步取代了半控型和不可控型器件成为主流器件，因此在学习时应当加以特别重视。而半控型器件晶闸管是一种经典的器件，它作为电力电子器件的始祖，尽管存在很多缺点，在很多特定场合中仍有应用，并且第 3 章整流电路也将以晶闸管为主展开的，学习时同样应略有侧重。另外，电力电子器件也可分为单极型、双极型和复合型。单极型器件和复合型器件基本都为电压型器件，而双极型器件多为电流型器件。电压型器件的共同点是：输入阻抗高，所需驱动功率小，驱动电路的结构相对简单，工作频率高。而电流型器件的共同点是：通态压降低，导通损耗小，但是工作频率较低，所需驱动功率较大，驱动电路也相对复杂。正是由于不同器件具有的不同特征，决定了它们不同的应用范围。

另外，随着材料技术的进步，出现了很多新型器件。有的器件具有很高的耐压能力，并可在高温下工作；有的器件开关速度可以达到 GHz 以上。这些器件尽管还没有大规模的进入商业化应用阶段，但其优良性能在未来的电力电子器件中必将占有一席之地。

中英术语对照

开通——Turn on

关断——Turn off

开关电源——Switching Mode Power Supply

二次击穿——Second Breakdown

不间断电源——Uninterruptable Power Supply-UPS

功率二极管——Power Diode-PD

静态特性——Static Characteristic

动态特性——Dynamic Characteristic

普通二极管——General Purpose Diode

整流二极管——Rectifier Diode

快恢复二极管——Fast Recovery Diode-FRD

快恢复外延二极管——Fast Recovery Epitaxial Diodes-FRED

肖特基二极管——Schottky Barrier Diode-SBD

功率三极管——Giant Transistor-GTR

安全工作区——Safe Operating Area-SOA

功率场效应晶体管——Power Metal Oxide Semiconductor Field Effect Transistor-Power MOSFET

晶闸管——Thyristor(可控硅整流器—Silicon Controlled Rectifier-SCR)

快速晶闸管——Fast Switching Thyristor

逆导型晶闸管——Reverse Conducting Thyristor

双向晶闸管——Bi-directional Triode Thyristor 或者 Triode AC Switch—TRIAC

门极可关断晶闸管——Gate Turn-off Thyristor-GTO

门极换流晶闸管——Gate Commutation Thyristor-GCT

集成门极换流晶闸管——Integrated Gate Commutation Thyristor-IGCT

绝缘栅双极晶体管——Insulated Gate Bipolar Transistor-IGBT

擎住效应——Latching Effect

智能型器件——Intelligent Power Module-IPM

通态——On-state

断态——Off-state

Problems

Problem 1. 1：What is the essential idea of power electronics by comparing of the analog electronic power conversion?

Problem 1. 2：How to provent a MOSFET from getting destructed by the electro-static discharge?

Problem 1. 3：What is the condition for a SCR being conducted，and how to maintain its conducting state? How to turn off a SCR which is being conducted?

Problem 1. 4：Write down the advantages and disadvantages of SCR，GTO，MOSFET and IGBT.

Problem 1. 5：The shaded parts are the current wave forms of a SCR，then calculate the mean value of each current wave form I_{d1}、I_{d2}、I_{d3} and the rms I_1、I_2、I_3 (The magnitude of each wave for is consistent I_m).

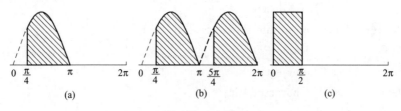

Problem 1. 5

Problem 1. 6：Despiting the safe margin in the Problem 1. 5 above，calculate each mean current value I_{d1}、I_{d2}、I_{d3} of each wave form，if the SCR is a 100 A one. Then，calculate each current maximum value I_{m1}, I_{m2}, I_{m3}.

Problem 1. 7: The main structure of a GTO is quite the same as the structure of a SCR in the PNPN layers, but why the GTO has its turn-off capability?

Problem 1. 8: Point out the differences between GTO and GCT in case of turn-on and turn-off.

2 直流斩波电路

直流变换电路是一种把恒定直流电压变换成为负载所需的直流电压的变换电路,由这种电路构成的电力电子装置称为直流斩波器(DC Chopper)。通过周期性地快速通、断而把恒定直流电压斩成一系列的脉冲电压,改变这一脉冲列的脉冲宽度或频率就可实现输出电压平均值的调节。直流斩波器除可调节直流电压的大小外还可以用来调节电阻的大小和磁场的大小。直流斩波器作为直流电动机调速的有效手段在运输车辆上得到了广泛的应用,如由直流电网供电的地铁车辆、工矿电力机车、城市无轨电车、高速电动车组以及由蓄电池供电的搬运车、叉车、电动汽车等。

2.1 直流斩波器的工作原理及控制方式

2.1.1 工作原理

当直流电动机由不可调的直流电源供电时,传统的方法是通过改变串在电路中的电阻值来改变电动机的端压,从而改变电机的转速。直流电机串电阻调速的电路如图 2-1 所示。图中 K_1、K_2、K_3、K_4 为机械开关。当分别闭合或断开电路中的开关时,电机回路中的电阻值也将发生变化。对于这样的调速电路,电阻中流过和负载相同的电流,而其两端的电压为电源电压与负载电压之差。于是在电阻上将消耗大量的功率。特别是电机的转速较低时,电源供出的功率大部分消耗在电阻上。显然用改变电阻值的方法调速是很不经济的。

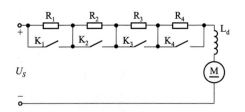

图 2-1　直流电机串电阻调速电路

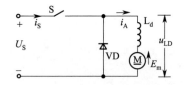

图 2-2　直流电动机斩波调速电路图

用一个理想开关取代电阻就组成了一个直流电机斩波调速电路,如图 2-2 所示。图中:VD 为续流二极管,L_d 为平波电抗器。在实际应用中,图中的开关 S 不是普通的机械开关,而是由电力电子器件如可关断晶闸管(GTO)、绝缘栅双极型晶体管(IGBT)等组成的电子可控开关。通常这个可控开关称为斩波器。

2.1.2 控制方式

1. 时间比控制方式

时间比控制是改变直流斩波器输出电压的一种方法。直流斩波器的输出电压是电力电子器件导通时间 t_{on} 和斩波周期 T 的函数。无论是改变导通时间 t_{on},还是改变斩波周期 T 都可改变直流输出电压。改变 t_{on}/T 之比有如下三种方法:

（1）定频调宽控制（脉冲宽度调制）

这种控制方法是保持斩波周期 T 不变，只改变电力电子器件的导通时间 t_{on}，如图 2-3（a）所示。图中 $T=$ 常数，$t_{on}=$ 变数。脉冲宽度 t_{on} 越宽，U_{LD} 越高。这种控制方式的特点为：斩波器的基本频率固定，所以滤除高次谐波的滤波器设计比较容易。

（2）定宽调频（脉冲频率调制）

这种控制方式是保持导通时间 t_{on} 不变，而改变斩波周期 T，如图 2-3（b）所示。图中 $t_{on}=$ 常数，$T=$ 变数。改变 T 就可改变 U_{LD}。这种控制方式的特点为：斩波回路和控制电路变得简单，但频率是变化的。

（3）调频调宽混合控制

这种控制方式不但改变斩波器的工作频率，而且也改变斩波器的导通时间。这种控制方法的特点为：可以大幅度的变化输出，但也存在着由于频率变化所引起的设计滤波器较难的问题。

2. 瞬时值控制和平均值控制

对于采用直流斩波器进行调速的车辆或其他电力电子装置在加速时，为使其加速度恒定，需要进行恒流控制。在进行恒流控制时，如果预先给定主电机电流的上限值和下限值，将其与电动机电流的瞬时值比较，在电流达到上限值或下限值时，关断或开通斩波器，称为电流瞬时值控制；如用检测出的电流平均值与给定值比较，用其差值控制斩波器的开通与关断，称为平均值控制。

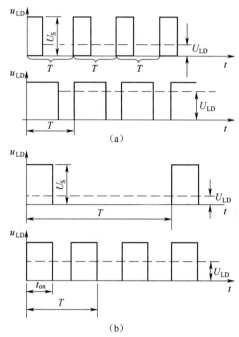

图 2-3 不同控制方式的负载电压波形
(a)定频调宽方式；(b)定宽调频方式

（1）瞬时值控制

这种方式方框图及波形图如图 2-4 所示，预先给定电流脉冲的上限值和下限值，将其与电流瞬时值比较，以控制斩波器的开通与关断。这种直接控制电流脉冲值的方式，应用在电气车辆上具有不管车辆速度如何，脉动率始终保持恒定的优点。另外，控制系统本身具有瞬时响应

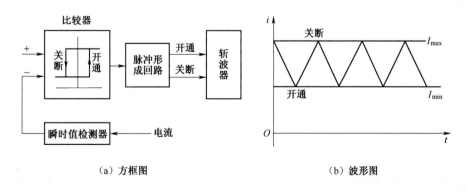

(a) 方框图   (b) 波形图

图 2-4 瞬时值控制方式原理图

特性。但是,因为把电流的脉动幅度 $\Delta I_M = I_{max} - I_{min}$ 固定,所以斩波器工作频率随导通比 (Conduction Ratio)α 的变化发生大幅度的变化。

(2)平均值控制

这种方式的原理方框图及波形图如图 2-5 所示,电路中设置了给定斩波器工作频率的振荡器和控制导通比的移相器,根据电流给定值和负载电流平均值的偏差,控制移相器的输出。这种方式与瞬时值控制相比,响应速度稍差,但工作频率是稳定的,一般都采用这种平均值控制方式。

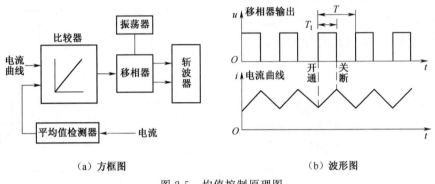

(a)方框图　　　　　　　　　　(b)波形图

图 2-5　均值控制原理图

2.2　降压斩波电路

降压斩波电路又称为降压斩波器(Buck Chopper),其控制原理图和波形变换如图 2-6 所示。该电路使用一个全控型器件 VT,图中使用 IGBT,也可采用其他器件,若采用半控器件如晶闸管时,需要加入关断的辅助电路,这种斩波器现在已经很少应用。图 2-6(a)中,为了在 VT 关断时给负载中的电感电流提供通道,设置了续流二极管 VD。斩波器的经典用途之一是驱动直流电动机,也可带蓄电池负载,两种情况下负载中都会出现反电动势。如图中 E_M 所示,只需使 $E_M = 0$,以下的分析表达式都可适用。

图 2-6(b)中 VT 的栅极电压 u_{GE} 波形可知,在 $t = 0$ 时刻驱动 VT 导通,电源 E 向负载供电,负载电压 $u_o = E$,负载电流 i_o 按照指数曲线上升。

当 $t = t_1$ 时刻,控制 VT 关断,负载电流经二极管 VD 续流,负载电压 u_o 近似为零,负载电流呈指数曲线下降。为了使负载电流连续且脉动较小,通常串接的电感 L 较大。

直到一个周期 T 结束,再驱动 VT 导通,重复上一个周期的过程。当电路工作于稳态时,负载电流在一个周期的初值和终值相等。负载电压平均值为

$$U_o = \frac{1}{T}\int_0^{t_{on}} u_o \mathrm{d}t = \frac{t_{on}}{T}E = \alpha E \tag{2-1}$$

式中　t_{on}——VT 处于通态的时间;

　　　T——开关周期;

　　　α——导通占空比,$\alpha = t_{on}/T$。

由此式可知,输出到负载的电压平均值 U_o 最大为 E,若减小占空比 α,则 U_o 随之减小。因此将该电路称为降压斩波电路或 Buck 变换器(Buck Converter)。

负载电流的平均值为

$$I_{o}=\frac{U_{o}-E_{M}}{R} \tag{2-2}$$

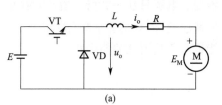

若负载中电感 L 的值较小,则在开关 VT 关断以后,到了 t_2 时刻,如图 2-6(c)所示,负载电流已衰减到零,会出现负载电流断续的情况。由波形可见,负载电压 u_o 的平均值会升高,一般不希望电流断续的情况。

对于降压斩波电路可以进行分时段解析。

在 VT 处于通态期间,设负载电流为 i_1,可列出如下方程:

$$L\frac{di_1}{dt}+Ri_1+E_M=E \tag{2-3}$$

设此阶段电流初值为 I_{min},$\tau=L/R$,解上式得

$$i_1=I_{min}e^{-\frac{t}{\tau}}+\frac{E-E_M}{R}(1-e^{-\frac{t}{\tau}}) \tag{2-4}$$

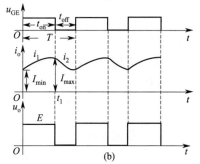

在 VT 处于关断期间,设负载电流为 i_2,可列出下列方程:

$$L\frac{di_2}{dt}+Ri_2+E_M=0 \tag{2-5}$$

设此阶段电流初值为 I_{max},解上式得

$$i_2=I_{max}e^{-\frac{t-t_{on}}{\tau}}-\frac{E_M}{R}(1-e^{\frac{t-t_{on}}{\tau}}) \tag{2-6}$$

当电流连续时,有

$$I_{min}=i_2(t_2) \tag{2-7}$$
$$I_{max}=i_1(t_1) \tag{2-8}$$

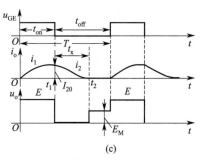

图 2-6 降压斩波电路原理图及其波形
(a)电路图;(b)电流连续时的波形;
(c)电流断续时的波形

即 VT 进入通态时电流初值就是 VT 在断态阶段结束时的电流值,反过来,VT 进入断态时的电流初值就是 VT 在通态结束时的电流值。

由式(2-4)、式(2-6)、式(2-7)、式(2-8)得出:

$$I_{min}=\left(\frac{e^{t_1/\tau}-1}{e^{T/\tau}-1}\right)\frac{E}{R}-\frac{E_M}{R}=\left(\frac{e^{a\rho}-1}{e^{\rho}-1}-m\right)\frac{E}{R} \tag{2-9}$$

$$I_{max}=\left(\frac{1-e^{-t_1/t}}{1-e^{-T/\tau}}\right)\frac{E}{R}-\frac{E_M}{R}=\left(\frac{1-e^{-a\rho}}{1-e^{-\rho}}-m\right)\frac{E}{R} \tag{2-10}$$

式中,$\rho=T/t$;$m=E_M/E$;$t_1/\tau=\left(\frac{t_1}{T}\right)\left(\frac{T}{\tau}\right)=\alpha\rho$。

由图 2-6(b)可知,I_{min} 和 I_{max} 分别是负载电流瞬时值的最小值和最大值。

把式(2-9)和式(2-10)用泰勒级数近似,可得

$$I_{min}\approx I_{max}\approx\frac{(\alpha-m)E}{R}=I_o \tag{2-11}$$

上式表示了平波电抗器 L 为无穷大,负载电流完全平直时的 I_o,此时负载电流最大值、最小值均等于平均值。

以上关系还可以从能量传递关系简单地推得。由于 L 为无穷大,故负载电流维持为 I。

不变。电源只在 VT 处于通态时提供能量,为 $EI_o t_{on}$。从负载看,整个周期 T 中负载一直在消耗能量,消耗的能量为($RI_o^2 T + E_M I_o T$)。一个周期中,忽略电路中的损耗,则电源提供的能量与负载消耗的能量相等,即

$$EI_o t_{on} = RI_o^2 T + E_M I_o T \tag{2-12}$$

则

$$I_o = \frac{\alpha E - E_M}{R} \tag{2-13}$$

与式(2-11)结论一致。

在上述情况中,均假设 L 值为无穷大,且负载电流平直。这种情况下,假设电源电流平均值为 I_1,则有

$$I_1 = \frac{t_{on}}{T} I_o = \alpha I_o \tag{2-14}$$

其值小于等于负载电流 I_o,由上式得

$$EI_1 = \alpha E I_o = U_o I_o \tag{2-15}$$

即输出功率等于输入功率,可将降压斩波器看作直流降压变压器。

假如负载中 L 值较小,则有可能出现负载电流断续的情况。利用与前面类似的解析方法,可对电流断续的情况进行解析。电流断续时有 $I_{min} = 0$,且 $t = t_{on} + t_x$ 时,$i_2 = 0$,利用式(2-7)和式(2-6)求出 t_x 为

$$t_x = \tau \ln \left[\frac{1 - (1-m) e^{-\alpha \rho}}{m} \right] \tag{2-16}$$

电流断续时,$t_x < t_{off}$,由此得出电流断续的条件为

$$m > \frac{e^{\alpha \rho} - 1}{e^{\rho} - 1} \tag{2-17}$$

对于电路具体工作情况,可由此式判断负载电流是否连续。

在负载电流断续的工作情况下,负载电流一降到零,续流二极管 VD 关断,负载两端电压等于 E_M。输出电压平均值为

$$U_o = \frac{t_{on} E + (T - t_{on} - t_x) E_M}{T} = \left[\alpha + \left(1 - \frac{t_{on} + t_x}{T} \right) m \right] E \tag{2-18}$$

U_o 不仅和占空比 α 有关,也和反电动势 E_M 有关。

此时负载电流平均值为

$$I_o = \frac{1}{T} \left(\int_0^{t_{on}} i_1 dt + \int_0^{t_x} i_2 dt \right) = \left(\alpha - \frac{t_{on} + t_x}{T} m \right) \frac{E}{R} = \frac{U_o - E_M}{R} \tag{2-19}$$

2.3 升压斩波电路

升压斩波电路又称为升压斩波器(Boost Chopper),其原理及工作波形如图 2-7 所示。该电路中也是使用一个全控型器件 VT,图中使用 IGBT。

分析升压斩波电路的工作原理时,首先假设电路中电感 L 很大,电容 C 也很大。当 VT 处于通态时,电源 E 向电感 L 充电,充电电流基本恒定为 I_1,同时电容 C 上的电压向负载 R 供电,因电容值很大,基本保持输出电压 u_o 为恒定值,记为 U_o。设 VT 处于通态的时间为 t_{on},此阶段电感上积蓄的能量为 $EI_1 t_{on}$。当 VT 处于断态的时间为 t_{off},则在此期间电感 L 释放的

能量为 $(U_o - E) I_1 t_{off}$。当电路工作于稳态时,一个周期 T 中电感 L 积蓄的能量与释放的能量相等,即

$$EI_1 t_{on} = (U_o - E) I_1 t_{off} \qquad (2\text{-}20)$$

化简得

$$U_o = \frac{t_{on} + t_{off}}{t_{off}} E = \frac{T}{t_{off}} E \qquad (2\text{-}21)$$

上式中的 $T/t_{off} \geqslant 1$,输出电压高于电源电压,故该电路称为升压斩波电路或 Boost 变换器(Boost Converter)。

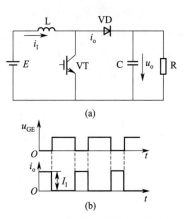

图 2-7　升压斩波电路及其工作波形
(a)电路图 ;(b)波形

式(2-21)中 T/t_{off} 表示升压比,调节其大小,即可改变输出电压 U_o 的大小,调节的方法与降压斩波电路中介绍的三种调节导通占空比 α 的方法类似。将升压比的倒数记作 β,即 $\beta = \dfrac{t_{off}}{T}$,则 β 和导通占空比 α 有如下关系:

$$\alpha + \beta = 1 \qquad (2\text{-}22)$$

因此,式(2-21)可表示为

$$U_o = \frac{1}{\beta} E = \frac{1}{1 - \alpha} E \qquad (2\text{-}23)$$

升压斩波电路之所以能使输出电压高于电源电压,关键有两个原因:一是 L 储能之后具有使电压泵升的作用,二是电容 C 可将输出电压保持住。在上面的分析中,认为 VT 处于通态器件因电容 C 的作用使输出电压 U_o 不变,但实际上 C 值不可能无穷大,在此阶段其向负载放电,U_o 必然会有所下降,故实际输出电压会略低于式(2-23)的结果,不过,在电容 C 值足够大时,产生的误差很小,基本可以忽略。

如果忽略电路中的损耗,则由电源提供的能量仅由负载 R 消耗,即

$$EI_1 = U_o I_o \qquad (2\text{-}24)$$

该式表明,与降压斩波电路一样,升压斩波电路也可看成是直流变压器。

根据电路结构并结合式(2-23)得出输出电流的平均值 I_o 为

$$I_o = \frac{U_o}{R} = \frac{1}{\beta} \frac{E}{R} \qquad (2\text{-}25)$$

由式(2-24)即可得出电源电流 I_1 为

$$I_1 = \frac{U_o}{E} I_o = \frac{1}{\beta^2} \frac{E}{R} \qquad (2\text{-}26)$$

2.4　升降压斩波电路

2.4.1　升降压斩波器

升降压斩波电路又称为升降压斩波器(Buck-boost Chopper),其原理如图 2-8(a)所示。电路中电感 L 值很大,电容 C 值也很大,使电感电流 I_L 和电容电压即负载电压 u_o 基本为恒定值。

该电路的基本工作原理是:当可控开关 VT 处于导通状态时,电源经 VT 向电感 L 供电使其储存能量,此时电流为 i_1,方向如图 2-8 所示。同时,电容 C 维持输出电压基本恒定并向负载 R 供电。此后,使 VT 关断,电感 L 中储存的能量向负载释放,电流为 i_2,方向如图 2-8 所示。可见,负载电压极性为上负下正,与电源电压极性相反,与前面的降压斩波电路和升压斩波电路的情况正好相反,因此该电路也称作反极性斩波电路。

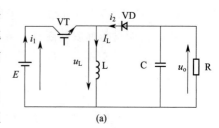

稳态时,一个周期 T 内电感 L 两端电压 u_L 对时间积分为零,即

$$\int_0^T u_L \mathrm{d}t = 0 \qquad (2\text{-}27)$$

当 VT 处于通态期间时,$u_L = E$;而当 VT 处于断态期间时,$u_L = -U_0$。于是

$$Et_{\mathrm{on}} = U_0 t_{\mathrm{off}} \qquad (2\text{-}28)$$

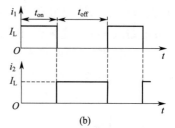

图 2-8 升降压斩波电路及其波形

(a)电路图;(b)波形

所以输出电压为

$$U_{\mathrm{o}} = \frac{t_{\mathrm{on}}}{t_{\mathrm{off}}} E = \frac{t_{\mathrm{on}}}{T - t_{\mathrm{on}}} E = \frac{D}{1-D} E \qquad (2\text{-}29)$$

若改变导通占空比 D,则输出电压既可以比电源电压高,也可以比电源电压低。当 $0 < D < 1/2$ 时为降压,当 $1/2 < D < 1$ 时为升压,因此将该电路称作升降压斩波电路或为 Buck-boost 变换器(Buck-boost Converter)。

图 2-8(b)中给出了电源电流 i_1 和负载电流 i_2 的波形,设两者的平均值分别为 I_1 和 I_2,当电流脉动足够小时,有

$$\frac{I_1}{I_2} = \frac{t_{\mathrm{on}}}{t_{\mathrm{off}}} \qquad (2\text{-}30)$$

由上式可得

$$I_2 = \frac{t_{\mathrm{off}}}{t_{\mathrm{on}}} I_1 = \frac{1-D}{D} I_1 \qquad (2\text{-}31)$$

如果 VT、VD 为没有损耗的理想开关时,则

$$EI_1 = U_{\mathrm{o}} I_2 \qquad (2\text{-}32)$$

其输出功率和输入功率相等,亦可将其看做直流变压器。

2.4.2 Cuk 斩波电路

Cuk 电路示于图 2-9,因为其输出电压平均值可以大于也可以小于输入电压,它也是一种升降压斩波电路。通过控制 IGBT 导通时间的占空比,可以在控制输出电压。Cuk 电路保持了 Buck 电路输出电流连续和 Boost 电路输入电流连续的优点。与 Buck-Boost 电路相比,Cuk 电路的输入和输出电流连续,具有输出电压脉动小和对输入电源影响小的优点。

下面分析 Cuk 电路的变换比函数,其等效电路如图 2-10 所示,当处于 VT 通态时,E-L_1-VT 回路和 R-L_2-C-VT 回路分别流过电流。当 VT 处于断态时,E-L_1-C-VD 回路和 R-L_2-VD 回路分别流过电流。输出电压的极性与电源电压极性相反。该电路的等效电路如图 2-10 所示,相当于开关 S 在 A、B 两点之间交替切换。

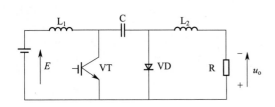

图 2-9　Cuk 斩波电路的原理图

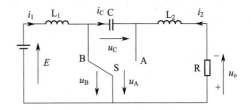

图 2-10　Cuk 斩波电路的等效电路

在该电路中,稳态时电容 C 的电流在一周期内的平均值应为零,也就是其对时间的积分为零,即

$$\int_0^T i_C \mathrm{d}t = 0 \tag{2-33}$$

在等效电路图 2-10 中,开关 S 合向 B 点的时间即 VT 处于通态的时间为 t_{on},则电容电流和时间的乘积为 $I_2 t_{on}$。开关 S 合向 A 点的时间即 VT 处于断态的时间为 t_{off},则电容电流和时间的乘积为 $I_1 t_{off}$。由此可得

$$I_2 t_{on} = I_1 t_{off} \tag{2-34}$$

从而可得

$$\frac{I_2}{I_1} = \frac{t_{off}}{t_{on}} = \frac{T - t_{on}}{t_{on}} = \frac{1-D}{D}$$

当电容 C 值很大使电容电压 u_C 的脉动足够小时,输出电压 U_o 与输入电压 E 的关系可用以下方法求出。

当开关 S 合到 B 点时,B 点电压 $u_B = 0$,A 点电压 $u_A = -u_C$;相反,当 S 合到 A 点时,$u_B = u_C$,$u_A = 0$。因此,B 点电压 u_B 的平均值为 $U_B = \frac{t_{off}}{T} U_C$($U_C$ 为电容电压 u_C 的平均值),又因为电感 L_1 的电压平均值为零,所以 $E = U_B = \frac{t_{off}}{T} U_C$。另一方面,A 点的电压平均值为 $U_A = -\frac{t_{on}}{T} U_C$,且电感 L_2 的电压平均值为零,按图中输出电压 U_o 的极性,有 $U_o = \frac{t_{on}}{T} U_C$。于是可得出输出电压 U_o 与电源电压 E 的关系

$$U_o = \frac{t_{on}}{t_{off}} E = \frac{t_{on}}{T - t_{on}} E = \frac{D}{1-D} E \tag{2-35}$$

这一输入输出关系与 Buck-Boost 电路时的情况相同。

2.4.3　Sepic 斩波电路和 Zeta 斩波电路

图 2-11 给出了 Sepic 斩波电路的原理图。

Sepic 斩波电路的基本工作原理是:当 VT 处于通态时,E-L_1-VT 回路和 C_1-VT-L_2 回路同时导通,L_1 和 L_2 储能。当 VT 处于断态时,E-L_1-C_1-VD-负载(C_2 和 R)回路及 L_2-VD-负载回路同时导通,此阶段 E 和 L_1 既向负载供电,同时也向 C_1 充电,C_1 储存的能量在 VT 处于通态时向 L_2 转移。

Sepic 斩波电路的输入、输出关系由下式给出

$$U_o = \frac{t_{on}}{t_{off}} E = \frac{t_{on}}{T - t_{on}} E = \frac{D}{1-D} E \tag{2-36}$$

图 2-12 给出了 Zeta 斩波电路的原理图。

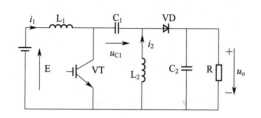

图 2-11 Sepic 斩波电路原理图

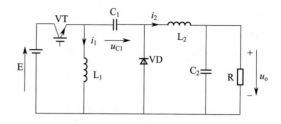

图 2-12 Zeta 斩波电路原理图

Zeta 斩波电路也成为双 Sepic 斩波电路,其基本原理是:在 VT 处于通态期间,电源 E 经开关 VT 向电感 L_1 储能。同时,E 和 C_1 共同经 L_2 向负载供电。待 VT 关断后,L_1 经 D 向 C_1 充电,其储存的能量转移至 C_1。同时 L_2 的电流则经 VD 续流。

Zeta 斩波电路的输入输出关系为

$$U_o = \frac{D}{1-D}E \qquad (2\text{-}37)$$

上述两种电路相比,具有相同的输入、输出关系。Sepic 电路中,电源电流连续但负载电流是脉冲波形,有利于输入滤波;反之,Zeta 电路的电源电流是脉冲波形而负载电流连续。与前面的 Buck-Boost、Cuk 电路相比,这里的两种电路输出电压均为正极性,且输入、输出关系相同。

2.5 直流变换器电流断续的工作模式分析

前面已经介绍了直流变换器连续导通模式的分析方法,现在讨论其非连续导通模式的分析方法。以 Buck-Boost 电路为例。Buck-Boost 变换器的电路拓扑如图 2-13(a)所示。当电感 L 比较小,或者 R 比较大,或者 f_s 比较低时,Buck-Boost 变换器也将工作在电感电流不连续导通模式下。此时变换器将有三种工作状态,如图 2-13(b)、(c)、(d)所示。图 2-13(b)所示为 IGBT 导通,二极管截止,对应于 $0 \sim D_1 T_s$ 时段。图 2-13(c)所示为 IGBT 截止,二极管导通,对应于 $D_1 T_s \sim (D_1 + D_2) T_s$ 时段。图 2-13(d)所示为 IGBT 截止,二极管截止,对应于 $(D_1 + D_2) T_s \sim T_s$ 时段。

对图 2-13(b)、(c)、(d)所示电路,分别列出电感电压和电容电流的方程如下(其中已用小纹波近似)。

$$u_L = E \qquad (2\text{-}38a)$$

$$i_C = -\frac{U_o}{R} \qquad (2\text{-}38b)$$

$$u_L = U_o \qquad (2\text{-}39a)$$

$$i_C = -i_L = -\frac{U_o}{R} \qquad (2\text{-}39b)$$

$$u_L = 0 \qquad (2\text{-}40a)$$

$$i_C = -\frac{U_o}{R} \qquad (2\text{-}40b)$$

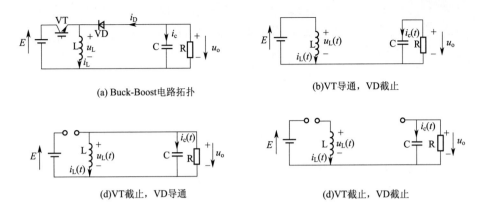

(a) Buck-Boost电路拓扑   (b)VT导通，VD截止

(d)VT截止，VD导通   (d)VT截止，VD截止

图 2-13　Buck-Boost 原理及工作时等效电路

利用式(2-38)～式(2-40)，可得电感电压波形如图 2-14 所示。电感电流波形如图 2-15 所示。利用电感伏秒平衡，有

图 2-14　电感电压波形   图 2-15　电感电流波形

$$D_1 \cdot E + D_2 \cdot U_o + D_3 \cdot 0 = 0 \tag{2-41}$$

可得变换比

$$M = \frac{U_o}{E} = -\frac{D_1}{D_2} \tag{2-42}$$

式(2-42)还需要知道 D_2 才能求出变换比 M，这是可利用电容电荷平衡来求解。

由电容的电荷平衡可得，输出直流电流等于流过二极管的直流电流。二极管的电流波形与电感电流波形在开关的第二阶段相等，其平均值可以通过求三角形的面积来得到。

如图 2-16 所示，三角形高为 $(E/L)D_1 T_s$，底为 $D_2 T_s$，故二极管电流平均值 (i_D) 为

$$(i_D) = \frac{1}{T_s} \frac{1}{2} \frac{E}{L} D_1 T_s \times D_2 T_s = \frac{E}{2L} D_1 D_2 T_s \tag{2-43}$$

由于其与输出直流电流相等，得

$$\frac{E}{2L} D_1 D_2 T_s = -\frac{U_o}{R} \tag{2-44}$$

由式(2-43)、式(2-44)可得

$$M = \frac{U_o}{E} = -\frac{D1}{\sqrt{K}} = -\frac{D}{\sqrt{K}} \tag{2-45}$$

$$D_2 = \sqrt{K} \tag{2-46}$$

式中　K——无量纲参数。

连续导通模式与非连续导通模式的临界条件可根据电感的直流电流与纹波电流的大小求得，即

$$I_L > \Delta i_L \text{ 连续导通模式（CCM）} \tag{2-47a}$$

$$I_L > \Delta i_L \text{ 不连续导通模式（DCM）} \tag{2-47b}$$

式中，由于 $I_L = \dfrac{D \cdot E}{(1-D)^2 R}$、$\Delta i_L = \dfrac{E}{2L} D T_s$，代入上式（2-47）可得

$$K = \frac{2L}{R T_s} > K_{\text{crit}} = (1-D)^2 \text{ 连续导通模式} \tag{2-48a}$$

$$K = \frac{2L}{R T_s} < K_{\text{crit}} = (1-D)^2 \text{ 非连续导通模式} \tag{2-48b}$$

临界条件与占空比的关系如图 2-17 所示。

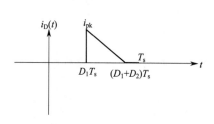

图 2-16　二极管电流波形

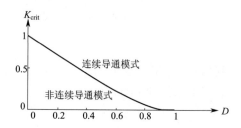

图 2-17　临界条件与占空比的关系

类比 Buck-Boost 的推导方法，表 2-1 给出 Buck、Boost、Buck-Boost、Cuk、Sepic、Zeta 变换器在 CCM 与 DCM 下变换比 $M(D,K)$ 的结论。

表 2-1　变换比 $M(D,K)$ 的结论

变换比 $M(D,K)$		
变换器种类	连续导通模式（CCM）	非连续导通模式（DCM）
Buck	D	$\dfrac{2}{1+\sqrt{1+\dfrac{4K}{D^2}}}\left(K=\dfrac{2L}{RT_s}\right)$
Boost	$\dfrac{1}{1-D}$	$\dfrac{1+\sqrt{1+\dfrac{4D^2}{K}}}{2}\left(K=\dfrac{2L}{RT_s}\right)$
Buck-Boost	$-\dfrac{D}{1-D}$	$-\dfrac{D}{\sqrt{K}}\left(K=\dfrac{2L}{RT_s}\right)$
Cuk	$-\dfrac{D}{1-D}$	$-\dfrac{D}{\sqrt{K}}\left(K=\dfrac{2(L_1/\!/L_2)}{RT_s}\right)$
Sepic	$\dfrac{D}{1-D}$	$\dfrac{D}{\sqrt{K}}\left(K=\dfrac{2(L_1/\!/L_2)}{RT_s}\right)$
Zeta	$\dfrac{D}{1-D}$	$\dfrac{D}{\sqrt{K}}\left(K=\dfrac{2(L_1/\!/L_2)}{RT_s}\right)$

2.6　多象限斩波电路及多相多重斩波电路

2.6.1　多象限斩波器（Multi-Quadrant Chopper）

无论降压斩波器或升压斩波器，它们的功率流向都是从电源到负载，因此负载的平均电压

和电流都是正的,均位于由电压和电流构成直角坐标系的第Ⅰ象限,故又称为第Ⅰ象限斩波器。牵引电机从牵引运行状态过渡到再生制动状态时,需要采用Ⅱ象限斩波器,通过斩波开关的控制,保证电机在牵引运行和再生制动运行状态下都能可靠运行。

1. A型Ⅱ象限斩波器

图 2-18(a)(b)给出了 A 型斩波器分别应用于他励牵引电机和串励牵引电机的原理电路图,图中 VT_1、VD_1 在电机处于牵引工况时工作,而 VT_2、VD_2 则在电机处于再生制动工况下工作。

该电路可以保证电源与负载之间的功率流向是可逆的。

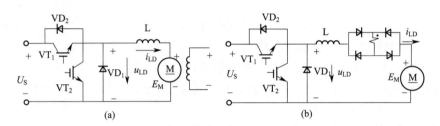

图 2-18　A 型Ⅱ象限斩波器

(a)用于他励电机的 A 型Ⅱ象限斩波器;(b)用于串励电机的 A 型Ⅱ象限斩波器

图 2-19 给出了用于他励电机的 A 型Ⅱ象限斩波器的工作过程及触发信号、电压、电流波形。

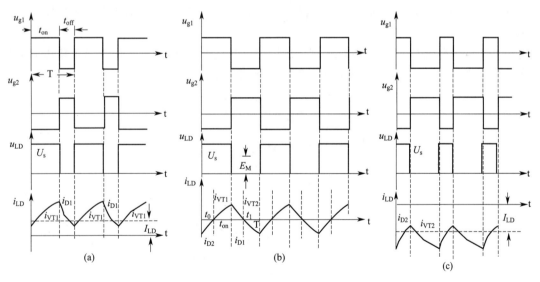

图 2-19　A 型Ⅱ象限斩波器工作原理

(a)牵引电机处于牵引工况;(b)过渡状态;(c)牵引电机处于再生制动工况

(1)当 $\alpha U_s > E_M$ 时($\alpha = t_{on}/T$),功率从电源流向牵引电机,电枢电流方向为正,平均值 $I_{LD} = (\alpha U_s - E_M)/R_{LD}$($R_{LD}$ 为回路总电阻),电机工作在第Ⅰ象限,工作波形如图 2-19 所示。

(2)当 $\alpha U_s \approx E_M$ 时,电枢电流有时为正,有时为负;

当 $0 \leqslant t \leqslant t_0$ 时,i_{LD} 为负值,功率由电机经 VD_2 流向电源;

当 $t_0 \leqslant t \leqslant t_{on}$ 时,i_{LD} 为正值,功率由电源经 VT_1 流向电机;

当 $t_{on}\leqslant t\leqslant t_1$ 时，i_{LD} 为正值，此时 VT_1 已关断，电机经 VD_1 续流；

当 $t_1\leqslant t\leqslant tT$ 时，i_{LD} 为负值，VT_2 导通，电机输出功率，电感 L 储能。

(3)当 $\alpha U_S<E_M$ 时，功率从电机流向电源，i_{LD} 大部分或全部处于时间轴下方，平均值 $I_{LD}=(\alpha U_S-E_M)/R_{LD}$ 为负值，而 u_{LD} 仍为正值，电机处于再生制动工况，工作在第 II 象限。

从上述分析可知，无论电机处于牵引工况或制动工况，u_{LD} 的平均值 U_{LD} 始终为正，而 i_{LD} 的平均值 I_{LD} 可正可负，这取决于 αU_s 与 E_M 值的相对大小。

2. B 型 II 象限斩波器

B 型 II 象限斩波器的原理电路如图 2-20 所示，这种电路有三种工作模式：

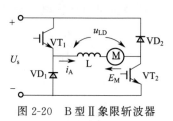

图 2-20　B 型 II 象限斩波器的原理电路

(1)VT_1、VT_2 两斩波器同时工作，这时 E_M 为正，且 $\alpha U_s>E_M$，功率流向从电源到负载，电机吸收功率。

(2)其中的一个斩波器(如 VT_1)和一个二极管(如 VD_2)同时导通，负载电路被短接，$u_{LD}=0$，不管 E_M 是正还是负，电枢电流 i_A 均经过两个导通管子续流。

(3)VD_1、VD_2 两二极管同时导通，这时 E_M 为负而且必须满足 $U_s<E_M$，功率流向从电机到电源，把电能反馈到电网去。

3. IV 象限斩波器

IV 象限斩波器的电路如图 2-21(a)所示，这个电路的负载电压 u_{LD} 和负载电流 i_A 的极性都可改变，即斩波器可以在 4 个象限运行。

使 VT_4 始终导通、VT_3 始终关断，则控制 VT_1、VT_2，可使斩波器工作在第 I 象限和第 II 象限。

使 VT_2 始终导通、VT_1 始终关断，则控制 VT_3、VT_4，可使斩波器工作在第 III 象限和第 IV 象限。图 2-21(b)、(c)绘出了上述两种控制模式的等效电路。

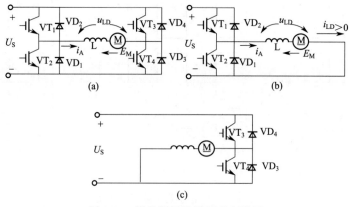

(a)　　　　　　　　　　(b)

(c)

图 2-21　IV 象限斩波器原理电路图

(a)IV 象限斩波器原理电路；(b)VT_3 关断，VT_4 导通的等效电路；

(c)VT_1 关断，VT_2 导通的等效电路

2.6.2　多相多重斩波器

采用斩波器向直流电机供电，在负载电流脉动系数一定下，平波电抗器的所需的电感量与脉动频率成正比。当电源电流脉动系数一定时，输入滤波器参数 $L_F \cdot C_F$ 与 $(1/f)$ 成正比，所

以,为减少滤波器尺寸,应设法提高斩波器的工作频率。然而,斩波器工作频率 f 的提高受电力电子器件关断时间的限制,为此,可采用多相多重斩波器。所谓"相",是指从电源端看,不同相位的斩波回路数。所谓"重",是指从负载端看,不同相位的斩波回路数,图 2-22(a)、(b)绘出了两种典型的多相多重斩波器工作电路。

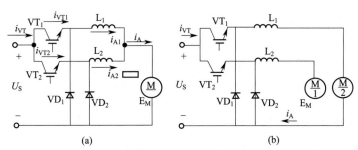

图 2-22　多相多重斩波器的工作电路
(a)二相二重斩波电路;(b)二相一重或二相不重斩波电路

以二相二重斩波器为例,简单说明这类斩波器的工作特点。各斩波回路的电流 i_{VT1} 和 i_{VT2} 相互具有一定相位差 T/m,这里 m 是相数,本例 $m=2$。根据各 GTO 管导通比 α 不同,可分两种情况:

1. $\alpha<1/2$

u_{g1} 与 u_{g2} 的相位相差 $T/2$,VT_1 与 VT_2 的导通时间 t_{on} 不重叠,u_{g1}、u_{g2} 的波形如图 2-14(a),负载总电流 i_A 的脉动频率为斩波器输出电流 i_{A1}(或 i_{A2})的两倍,直流输入电流 i_{VT} 的脉动频率为 i_{VT1}(或 i_{VT2})的两倍,由于脉动频率增加,使得电流脉动变小。

2. $1/2<\alpha<1$

由于 $\alpha>1/2$,出现了 VT_1 与 VT_2 同时导通的重叠现象。同理,电流脉动率也变小,各电流工作波形如图 2-23(b)所示。

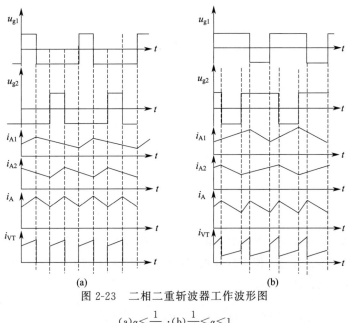

图 2-23　二相二重斩波器工作波形图
(a)$\alpha<\dfrac{1}{2}$;(b)$\dfrac{1}{2}<\alpha<1$

采用多相多重斩波的优点有：

1)电流脉动率下降,有利于牵引电机的运行；

2)平波电抗器体积重量会显著下降；

3)有利于输入滤波器的设计。

2.7 典型的隔离型 DC/DC 变换电路

隔离型直流变换电路实际上是通过隔离变压器原副边绕线圈使输入绕组和输出绕组实现电气隔离。典型的隔离型电路通常有正激电路和反激电路。

2.7.1 隔离型 Buck 变换器——单端正激变换器(Single-ended Forward Converter)

图 2-24 所示为单端正激变换器原理图,实际工作中一般采用图 2-25 进行分析:VD_2 和 N_3 串联支路作用是将残存的能量馈送到输入端,称为磁复位电路。原因是由于磁芯的磁滞效应,当具有非零直流平均电压的单向脉冲加到变压器初级绕组上,线圈电压或电流回到零时,磁芯中磁通并不回到零,这就是剩磁通。剩磁通的累加可能导致磁芯饱和,因此需要采用磁复位(去磁)技术。

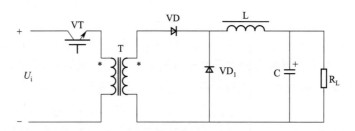

图 2-24　单端正激变换器原理图

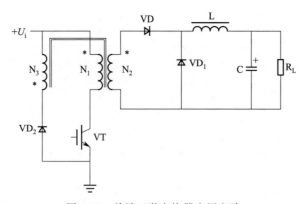

图 2-25　单端正激变换器应用电路

工作原理分析:开关管 VT 导通时,输入电压几乎全部加在变压器初级线圈两端,经变压器耦合,次级线圈上感应的电压使 VD 导通,并将输入的能量传送给扼流圈 L、电容器 C 和负载。电感 L 储能,电流直线上升。

$$u_L = u_{N2} - u_o = L\frac{di_L}{dt} \tag{2-49}$$

VT 截止时,原边:磁芯中的剩磁能量通过 VD_2 和 N_3 向输入电源馈送。副边:VD 截止,VD_1 导通,L 通过续流二极管向负载继续释放能量,电流直线下降。输出端电压的稳定是通过改变作用在 VT 上的斩波脉冲占空比实现的。

$$u_L = -u_o = L\frac{di_L}{dt} \tag{2-50}$$

单端正激变换器应用电路工作波形如图 2-26 所示。由上述分析可知单端正激变换器输出电压平均值

$$U_o = \frac{N_2}{N_1}\frac{t_{on}}{T}U_i = \frac{N_2}{N_1}DU_i \tag{2-51}$$

2.7.2 隔离型 Buck-Boost 变换器——单端反激变换器(Single-ended Flyback Converter)

所谓反激式变换器,是指当变压器的初级线圈正好被直流电压激励时,变压器的次级线圈没有向负载提供功率输出,而仅在变压器初级线圈的激励电压被关断后才向负载提供功率输出,反激式变换器如图 2-27 所示。

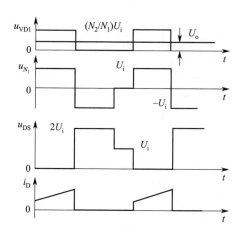

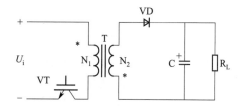

图 2-26　单端正激变换器应用电路工作波形　　图 2-27　单端反激变换器原理图

工作原理分析:开关管 VT 导通时,VD 截止,变压器原边储能,流过 N_1 的电流

$$i_1 = \frac{U_i}{L_1}t \tag{2-52}$$

导通终了时,i_1 的幅值

$$I_{1P} = \frac{U_i}{L_1}t_{on} \tag{2-53}$$

VT 截止时,变压器原边向副边馈送能量,VD 导通,流过 N_2 的电流

$$i_2 = I_{2P} - \frac{U_o}{L_2}t \tag{2-54}$$

I_{2P} 为 VT 截止时 i_2 的幅值

$$I_{2P} = \frac{N_1}{N_2}I_{1P} \tag{2-55}$$

反激式变换器有三种工作模式:变压器磁通临界模式(图 2-28)、断续模式(图 2-29)和连续模式(图 2-30)。

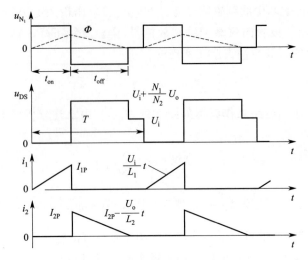

图 2-28　变压器磁通临界模式

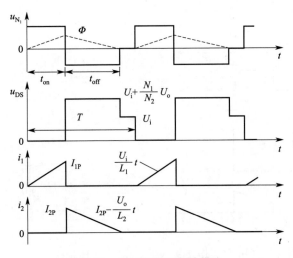

图 2-29　变压器磁通断续模式

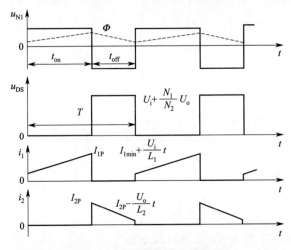

图 2-30　变压器磁通连续模式

VT 截止时间 t_{off} 恰好等于绕组 N_2 中电流 i_2 衰减到零所需的时间时工作在临界状态。小于时为连续模式，大于时为断续模式。

单端反激式变换器输入输出电压关系：

VT 导通期间，变压器 T 储能

$$W_L = \frac{1}{2}L_1 I_{1P}^2 \tag{2-56}$$

即输入功率为

$$P_i = \frac{W_L}{T} = \frac{1}{2T}L_1 I_{1P}^2 \tag{2-57}$$

输出功率为

$$P_o = \frac{U_o^2}{R_L} \tag{2-58}$$

假定电路无损耗

$$U_o = U_i t_{on}\sqrt{\frac{R_L}{2L_1 T}} \tag{2-59}$$

2.8 降压斩波电路输入滤波器的参数设计

由降压斩波器构成的直流电动机调速系统原理如图 2-31 所示。由于电枢电流的不连续，对电动机的工作是不利的，是不希望出现的。因而必须选择适当的平波电抗器，使在电动机的工作电流范围内，电枢电流是连续的。通常在输入端设有输入滤波器(Input Filter)，由平波电抗器 L_F 和电容器 C_F 组成。

当确定输入电抗器 L_F 的电感量和电容器 C_F 的参数时，假定电枢电流是没有脉动。对于图 2-31 的电路，其负载电压、电流波形如图 2-32 所示。如忽略回路的电阻，在 U_C 无脉动的假设条件下，则有 $U_s = U_{C0}$ 这样在斩波器 VT 导通时，电路的电压方程为

$$L_{LD}\frac{di_A}{dt} = U_s - E_m = (1-\alpha)U_s \tag{2-60}$$

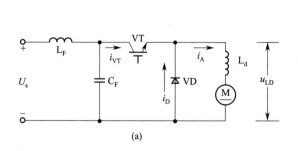

图 2-31 降压斩波器构成的直流电动机调速系统原理图

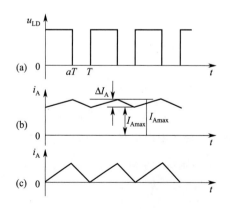

图 2-32 负载电压、电流波形

(a)负载电压波形；(b)负载电流波形；

(c)负载电流临界连续时的波形

式中 L_{LD}——负载回路总电感;

E_m——电机电势。

对于上式积分,并考虑边界条件 $t=0$ 时,$i_A = I_{Amin}$ 求得

$$i_A = I_{Amin} + \frac{(1-\alpha)U_s}{L_{LD}}t \qquad (2\text{-}61)$$

当 $t = \alpha T$ 时,$i_A = I_{Amax}$,代入式(2-61)可得

$$I_{Amax} = I_{Amin} + \frac{(1-\alpha)U_s}{L_{LD}}\alpha T \qquad (2\text{-}62)$$

电枢电流 i_A 的脉动量 ΔI_A 为

$$\Delta I_A = I_{Amax} - I_{Amin} = \frac{U_s}{L_{LD}}(1-\alpha)\alpha T \qquad (2\text{-}63)$$

从上式可知,在 U_s、L_{LD} 一定情况下,ΔI_A 是导通比和周期 T 的函数。对于定频调宽的控制方式,即 $T = C_1(C_1$ 是常数),则最大脉动量发生在 $\alpha = 0.5$ 的工况,此时

$$\Delta I_A = \Delta I_{Amax} = \frac{U_s T}{4L_{LD}} = \frac{C_1 U_s}{4L_{LD}} \qquad (2\text{-}64)$$

对于定宽调频的控制方式,即 $\alpha T = C_2(C_2$ 是常数)则

$$\Delta I_{Amax} = \frac{C_2 U_s}{4L_{LD}}(1-\alpha_{min}) \qquad (2\text{-}65)$$

式中 α_{min}——斩波器的最小导通比。如把式(2-63)除以 I_A,可得

$$\frac{\Delta I_A}{I_A} = \frac{U_s}{L_{LD}I_A}(1-\alpha)\alpha T \qquad (2\text{-}66)$$

电枢电流 I_A 的电流脉动系数 K 为

$$K = \frac{0.5\Delta I_A}{I_A} \qquad (2\text{-}67)$$

将式(2-66)代入上式得 $\qquad K = \frac{U_s}{2L_{LD}I_A}(1-\alpha)\alpha T \qquad (2\text{-}68)$

如果在某一定 I_A 值要求其电流脉动系数不大于某定值 K,这时所需的回路电感值为

$$[L_{LD}]_K \geqslant \frac{U_s}{2KI_A}(1-\alpha)\alpha T \qquad (2\text{-}69)$$

对于定频调宽控制方式 $\qquad [L_{LD}]_K \geqslant \frac{C_1 U_s}{8KI_A} \qquad (2\text{-}70)$

对于定宽调频控制方式 $\qquad [L_{LD}]_K \geqslant \frac{C_2 U_s}{2KI_A}(1-\alpha_{min}) \qquad (2\text{-}71)$

在电流 i_A 连续的临界状态,$I_{Amin} = 0$,如图 2-32(c)所示。在临界状态下,电枢电流平均值是连续状态中电枢平均电流的最小值,称最小连续电流,以符号 $\bar{I}_{Amin}$ 表示。由图 2-32(c)可见,在该情况下,$\Delta I_A = 2\bar{I}_{Amin}$,代入式(2-70)便可求得维持 i_A 连续所需的回路电感之最小值 $[L_{LD}]_{min}$ 为

$$[L_{LD}]_{min} \geqslant \frac{U_s}{2\bar{I}_{Amin}}(1-\alpha)\alpha T \qquad (2\text{-}72)$$

对于定频调宽控制方式 $\qquad [L_{LD}]_{min} \geqslant \frac{C_1 U_s}{8\bar{I}_{Amin}} \qquad (2\text{-}73)$

对于定宽调频控制方式
$$[L_{LD}]_{min} \geqslant \frac{C_2 U_S}{2\bar{I}_{Amin}}(1-\alpha_{min}) \tag{2-74}$$

在选择回路电感 L_{LD} 时应考虑两种情况：一是保证在 $I_A > I_{Amin}$ 条件下 i_A 连续；二是保证电流脉动系数 K 满足电机工作要求。按上述两种情况算出所需的电感值。取两者中较大的一个作为电机回路中应有的电感值,而平波电抗器的电感值 L_F 为
$$L_F = L_{LD} - L_M \tag{2-75}$$
式中　L_M——电枢回路中各绕组电感的总和。

对于图 2-31 所示斩波器,假设电枢电流 i_A 无脉动,则流过斩波器的电流 i_{VT} 如图 2-33 所示。

把斩波器电流进行傅里叶分解可表示为
$$i_{VT} = I_{VT0} + \sum_{n=1}^{\infty} \sqrt{2} I_{VTn} \sin(n\omega t + \phi_n) \tag{2-76}$$
式中　I_{VT0}——直流分量；

　　　I_{VTn}——n 次谐波的电流有效值。

斩波器电流的直流分量完全由电源供给,而谐波分量分别由电源和滤波电容供给,如把斩波器电流的谐波分量看作一个电流源,可得到求解电源谐波电流的等效电路,如图 2-34 所示。

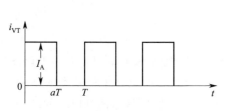

图 2-33　斩波器电流波形

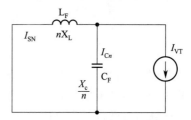

图 2-34　谐波电流的等效电路

$$X_L = 2\pi f_{VT} L_F; X_C = 1/(2\pi f_{VT} C_F)$$

由等效电路可得电源的谐波电流,即
$$\begin{aligned}
I_{Sn} &= \frac{\dfrac{X_C}{n}}{(nX_L)-(X_C/n)} I_{VTn} \\
&= \frac{1}{4\pi^2 n^2 f_{VT}^2 L_F C_F - 1} I_{VTn} \\
&= \frac{1}{\left(n\dfrac{f_{VT}}{f_F}\right)^2 - 1} I_{VTn}
\end{aligned} \tag{2-77}$$
式中　f_{VT}——斩波器工作频率；

　　　f_F——L_F、C_F 的谐振频率。

对于一个斩波器来讲,它的 f_{VT} 和 f_F 这两个频率不应相等,否则会发生揩振,引起电源电压大的电压振荡。为了避免这种谐振现象,通常情况下 f_{VT} 应是 f_F 的 2～3 倍。于是电源谐波电流可近似地按下式计算
$$I_{Sn} \approx \left(\frac{f_F}{n f_{VT}}\right)^2 I_{VTn} \tag{2-78}$$

由式(2-78)可看出减小电源谐波电流的方法有以下三种：

1)在滤波元件不变时,提高斩波器频率;

2)斩波器频率不变时,降低 f_F(即增加 L_F 或 C_F 的数值);

3)降低斩波器电流的脉动幅度,亦即减小 I_{VTn}。

对于图 2-31 所示的斩波器,当斩波器断开时储存在 L_F 中的能量全部转换给电容 C_F,使得电容 C_F 的电压升高。电容 C_F 上的最大电压可按下式计算

$$\frac{1}{2}L_F I_{smax} = \frac{1}{2}C_F U_{Cmax} - \frac{1}{2}C_F U_{C0}^2$$

$$U_{Cmax}^2 = U_{C0}^2 + \frac{L_F}{C_F}I_{smax}^2 \tag{2-79}$$

式中　U_{Cmax}——C_F 上的最大电压;

　　　U_{C0}——C_F 上的初始电压;

　　　I_{smax}——VT 断开前流经 L_F 的电流。

在确定滤波元件 L_F 和 C_F 的参数时,应考虑下面几个条件:

1)避免谐振 $f_F/f_{VT} = 1/2 \sim 1/3$;

2)流经电源的谐波电流应小于规定值,一般要求基波 I_1 不超过直流 I_o 的 10%,即 $I_1 \leqslant 0.1I_o$;

3)C_F 上的最大电压应 U_{Cmax} 小于 $(1.2 \sim 1.5)U_s$。

小　结

本章介绍了直流斩波电路中的三种简单结构:降压斩波电路、升压斩波电路及升降压斩波电路。其中降压斩波电路和升压斩波电路是构成直流－直流变换电路中最基本的结构,而升降压斩波电路可以看成是由这两种基本电路串联而成的。因此,掌握这两种电路的结构、原理以及工作波形尤为重要。

降压斩波电路和升压斩波电路均可组合成二象限或者四象限的复合型直流－直流变换电路。其中,四象限斩波电路的输出电压和电流均可正、可负,它对具有反电动势的负载(如直流电动机供电)可以实现(电机)四象限运行,电机的转速和转矩可通过改变四个功率器件的通、断状态来调控,实现直流电源和电机之间能量的双向流动。另外,将几个结构相同的基本变换器组合可以构成多相多重斩波器。多相多重斩波器的输出电压和输入电流脉动频率相对单个变换电路成倍提高,因此可以显著地改善输入、输出特性,减少 LC 滤波器的尺寸,同时增大变换器的输出容量。

本章最后介绍了降压斩波电路中对输入滤波器的设计。在给定输出条件的情况下,对于输入端平波电抗器和电容器的参数要求加以确定。斩波器的实际应用中这部分内容显得尤为重要。

中英术语对照

直流斩波器——DC Chopper

降压斩波器——Buck Chopper(Buck 变换器——Buck Converter)

升压斩波器——Boost Chopper(Boost 变换器——Boost Converter)

升降压斩波器——Buck-boost Chopper(Buck-boost 变换器——Buck-boost Converter)

二象限斩波器——Two-quadrant Chopper

四象限斩波器——Four－quadrant Chopper

多象限斩波器——Multi-quadrant Chopper

多相多重斩波电路——Multi-phase Multi-channel Chopper

输入滤波器——Input Filter

占空比——Duty Cycle

Problems

Problem 2.1：Describe the working principle of the Buck Chopper.

Problem 2.2：Describe the working principle of the Boost Chopper and Buck-boost Chopper.

Problem 2.3：A Buck Chopper has an input voltage, $E=15$ V. The required average output voltage is $U_o=5$ V. Using PWM to control the circuit, the parameter is $T=30$ μs, Caculate turn-on period t_{on} and the average output current I_o (Assume the load $R=2$ Ω).

Problem 2.4：A Buck Chopper has an input voltage, $E=100$ V. The inductance is $L=1$ mH and the load is $R=0.5$ Ω. The EMF is $E_M=10$ V. Using PWM to control the circuit, the parameters are $T=20$ μs and $t_{on}=5$ μs. Calculate the average voltage U_o and average current I_o. Calculate the maximum and the minimum instantaneous value of the current, and consider if the load current is continuous or discontinuous. Exchange the turn-on period with $t_{on}=3$ μs, then resolve the problem.

Problem 2.5：A Boost Chopper has an input voltage, $E=50$ V. The value of inductance L and capacitor C is infinite. Using PWM to control the circuit, the parameters are $T=40$ μs and $t_{on}=25$ μs. Calculate the average output voltage U_o and average current I_o (Assume the load $R=10$ Ω).

Problem 2.6：What are the advantages of a Multiplex Multi-phase Chopper?

Problem 2.7：Given：$V_d=150$V, $f_{sw}=20$ kHz, $L=1$ mH, $C=47.0$ μF, $V_0=48$ V, and load resistance $R=10$ Ω, Assume the output voltage is kept constant.

Find：(1)operating mode, (2)ripple voltage $\dfrac{\Delta V_0}{V_0}$, (3)inductor's current ripple $\Delta I_{L'}$, (4)duty cycle if $R=100$ Ω

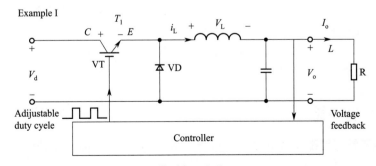

Problem 2.7

3 整 流 电 路

整流电路是一种将交流电压变换成直流电压的电路,由这种电路构成的电力电子装置称为整流器(Rectifier)。整流器的应用十分广泛,几乎涉及所有交直流变换场合,其应用范围从日常生活的各种电器到交通运输和工业生产的大型整流设备,而功率则可从不足 1 瓦直到兆瓦级。

整流电路按组成的器件来分有三类:不可控、全控和半控。不可控整流电路完全由不可控器件二极管组成,电路结构一定之后其直流整流电压和交流电源电压值的比是固定不变的;在全控整流电路中,所有的整流器件都是可控的(SCR、GTO、IGBT 等),其输出直流电压的平均值及极性可以通过控制器件的导通状况而得到调节,在这种电路中,功率既可以由电源向负载传送,也可以由负载反馈给电源,即所谓的有源逆变;半控整流电路由可控器件和二极管混合组成,在这种电路中,负载电压极性不能改变,但平均值可以调节。

为满足不同的生产要求,已发展了多种可控整流电路并各具特色。如按电路结构可分为桥式电路和零式电路;按电网相数可分为单相电路、三相电路和多相电路。按控制方式可分为相控式电路和斩控式电路;按组成器件又可以分为全控型电路和半控型电路等等。

整流电路从工频电网吸收电能,并把他转换成直流电能输送到负载端。为了使电能的传送保持连续,在电路中加入滤波器。

一个整流电路在实际应用时,必须满足下述基本的技术要求:

(1)直流侧电压可调范围要大,输出直流电压脉动要小;

(2)晶闸管器件导电时间尽可能长,器件正反向电压较低;

(3)变压器利用率较高,尽量防止直流磁化;

(4)交流侧功率因数高,谐波电流要小。

在研究一个实际的整流电路时,常常将系统中某些次要的或非本质的因素忽略(或暂时忽略),即所谓在理想条件下来研究它,以便获得主要的结论,然后再将暂时被忽略的因素考虑进去,加以充实、完善、修正,使结论更加接近一个实际的系统。尽管这样,得到的结论仍然是真实情况的近似。但随着研究的深入,随着控制技术和控制方法的不断进步,这样近似与工程实际的误差必然越来越小。

整流电路的这些理想条件是:

1)理想器件:晶闸管具有理想特性,即正向阻抗为零,反向阻抗为无穷大;整流变压器绕组无漏感,无内阻,无铁耗,铁芯的磁导率无穷大;

2)理想电源:交流电网有无限大的容量,电源为恒频恒压和对称的三相电源,因而整流电路接入点的网压为无畸变正弦波。

3.1 单相整流电路

3.1.1 单相半波整流电路(Single-phase Half-wave Controlled Rectifier)

为了说明整流的基本概念,我们先来分析一下一种最简单的整流电路,即单相半波带电阻负载的情况。生活中用的电灯、电炉和电炊具,生产中用的电解、电镀和电焊等,通常都认为是电阻性负载。这种负载有两个特点,其一,电阻是一个耗能器件,它只能消耗电能,而不能储存或释放电能;其二,负载两端的电压和通过它的电流总是成正比的,电压和电流的波形具有相同的形状。

单相半波整流电路及其电压电流波形如图 3-1 所示,图中,变压器起电压变换的作用,副边电压 U_2 根据直流侧负载电压的大小进行推算。

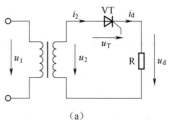

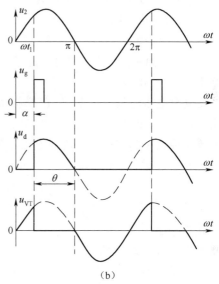

1. 基本概念

(1)控制角(Firing Angle)α:从晶闸管开始承受正向电压到被触发导通这一角度称为控制角 α。控制角 α 又称触发延迟角和触发滞后角,如图 3-1(b)中 $0\sim\omega t_1$ 这一段对应的电角度。

(2)导通角(Conduction Angle)θ:晶闸管在一个周期内导通的电角度称为导通角 θ。如图 3-1(b)中,$\omega t_1\sim\pi$ 这一段对应的电角度,即 $\theta=\pi-\alpha$。

(3)移相(Phase Shifting):改变控制角 α 的大小,即改变触发脉冲电压 u_g 出现的相位,称为移相。

(4)移相控制:由于通过移相可以控制输出整流电压的大小,所以把通过改变控制角 α 调节输出电压的控制方式,称为移相控制。显然,在相控整流电路中,是把给定信号的变化最终转化成了门极脉冲的相位移动。

(5)移相范围:控制角 α 的允许调节范围。当 α 从 0°到最大角度 α_{max} 变化时,相应的,整流输出电压完成最大到最小的变化。移相范围和电路的结构及负载性质有关。

图 3-1 电阻性负载单相半波整流
电路及其电压电流波形
(a)单相半波整流电路;(b)电压电流波形

(6)同步(Synchronization):要使整流输出电压稳定,要求触发脉冲信号和晶闸管阳极电压(即电源电压)在频率和相位上要协调配合,这种相互协调配合的关系,称为同步。

(7)自然换相点(Natural Commutation Point):当电路中的可控器件全部由不可控器件代替时,各器件的导电转换点,称为自然换相点。按定义,图 3-1(b)中,$\omega t=0$ 的点就是该电路的自然换相点。

2. 工作原理及波形分析

单相半波整流电路的电压电流波形如图 3-1(b)所示。根据晶闸管的导通条件,在电源电压的正半周,在 ωt_1 之前,因尚未给晶闸管施加触发脉冲电压 u_g,晶闸管仍处于阻断状态,输出电压 u_d 为零,在 ωt_1 时刻,晶闸管门极接收触发脉冲电压 u_g,晶闸管立即导通,负载得电,其输出电压 u_d 随电源电压变化。在晶闸管导电期间,$i_d=u_d/R$,因此电流波形与电压波形完全相同。在 $\omega t=\pi$ 时,u_2 为零,u_d 亦为零,$i_d=0$,晶闸管自行关断。

在 u_2 的负半周内,晶闸管始终承受反向电压,不论有无触发电压,均不可能导通,直到第二个周期,晶闸管又处于正向电压作用下,如此不断的重复循环。

由波形分析可知,电路只在交流电压的正半周内实现整流,所以称为半波整流电路,由于其输出电压 u_d 在一个周期内只有一个脉波,因此也称为单脉波电路。当触发脉冲电压的相位发生改变时,输出电压的平均值 u_d 也随之改变。故这种控制方式也称为相位控制(Phase Controlled)或简称相控,相应的整流电路就称为相控整流电路。

为了分析整流电路的一般工作原理,必须明确所述的基本概念。

3.1.2 单相桥式全控整流电路(Single-phase Bridge Fully-controlled Rectifier)

1. 电阻性负载(Resistive Load)

(1)工作原理及波形分析

单相桥式全控整流电路的线路如图 3-2(a)所示。晶闸管 VT_1 和 VT_4 组成一对桥臂。当变压器副边电压为正半周时(即 a 端为正,b 端为负),晶闸管 VT_1 和 VT_4 串联承受正向电压 u_2,如在控制角为 α 的瞬间给 VT_1 和 VT_4 送出触发脉冲,VT_1 和 VT_4 即导通,这时电流从电源 a 端经 VT_1、R、VT_4 流回电源 b 端。这期间 VT_2 和 VT_3 均承受反向电压而截止。当电源电压过零,电流也降到零,VT_1 和 VT_4 即关断。

在电源电压的负半周期,仍在控制角为 α 时触发晶闸管 VT_2 和 VT_3,则 VT_2 和 VT_3 导通。电流从电源 b 端经 VT_2、R、VT_3 流回电源 a 端。至一周期完毕电压过零,电流降至零,VT_2 和 VT_3 关断。在负半周,VT_1 和 VT_4 均承受反向电压而截止。以后又是 VT_1 和 VT_4 导通,如此循环工作下去。由此看来,单相全控整流电路是由两个相位相反的单相半波整流电路轮流工作而形成的,很显然,其一是由电源电压 u_2、VT_1、VT_4,负载 R 组成;其二由电源电压 $-u_2$、VT_2、VT_3 和负载 R 组成。两个电路的工作在时间上相差电源的半个周期,两组触发脉冲在相位上应相差 $180°$,因此单相桥式电路亦可理解为两相电路。

由于负载在两个半波中都有电流流过,属全波整流(Full-wave Rectifier),一个周期内整流电压脉动二次,因此也称双脉波整流电路。输出电压的脉动程度比半波时要小些。从整流变压器副边绕组来看,两个半波电流方向相反,大小相等,因而变压器副边没有直流磁化问题,变压器的利用率也较高。这些都是桥式整流电路的优点。

图 3-2(b)是输入电压、输出电压、电流及晶闸

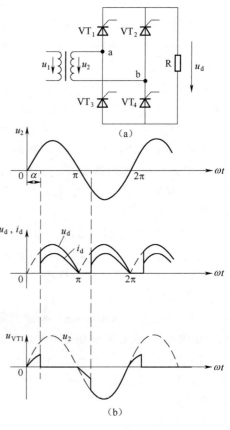

图 3-2 单相全控桥式整流电路电阻负载线路及其波形

(a)整流电路电阻负载线路;(b)电压电流波形

管上承受电压的波形。可以看出晶闸管承受的最大反向电压为 $\sqrt{2}U_2$,至于正向电压,如果漏电阻相等,其最大值为 $\sqrt{2}U_2/2$。

(2)基本参数计算

1)整流输出电压的平均值可按下式计算。则

$$U_{\mathrm{d}} = \frac{1}{\pi} \int_{\alpha}^{\pi} \sqrt{2} U_2 \sin\omega t \, \mathrm{d}\omega t = 0.9 U_2 \frac{1+\cos\alpha}{2} \tag{3-1}$$

当 $\alpha = 0°$ 时,晶闸管全导通,相当于不可控整流,此时输出电压为最大值 U_{d0} 为

$$U_{\mathrm{d0}} = 0.9 U_2 \tag{3-2}$$

当 $\alpha = 180°$ 时,输出电压为零,故晶闸管的移相范围为 $0° \sim 180°$。

2)在负载上,输出电流的平均值 I_{d} 为

$$I_{\mathrm{d}} = \frac{U_{\mathrm{d}}}{R} = \frac{0.9 U_2}{R} \cdot \frac{1+\cos\alpha}{2} \tag{3-3}$$

3)晶闸管平均电流 I_{dT} 的计算

由于晶闸管 VT_1、VT_4 和 VT_2、VT_3 在电路中是轮流工作的,流过每个晶闸管的电流都只是负载电流的一半。

$$I_{\mathrm{dVT}} = \frac{I_{\mathrm{d}}}{2}$$

4)负载电阻上电压的有效值 U 为

$$U = \sqrt{\frac{1}{\pi} \int_{\alpha}^{\pi} (\sqrt{2} U_2 \sin\omega t)^2 \, \mathrm{d}\omega t} = U_2 \sqrt{\frac{\sin 2\alpha}{2\pi} + \frac{\pi - \alpha}{\pi}} \tag{3-4}$$

5)变压器副边绕组电流有效值的计算

变压器副边绕组电流的有效值 I_2 就是负载电流的有效值,其值为

$$I_2 = \frac{U}{R} = \frac{U_2}{R} \sqrt{\frac{\sin 2\alpha}{2\pi} + \frac{\pi - \alpha}{2\pi}} \tag{3-5}$$

6)流过晶闸管的电流有效值为

$$I_{\mathrm{VT}} = \frac{I_2}{\sqrt{2}}$$

这是因为在一个周期内,每一桥臂的晶闸管只导通一次。

2. 电感性负载(Inductive Load)

在实际应用中,大功率整流器给纯电阻负载供电是很少的,经常碰到的是在负载中既有电阻又有电感,当负载的感抗与电阻的数值相比不可忽略时称为电感性负载,例如各种电机的励磁绕组。此外,为了滤平整流后输出的电流波形,有时也在负载回路串联所谓平波电抗器,电阻和电感一并作为整流后的负载,也称为电感性负载。

(1)工作原理及波形分析

单相桥式全控整流电路,电感性负载,其接线如图 3-3(a)所示。假设电感很大,负载电流连续而基本平直。

当输入电压 U_2 为正半周时,设在控制角 α 时触发 VT_1 和 VT_4,则 VT_1 和 VT_4 导通,负载得

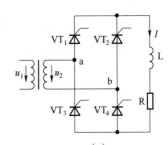

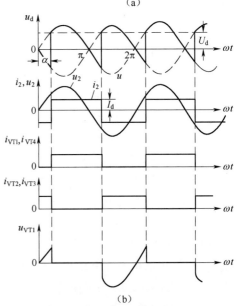

图 3-3 电感性负载、单相桥式
整流电路及其电压电流波形
(a)电路图;(b)波形图

电。当U_2过零变负时,电感释放能量继续驱动电流经VT_4、变压器副边绕组、VT_1而形成回路。和电阻负载时相比,晶闸管延迟了关断的时刻,在电源电压过零变负后仍继续导通,因而U_d波形中出现电源电压的负值,这时电感释放出的电能,一部分给负载R供电,另一部分能量经变压器返回电网。此时晶闸管VT_2、VT_3虽都已承受正向电压,由于触发脉冲尚未到来,所以两管都不导通。直至$\omega t = \pi + \alpha$时,VT_2和VT_3被触发导通,立即使VT_1和VT_4承受反向电压而关断,负载电流从VT_1、VT_4上转移到VT_2和VT_3上,这样相位相反的两个单相半波电路的工作互相衔接起来,每一半波电路的电流终值都是下一个半波电路电流的起始值,使负载电流连续流通,其电压、电流波形如图3-3(b)所示。这个过程,即电流从含有变流器件的一个支路转移到另一个支路的过程叫换相或换流。按换流电压的来源分类,换流有三种类型,即自然换流,负载谐振换流和强迫换流。上述的换流方式属自然换流。其余两种换流方式,以后将会讨论。

(2)基本参数计算

1)负载电流连续时,整流电压平均值可按下式计算

$$U_d = \frac{1}{\pi}\int_{\alpha}^{\alpha+\pi} \sqrt{2}U_2 \sin\omega t \, d\omega t = \frac{2\sqrt{2}}{\pi}U_2 \cos\alpha = 0.9U_2\cos\alpha \tag{3-6}$$

2)输出电流波形因电感很大而呈一条水平线。其值为

$$I_d = \frac{U_d}{R} = \frac{0.9U_2}{R}\cos\alpha \tag{3-7}$$

不论α为何值,两组晶闸管轮流导电,一个周期中各导电$180°$,在导电期间,晶闸管电流波形近乎一条水平线,其高度为I_d。因此,晶闸管的电流有效值I_{VT}和平均值I_{dVT}分别是

$$I_{VT} = \frac{I_d}{\sqrt{2}} \qquad I_{dVT} = \frac{I_d}{2} \tag{3-8}$$

3)变压器副边绕组中的电流i_2是对称的正负方波,在这种情况下,变压器副边电流有效值i_2为

$$i_2 = \sqrt{2}\,I_{VT} = I_d \tag{3-9}$$

i_2的基波与变压器副边电压u_2的相位移角为α。

4)移相范围

当$\alpha = 0°$时,$U_d = 0.9U_2$,当$\alpha = 90°$时,$U_d = 0$,因而电感性负载,要求的移相范围为$90°$,晶闸管承受的最大正反向电压都是$\sqrt{2}U_2$。

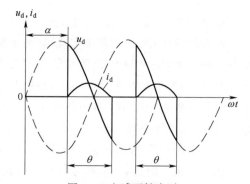

如果电感中储藏的能量不足以维持电流导通到$\pi + \alpha$,则负载电流出现断续现象,如图3-4所示。那么,究竟是什么原因使电流断续,在电流断续情况下,晶闸管的导通规律又如何呢?在此作一简单分析。

图 3-4　电感不够大时,整流电压和电流波形

在电流断续情况下由于不存在两相连续导通的情况,故可用单相半波电路来研究控制角α,阻抗角$\varphi = \arctan(\omega L/R)$和晶闸管的导通$\theta$的关系。对于不同的控制角$\alpha$,不同的负载阻抗角$\varphi$,晶闸管的导通角$\theta$也不同。就参量$\alpha$而言,当$\alpha$愈大,在正半周时加到电抗器L中的能量就愈少,因此维持导电的能力就愈差,θ就愈小;就参数φ而言,φ愈大,意即负载储藏的能量大,θ值将大。通过对单相半波电路阻感负载的研究,可求得三者的关系如图3-5所示。

由图 3-5 可知,晶闸管有如下的导通规律:

$$\alpha < \varphi \quad \theta > 180°$$
$$\alpha = \varphi \quad \theta = 180°$$
$$\alpha > \varphi \quad \theta < 180°$$

如果令 θ 为某一常数,可得出满足这个条件的 α 与 φ 的关系。反之,当 α 与 φ 已知时,可以得出导通角 θ,从而可以用来判定整流电路中流过负载的电流是否连续。比如,在单相半波整流电路中,只有当 $\theta = 360°$ 时,流过负载的电流才是连续的,除非电感 L 为无穷大,否则这是不可能的。当 $\alpha = \varphi$ 时,负载电流没有了自由分量,这时负载上流过正弦半波电流。在单相桥式整流电路的情况下,只有当 $\theta \geqslant 180°$ 时,流过负载的电流才是连续的。根据 α 和 φ 求出 θ,就能求出负载端的平均电压

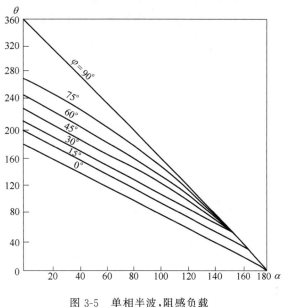

图 3-5 单相半波,阻感负载
整流电路 α、φ 与 θ 的关系

$$U_d = \frac{1}{\pi}\int_\alpha^{\alpha+\theta} \sqrt{2}U_2 \sin\omega t\, d\omega t = \frac{\sqrt{2}U_2}{\pi}[\cos\alpha - \cos(\alpha+\theta)] \tag{3-10}$$

3. 电动势负载 (Electro Motive Force-EMF Load)

蓄电池、直流电动机的电枢等这类负载本身是一个直流电源。对于整流电路来说,它们是一种电动势性质的负载,如图 3-6(a)所示。

当整流电路输出接有电动势负载,如果忽略回路中的电感,根据晶闸管的导通条件,则只有当整流输出电压大于电动势时才有电流输出,因而晶闸管导电的时间缩短了,输出电流呈脉冲状;电动势越大,脉冲电流的底部越窄;如输出同样的平均电流,则整流峰值电流越大,如图 3-6(b)所示,因而其电流的有效值要比其平均值大的越多。如果交流电源电压的最大值 $\sqrt{2}U_2$ 和电动势 E 的大小已定,则最小起始导电角和停止导电角的大小可以求出

$$\delta = \arcsin\frac{E}{\sqrt{2}U_2} \tag{3-11}$$

至于整流电压 U_d,就要分两种情况来讨论。

当 $\alpha > \delta$ 时,晶闸管一经触发便导通,直到 $\omega t = \pi - \delta$ 为止,这时输出平均电压为

$$U_d = E + \frac{1}{\pi}\int_\alpha^{\pi-\delta}(\sqrt{2}U_2 \sin\omega t - E)d\omega t \tag{3-12}$$

主回路电流的平均值和有效值将分别为

$$I_d = \frac{1}{\pi}\int_\alpha^{\pi-\delta}\frac{\sqrt{2}U_2 \sin\omega t - E}{R}d\omega t$$

$$I = \sqrt{\frac{1}{\pi}\int_\alpha^{\pi-\delta}\left(\frac{\sqrt{2}U_2 \sin\omega t - E}{R}\right)^2 d\omega t} \tag{3-13}$$

式中 R——负载回路的电阻。

当 $\alpha < \delta$ 时,由于触发脉冲总是在 $\omega t = \alpha$ 时输出的,但此时电源电压低于电动势,晶闸管承受负压而不能导通。为了使晶闸管可靠导通,应要求触发脉冲有足够的宽度,保证当 $\omega t = \delta$ 时,即晶闸管开始承受正向电压时,触发脉冲尚未消失。在这种情况,晶闸管的导通区间是 $\omega t = \delta \sim (\pi - \delta)$。此时,输出平均电压为

$$U_d = E + \frac{1}{\pi} \int_{\delta}^{\pi - \delta} (\sqrt{2} U_2 \sin\omega t - E) \mathrm{d}\omega t \qquad (3\text{-}14)$$

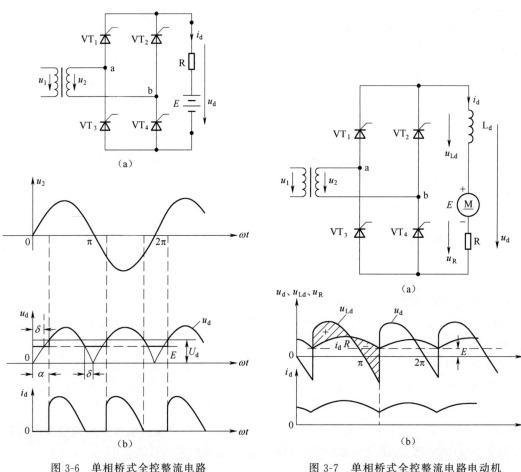

图 3-6 单相桥式全控整流电路
电动势负载的线路及其波形
(a)电路图;(b)波形图

图 3-7 单相桥式全控整流电路电动机
负载串联电控器及电压电流波形
(a)电动机负载串联电抗器电路;
(b)电压、电流波形

如果负载是直流电动机。电流断续会使电动机运行条件严重恶化,机械特性变得很软。为此,一般都在负载回路串联一个平波电抗器 L_d,作为平稳电流的脉动和延长晶闸管导通的时间,如图 3-7(a)所示。一般平波电抗器的电感量是按低速轻载时保证电流连续的条件来选择的。如果平波电抗器的电感量足够大,使整流输出电压中所包含的交流分量全部降落在电抗器上,则负载两端的电压基本平整,输出电流的波形也就较平直,这将大大改善整流装置和电动机的工作条件。其电压电流波形如图 3-7(b)所示。加了平波电抗器后,整流电路的工作情况就接近电感性负载了,因此整流输出电压、电流波形及输出电压平均值和电流平均值的计算都和电感性负载相同。

3.1.3　单相半控桥式整流电路(Single-phase Bridge Half-controlled Rectifier)

在整流电路中采用晶闸管等可控器件,是利用它控制导通的时刻和规定电流的流通路径。在桥式全控电路中,负载电流同时流过两个晶闸管。如果仅为了整流,为简化电路,实际上只要有一个晶闸管就能控制导通的时刻,另一个采用不可控的整流管来规定电流的通路,这就是图 3-8(a)所示的桥式半控整流电路。

1. 电感性负载

(1)工作原理及波形分析

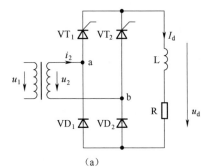

在电阻负载时,单相半控桥与全控桥整流的工作情况几乎完全相同,输出的电压 u_d、电流 i_d 波形一样。下面分析在电感性负载时的情况,并假定电感非常大,负载电流 i_d 波形近似平直。

当电源电压 u_2 的正半周,在控制角 $\alpha = \omega t_1$ 时,触发晶闸管 VT_1,则 VT_1 和 VD_2 导通,负载电流 i_d 经 VT_1、VD_2 流通,达 $\omega t = \pi$ 时,u_2 开始由零变负,由于电感 L 的作用,维持原负载电流不变,使 VT_1 继续导通。但此时的 a 点电位已经开始低于 b 点电位,整流管 VD_2 自然换到 VD_1,并使 VD_2 承受反压而截止。所以,从 u_2 负半周开始,VT_1 和 VD_1 导通与负载形成回路,此时,负载电流不再经过变压器副边绕组,而由 VT_1 和 VD_1 起自然续流作用。此时输出电压为这两个管子的正向压降。接近于零,使得在 $\pi \sim \pi + \alpha$ 期间,u_d 波形不会出现负值。这与前述全控桥电路 U_d 波形出现负值的情况有很大的不同。

在 u_2 的负半周,晶闸管 VT_2 承受正向电压,在 $\omega t = \pi + \alpha$ 时,VT_2 被触发导通,并使 VT_1 承受反向电压而关断,于是 VT_2 和 VD_1 导通,电流 i_d 从电源 b 端经 VT_2、负载、VD_1 回到 a 端。在 $\omega t = 2\pi$ 以后,U_2 由负变正,整流管 VD_1 又自然换流到 VD_2,VT_2 和 VD_2 续流,使 $U_d = 0$,而 VD_1 由于承受反压而截止,如此重复循环。因而输出电压 U_d 波

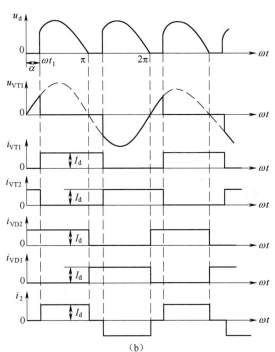

图 3-8　电感性负载单相桥式
半控整流电路及其波形
(a)电感性负载单相桥式半控
整流电路;(b)电压电流波形

形与全控桥电阻性负载时相同,其波形如图 3-8(b)所示。电路工作的特点是晶闸管在触发时换流,二极管在电源过零时刻换流。所以单相半控桥式电路即使直流输出端不接续流二极管,由于桥路内部二极管的续流作用,负载相当于接续流管时一样,U_d、i_d 的计算公式与电阻性负载一样。

流过变压器副边绕组的电流 i_2 波形:因为只有 VT_1 和 VD_2 或 VT_2 和 VD_1 同时工作时,

电流才通过变压器绕组。而当 VT_1 与 VD_1 或 VT_2 与 VD_2 同时导通时,电流将不通过变压器绕组。所以 i_2 波形是宽度为$(\pi-\alpha)$的正、负对称的方波,其宽度随 α 角的增大而变窄。由于单相半控桥输入电流的有效值随控制角 α 的增大而减小,因而 α 增大时,其功率因数的下降小于全控桥,即在控制角同为 α 时,半控桥功率因数高于全控桥。当 $\alpha=0°$ 时,$U_d = U_{dmax} = 0.9u_2$,而当 $\alpha=180°$ 时,$U_d=0$,因此这种电路要求的移相范围是 $180°$。流过晶闸管和整流管的电流波形都是 $180°$ 的方波,且与 α 无关,两者的相位差(如 i_{VT1} 落后 i_{VD2} 的角度)等于控制角 α。

（2）基本参数的计算

直流平均电压U_d、电流 I_d 和负载两端的电压有效值 U 的计算,均与单相全控桥电阻性负载时相同。

通过变压器副边绕组的电流有效值 I_2 的计算为

$$I_2 = \sqrt{\frac{1}{\pi}\int_\alpha^\pi I_d^2 d\omega t} = \sqrt{\frac{\pi-\alpha}{\pi}}\, I_d$$

流过晶闸管和整流管的电流平均值和有效值分别为

$$I_{dVT} = I_{dVD} = \frac{1}{2}I_d \qquad I_{VT} = I_{VD} = \sqrt{\frac{1}{2}}\, I_d$$

（3）"失控"现象

在上述电路中,在正常运行情况下,如果突然将触发脉冲切断或者将 α 角增大到 $180°$ 就会产生所谓"失控"现象。失控现象的实质就是对晶闸管的工作失去了控制作用。例如,当 VT_1 导通时,突然把触发脉冲切断或者把 α 角增大到 $180°$,于是 VT_2 就不可能再导通。这样,当 u_2 在正半周时,VT_1 与 VD_2 导电构成回路,输出电压 $u_d=u_2$,负载从电源获得能量,而当 u_2 在负半周时,整流管 VD_2 自然换流到 VD_1,

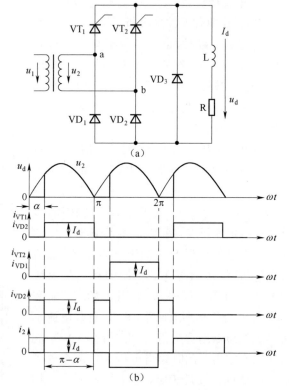

图 3-9　单相半控桥大电感负载
接续流管电压电流波形
（a）接有续流管的单相桥式半控电路；
（b）电压电流波形

只要电感足够大,电流不会断流,则 VT_1 继续导通,即负载电流在 u_2 负半周经由 VT_1 和 VD_1 续流,输出电压 $u_d=0$。这样,每当正半周,VT_1、VD_2 导电,每当负半周,VT_1、VD_1 续流,如此重复循环。造成 VT_1 关不断,而 VD_1 和 VD_2 在电压 u_2 过零时自然换相轮流导通。此时的 u_d 波形为一个不可控的正弦半波电压,这就是失控现象。在失控情况下工作的晶闸管由于连续导通很容易因过载而损坏。

为了避免失控现象的发生,可以在负载侧并联一个续流二极管 VD_3。加了续流二极管的单相桥式半控电路如图 3-9（a）所示。其输出电压波形与不加续流管时相同,原先流经桥臂器件的续流电流现都转移到续流二极管 VD_3 上。迫使晶闸管与二极管串联电路中的电流小到维持电流以下使晶闸管关断。

接续流管后各处电流波形如图 3-9（b）所示。若控制角为 α,则每个晶闸管导通角 $\theta_T = \pi-\alpha$。如果负载平均电流为 I_d,则流过晶闸管和整流管的电流平均值和有效值分别为

$$I_{dVT} = I_{dVD1} = I_{dVD2} = \frac{\theta_T}{2\pi} I_d = \frac{\pi - \alpha}{2\pi} I_d$$

$$I_{VT} = I_{VD1} = I_{VD2} = \sqrt{\frac{\pi - \alpha}{2\pi}} I_d \tag{3-15}$$

流过续流二极管 VD_3 的电流波形宽度为 α，每周出现两次，因此它的平均值和有效值分别为

$$I_{dVD3} = \frac{2\alpha}{2\pi} I_d = \frac{\alpha}{\pi} I_d, \quad I_{VD3} = \sqrt{\frac{\alpha}{\pi}} I_d \tag{3-16}$$

续流二极管 VD_3 承受的最大反向电压为 $\sqrt{2}U_2$。

单相桥式半控电路还有其他形式，如两晶闸管串联和整流输出端接一晶闸管等，如图 3-10(a) 和图 3-10(b) 所示。

图 3-10(a) 的两个晶闸管串联电路的优点是两个串联二极管除起整流作用外，还可代替外接续流管，使电路不会出现失控现象，其电压电流波形读者可自行分析。图 3-10(b) 电路由四个整流二极管组成不可控的单相桥式整流，将交流整流为全波脉动直流，然后用一支晶闸管进行开关控制，改变晶闸管的控制角 α，就能将全波脉动直流电压的部分或全部加于负载，使负载电压平均值得到控制。晶闸管的关断是利用整流出来的全波电压每半周过零的短暂时间，使流过晶闸管的电流小于维持电流来实现。电阻负载时其输出电压的计算公式与半控桥一样。但电感性负载时，出现电压过零时电流不为零，从而使晶闸管无法关断造成失控。为了避免失控，必须在负载两端并接续流二极管。

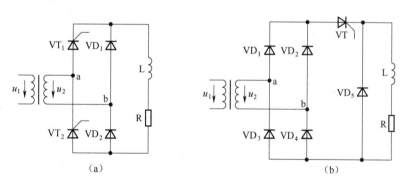

图 3-10　单相桥式半控电路的其他形式

(a) 两晶闸管串联的单相桥式半控电路；

(b) 整流输出端接一晶闸管的单相桥式半控电路

2. 电动势负载

单相全控桥主要用在可逆系统以及宽调速的不可逆系统中。在一般整流装置中，由于半控桥简单、经济、可靠，因而获得广泛应用。

图 3-11(a) 是电动势负载、单相半控桥的电路图。为了防止电感性负载半控桥出现失控，加接续流二极管 VD_3。当交流电源正半周电压过零时，电抗器 L_d 将通过续流二极管继续使电流流通，晶闸管即被关断。当电抗器的电感量足够大或一定电感量而负载电流 I_d 较大时，电感储能大，负载电流易于连续。图 3-11(b) 表示电流连续时的电压电流波形。当 L_d 不够大或负载电流 I_d 很小时，电感储存的能量不足以维持到下一个晶闸管导通时，电流 I_d 波形断续，断续期间，使 U_d 波形出现台阶，但电流脉动情况仍比不串电抗时有很大改善，如图 3-11(c) 所示。

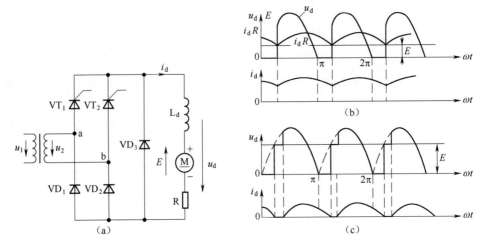

图 3-11 电动势负载有平波电控器的电路及其波形

(a)电动势负载有平波电抗器的电路;

(b)电流连续时的电压电流波形;(c)电流断续时的电压电流波形

单相电路结构比较简单,对触发电路的要求较低,相位同步问题容易处理,调整也比较容易,但它的输出直流电压脉动大,且由于它接在电网的一相上,易造成电网负载不平衡,所以一般用于 4 kW 以下的中小容量的没备,如果负载较大,一般都采用三相电路。但在大功率的铁道电力牵引中就采用由单相可控整流器给牵引电动机供电。这是因为:一方面,架空线采用单相馈电方便、经济;另一方面,在这种情况,供电系统具有足够大的容量,并采用分相给各高压变电所供电的办法,尽量使得三相电网平衡供电。

3.2 三相整流电路

单相整流电路在小功率场合得到广泛运用,而中等以上功率的整流装置一般采用三相制的多相整流电路,即整流变压器的原边是三相的,副边是三相或多相的。这样不仅使三相制的电网处于平衡状态,而且在直流输出端得到多脉波的电压。输出电压脉波数增多,会大大改善整流电压的脉动程度,以至于就能获得较为平直的输出电压波形,改善装置的运行特性。三相半波整流电路是构成三相制的多相整流电路的基础。

3.2.1 三相半波整流电路(Three-phase Half-wave Controlled Rectifier)

1. 电阻性负载

(1)工作原理及波形分析

1)$\alpha = 0°$时的工作情况

图 3-12(a)为三相半波整流电路,它是组成其他三相整流电路的基本单元。通常,三相半波整流电路的整流变压器采用 D/y 接线。这是为了得到零线,变压器的副边绕组必须接成星形,而原边绕组接成三角形,则允许励磁电流中有三次谐波能够通过,使主磁通保持正弦波形。从图中可见三个晶闸管的阴极连接在一起,这种接法称共阴极接法。如果三个晶闸管的阳极接在一起则称为共阳极接法。

图 3-12(b)~(f)示出三相半波整流电路的电压、电流波形。

如果将电路中的晶闸管全换成整流管,那么整流器件就在 ωt_1、ωt_2、ωt_3 处自然换相,并总是换到相电压最高的一相,相应地输出 a 相、b 相、c 相电压。因此相电压的交点就是相半波电路的自然换相点,在这点之前晶闸管因承受反压,不能被触发导通,因此它也是三相半波整流电路计算控制角 α 的起点,即该处 $\alpha=0°$。

在 $\omega t_1 \sim \omega t_2$ 期间内,a 相电压比 b、c 相都高。如果在 ωt_1(即 $\alpha=0°$ 的情况)时刻触发晶闸管 VT$_1$,可使 VT$_1$ 导通,此时负载上得到 a 相电压 u_a,在 ωt_2 $\sim \omega t_3$ 期间,b 相电压最高,在 ωt_2 时刻触发晶闸管 VT$_2$,VT$_2$ 即导通,此时 VT$_1$ 因承受反向电压而关断。负载上得到 b 相电压 u_b,如此类推。各晶闸管都按同样的规律依次触发导通并关断前面一个已导通的晶闸管。如图 3-12(d)所示,输出的整流电压是三相交流相电压正半周的包络线,是在一个周期内有三次脉动的脉动直流,脉动电压的最低谐波频率是 3×50 Hz。此时得到的整流电压最大。

从图 3-12(c)中可以看出,各晶闸管上的触发脉冲相序应与电源的相序相同。各相触发脉冲依次间隔 120°,每相晶闸管各导电 120°,负载电流波形与整流电压波形相同,是连续的。

图 3-12(e)是变压器 a 相绕组,即流经晶闸管 VT$_1$ 的电流波形,可见变压器绕组中通过的是直流脉动电流。

图 3-12(f)是晶闸管 VT$_1$ 两端的电压 u_{VT1} 的波形,它可以分成三部分:

①VT$_1$ 导电,仅有管压降,基本上和横轴重合;

②b 相器件 VT$_2$ 导电,VT$_1$ 承受的电压是 a 相和 b 相的电位差,即线电压 $u_{ab}(u_{ab}=u_a-u_b)$;

③c 相器件 VT$_3$ 导电,VT$_1$ 承受的电压是 a 相和 c 相的电位差,即线电压 $u_{ac}(u_{ac}=u_a-u_c)$。

在负载电流波形是连续的情况下,晶闸管上的电压波形总是由这三部分组成,当 α 变化时,它也随之有规律地变化。当 $\alpha=0°$ 时,管子仅承受反向电压,随着 α 的增加,管子承受正向电压的时间增加,晶闸管承受的最大反向电压为线电压的峰值。

2)$\alpha=30°$ 时的工作情况

图 3-13 所示出电阻负载 $\alpha=30°$ 时的波形。假设电路已在工作,设 c 相 VT$_3$ 导通,经过自然换相点 ωt_1 时,由于 a 相 VT$_1$ 还没有触发脉冲,它不能导通,因此 VT$_3$ 继续导通。直到 ωt_2($\alpha=30°$)时,VT$_1$ 被触发导通,由于此时 $u_a>u_c$,这才使 VT$_3$ 承受反向电压而关断,负载电流从 c 相换到 a 相。以后各相就这样依次轮流导通。从输出电压、电流的波形可看出,此时负载

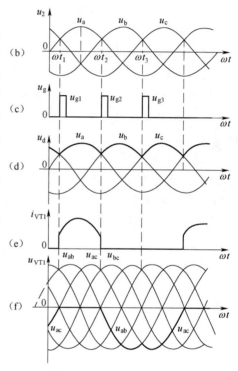

图 3-12 电阻负载三相半波
整流电路及其波形

(a)三相半波整流电路;(b)变压器副边电压波形;
(c)$\alpha=0°$ 时各晶闸管上的触发脉冲;
(d)输出整流电压波形;(e)晶闸管 VT$_1$ 的电流波形;
(f)晶闸管 VT$_2$ 的电流波形

电流处于连续和断续的临界状态,各相仍导通 120°,流过晶闸管的电流和其端电压如图 3-13 (b)、(c)所示。

3)α>30°时的工作情况

图 3-14 所示为电阻负载,当 α>30°时的波形。假设该电路已经在工作,c 相 VT₃ 导通,当 c 相电压到零时,I_{VT3} 亦变零,VT₃ 立即阻断。此时 a 相 VT₁ 虽然承受正向电压,但它的触发脉冲还未到达,因而不能导通。即在 a 相触发脉冲未出现前,各相都不导通,输出电压和电流都为零,直到 a 相触发脉冲出现,a 相 VT₁ 导通,整流电压变为 a 电压,如此循环下去。可见 α>30°时,负载电流断续,各晶闸管导电时间 $\theta=150°-\alpha$,它必然小于 120°,如控制角 α 继续增大,整流电压将继续减小,当 α=150°时,整流电压就减小到零,所以在电阻负载时移相范围为 150°。

当触发脉冲提早出现在自然换相点之前且脉宽很窄时,或 α 角过小,都可能引起触发失败,相应的晶闸管不会导通,使输出电压为断续的缺相波形,这是应当避免的。为保证可靠触发晶闸管,在实际装置中,最小控制角 α_{min} 必须有相应的限制措施。

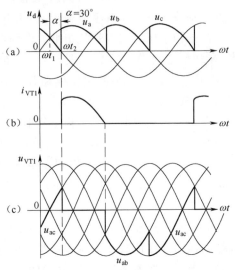

图 3-13 三相半波整流、电阻
负载 α=30°时的波形

(2)基本参数计算

设变压器副边相电压的有效值为 U_2,以 a 相的零点作为坐标的原点,则得 a 相电压的表达式为

$$U_a=\sqrt{2}U_2\sin\omega t$$

由于每相导电情况是相同的,所以计算整流电压的平均值 U_d 只要取一相在一个脉动期(1/3 周期)的整流电压平均值即可。

如图 3-12(a)和图 3-13(a)所示,当 α≤30°时,a 相晶闸管 π/6+α 在至 5π/6+α 范围内导通,其整流电压平均值为

$$U_d=\frac{1}{2\pi/3}\int_{\alpha+\frac{\pi}{6}}^{\alpha+\frac{5}{6}\pi}\sqrt{2}U_2\sin\omega t\,\mathrm{d}\omega t$$

$$=1.17U_2\cos\alpha(0°\leqslant\alpha\leqslant30°) \qquad (3-17)$$

当 α=0°时,$U_d=U_{d0}=1.17U_2$。

当 30°<α≤150°时,从图 3-14 的波形中可以看

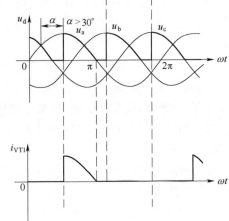

图 3-14 三相半波整流、
电阻负载 α>30°时的波形

出,仍可仿照(3-17)式计算整流电压的平均值,只需使公式中的积分上限为 π 即可,故此时输出电压的平均值为

$$U_d=\frac{1}{2\pi/3}\int_{\alpha+\frac{\pi}{6}}^{\pi}\sqrt{2}U_2\sin\omega t\,\mathrm{d}\omega t=\frac{3\sqrt{2}}{2\pi}U_2\left[1+\cos\left(\frac{\pi}{6}+\alpha\right)\right] \qquad (3-18)$$

$$=0.675U_2\left[1+\cos\left(\frac{\pi}{6}+\alpha\right)\right] \quad (30°<\alpha\leqslant150°) \tag{3-19}$$

根据整流电压的连续与否,相应的可得整流电压的有效值分别为

$$U=\sqrt{\frac{1}{2\pi/3}\int_{\alpha+\frac{1}{6}\pi}^{\alpha+\frac{5}{6}\pi}(\sqrt{2}U_2\sin\omega t)^2\,\mathrm{d}\omega t}$$

$$(0°\leqslant\alpha\leqslant30°) \tag{3-20}$$

$$=U_2\sqrt{\frac{1}{2\pi}\left(\frac{2\pi}{3}+\frac{\sqrt{3}}{2}\cos2\alpha\right)}$$

$$U=\sqrt{\frac{1}{2\pi/3}\int_{\alpha+\frac{1}{6}\pi}^{\pi}(\sqrt{2}U_2\sin\omega t)^2\,\mathrm{d}\omega t}$$

$$(30°<\alpha\leqslant150°) \tag{3-21}$$

$$=U_2\sqrt{\frac{1}{2\pi}\left(\frac{5\pi}{6}-\alpha+\frac{\sqrt{3}}{4}\cos2\alpha+\frac{1}{4}\sin2\alpha\right)}$$

负载电流的平均值、有效值、每个晶闸管的平均电流及有效值电流可以根据单相桥式整流电路的计算方法得到。

2. 电感性负载

(1)工作原理及波形

如果负载是大电感性的,例如串联平波电抗器的负载,当 $\alpha\leqslant30°$ 时,U_d 波形与纯电阻时一样。当 $\alpha>30°$ 时,如果平波电抗器的电感 L_d 足够大,电感储能使晶闸管在电源电压由零变负时仍然继续导通,直到因后序相晶闸管触发导通时承受反压为止。也就是说,尽管 $\alpha>30°$,仍然能使各相的晶闸管导通 $120°$,从而保证电流连续。虽然此时整流电压的脉动很大,而且电压出现负值,但整流电流的脉动却是很小的,负载电流 I_d 基本上是连续平直的,流过晶闸管的电流波形接近长方形,其电压、电流波形如图 3-15 所示。

(2)基本参数的计算

1)整流电压的计算

既然在大电感负载下电流连续,输出的直流平均电压 U_d 就可按式(3-18)来计算,即

$$U_d=1.17U_2\cos\alpha \tag{3-22}$$

可见整流电压平均值 U_d 与控制角 α 成余弦关系,如图 3-16 中的曲线 2 所示。当 $\alpha=90°$ 时,整流电压为零,在整流电压波形图上其正面积等于负面积。因而感性负载要求的移相范围为 $90°$。

图 3-16 中曲线 1 表明电阻负载整流电压平均值与控制角 α 的关系,它是根据式(3-18)、式(3-19)画出的。如果电感量不是很大,则控制特性必然位于曲线 1 与 2 之间,例如电阻电感的曲线 3。

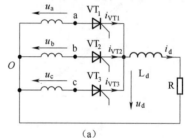

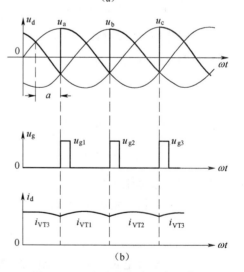

图 3-15 三相半波整流电路电感性
负载电路及其波形

(a)电感性负载电路;(b)电压电流波形

2)电流的计算

因为电抗器 L_d 上的平均电压为零,所以负载电流平均值为 $I_d = \dfrac{U_d}{R}$,每相电流的波形近似为长方形,幅值与控制角的大小无关,相位与控制角的大小无关,在一个周期内的宽度是 $120°$,高度是 I_d,因此变压器的相电流,亦即晶闸管的电流有效值为

$$I_2 = I_{VT} = \frac{I_d}{\sqrt{3}} = 0.577 I_d \tag{3-23}$$

因而可选用晶闸管的额定正向平均电流为 $I_{VTa} = I_{VT}/1.57$

3)变压器的容量计算

变压器副边容量为 $\quad S_2 = 3U_2 I_2 = 3 \times \dfrac{u_{d0}}{1.17} \times 0.577 I_d = 1.48 P_d \tag{3-24}$

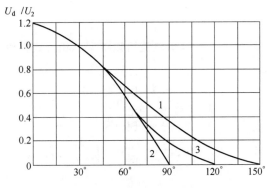

图 3-16 三相半波整流电路
U_d/U_2 与 α 的关系

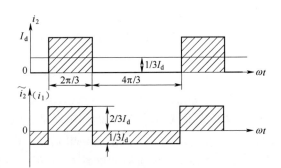

图 3-17 电感性负载下三相半波可控整流电路变压器原副边电流波形

设原副边绕组匝数相同,即 $W_1 = W_2$,工作时磁路不饱和,则大电感负载时,i_1 和 i_2 的电流波形如图 3-17 所示。原边电流 i_1 也就是副边电流 i_2 中的交流分量 $\tilde{i}_2$,因此原边电流有效值为

$$I_1 = \sqrt{\frac{1}{2\pi}\left[\left(\frac{2}{3}I_d\right)^2 \cdot \frac{2\pi}{3} + \left(-\frac{1}{3}I_d\right)^2 \cdot \frac{4\pi}{3}\right]} = 0.473 I_d \tag{3-25}$$

所以 $\quad S_1 = 3U_1 I_1 = 3U_2 I_1 = 3 \times \dfrac{U_{d0}}{1.17} \times 0.473 I_d = 1.21 P_d$

变压器原边电流与容量小于副边电流与容量,是由于副边电流存在着直流分量的缘故。这种情况下变压器容量用原、副边容量的平均值 S 来衡量

$$S = \frac{S_1 + S_2}{2} = 1.35 P_d \tag{3-26}$$

三相半波整流电路只用三个晶闸管,接线和控制简单是其优点,但变压器副边绕组的利用率较低;且绕组中电流是单方向的,它的直流分量使变压器直流磁化并产生较大的漏磁通,会引起附加损耗。因此三相半波整流电路多用在中等偏小功率的设备上。

3.2.2 三相桥式全控整流电路(Three-phase Bridge Fully-controlled Rectifier)

三相桥式全控整流电路是由两个三相半波整流电路发展而来的。一组三相半波整流电路为共阴极接线,另一组是共阳极,如图 3-18(a)所示,如果它们的负载完全相同且控制角 α 一致,

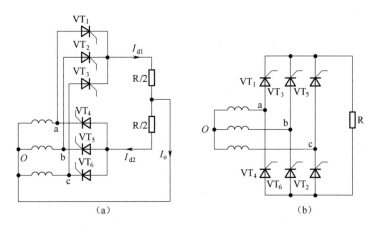

图 3-18　三相半波共阴极组合共阳极组串联构成三相桥式整流电路

(a)三相半波共阴极组和共阳极组串联电路；(b)三相桥式整流电路

则负载电流 I_{d1}、I_{d2} 应完全相同,在零线中流过的电流平均值 $I_o = I_{d1} - I_{d2} = 0$,如果将零线切断,不影响电路工作,就成为三相桥式全控整流电路,如图 3-18(b)所示。由于共阴极组正半周导通,流经变压器副边绕组的是正向电流,而共阳极组在负半周导通,流经变压器副边绕组的是反向电流,因此在一周期中变压器绕组中没有直流磁势,而且每相绕组在正负半周都有电流流过,延长了变压器的导电时间,提高了变压器绕组的利用率。

1. 三相桥式全控整流电路的工作原理及波形

图 3-19 为整流变压器采用 D/y 接线的三相全控桥式整流电路和 $\alpha = 0°$、大电感负载时的电压电流波形。由三相半波电路分析可知,在共阴极组的自然换流点(即 $\alpha = 0°$)ωt_1、ωt_3、ωt_5 时刻,分别触发 VT_1、VT_3、VT_5 晶闸管,而在共阳极组的自然换流点 ωt_2、ωt_4、ωt_6 时刻,分别触发 VT_2、VT_4、VT_6…晶闸管,两组自然换流点对应相差 60°,电路各自在本组内换流,即 $VT_1 \rightarrow VT_3 \rightarrow VT_5 \rightarrow VT_1 \cdots$,$VT_2 \rightarrow VT_4 \rightarrow VT_6 \rightarrow VT_2$,…,每个管子轮流导通 120°,为了使电流通过负载、并有输出电压,必须在共阴极组和共阳极组中各有一个晶闸管同时导通。在 $\omega t_1 \sim \omega t_2$ 期间,a 相电压较正,b 相电压较负,在触发脉冲作用下,VT_1、VT_6 管同时导通,电流从 a 相经 $VT_1 \rightarrow$ 负载 $\rightarrow VT_6$ 流回 b 相,负载上得到 a、b 相线电压。ωt_2 开始,a 相电压仍保持电位最高,但 c 相电压开始比 b 相更负,此时脉冲 U_{g2} 触发 VT_2 导通,迫使 VT_6 承受反压而关断,负载电流从 VT_6 换到 VT_2,在 $\omega t_2 \sim \omega t_3$ 期间,电流路径为 a 相 $\rightarrow VT_1 \rightarrow$ 负载 $\rightarrow VT_2 \rightarrow c$ 相,负载上得到 a、c 相线电压。在 ωt_3 时刻,由于 b 相电压比 a 相电压高,故触发 VT_3 管导通后,能迫使 VT_1 关断,电流从 VT_1 中换到 VT_3,依此类推,$\omega t_3 \sim \omega t_4$ 期间是 b、c 相供电,VT_2、VT_3 管导通；$\omega t_4 \sim \omega t_5$ 期间是 b、a 相供电,VT_3、VT_4 管导通；$\omega t_5 \sim \omega t_6$ 期间为 c、a 相供电,VT_4、VT_5 管导通；$\omega t_6 \sim \omega t_7$ 期间为 c、b 相供电,VT_5、VT_6 管导通；$\omega t_7 \sim \omega t_8$ 重复 a、b 相供电,VT_6、VT_1 管导通。总之,三相桥式全控整流电路中,晶闸管导通的顺序是 6、1,1、2,2、3,3、4,4、5,5、6,6、1…。这时,共阴极组输出电压波形是三相相电压正半周的包络线,共阳极组输出负半周的包络线。三相桥式全控整流的输出电压 u_d 为两组输出电压之和,是相电压波形正负包络线之间的面积,所以 u_d 波形为三相线电压正半周的包络线。u_d 每周期脉动 6 次,最低次谐波频率为电源频率的 6 倍,即 300 Hz。$\alpha = 0°$ 时,平均直流电压 $U_d = 2 \times 1.17 U_2 = 2.34 U_2$,为直流输出电压的最大值。

i_a、i_c 及电源电流 $i_A = i_{AB} - i_{CA} = i_a - i_c$ 的波形如图 3-19(b)中所示,其他两相电流波形

相同,只是相位上依次相差120°。K为变压器原副边的匝数比W_1/W_2,在这里假设$K=1$。

当控制角$\alpha>0$时,输出电压波形发生变化,图3-20(a)、(b)、(c)分别为$\alpha=30°、60°、90°$时的波形。从图中可见,当$\alpha\leqslant60°$时,U_d波形均为正值;当$60°<\alpha<90°$时,由于L自感电势的作用。U_d波形瞬时值出现负值,但正面积大于负面积,平均电压U_d仍为正值;当$\alpha=90°$时,正负面积相等,$U_d=0$;当$\alpha>90°$时,U_d波形断续,由于U_d接近于零,I_d太小,晶闸管无法导通。

通过上述分析,可归纳以下几点:

1)三相桥式全控整流电路,对于共阴极组触发脉冲的要求是保证VT_1、VT_3和VT_5依次导通,对于共阳极组触发脉冲的要求是保证VT_2、VT_4和VT_6依次导通,晶闸管在本组内每隔120°换流一次。由于共阴与共阳组换流点相隔60°,所以每隔60°有一次换流,六个触发脉冲的顺序是:$1\rightarrow2\rightarrow3\rightarrow4\rightarrow5\rightarrow6\rightarrow1$,依次下去,如图3-19(b)中所示。

2)三相全控桥控制角α的计算起点(自然换相点)与三相半波相同,为相邻相电压的交点(包括正向与负向),在线电压波形上,是相邻线电压的交点,故线电压的交点同样是自然换相点,距该线电压波形原点为60°。

3)三相桥式全控整流电路在任何时刻必须由共阴极组和共阳极组各一个晶闸管同时导通才能构成电流回路,因此,三相桥式整流电路必须用双窄脉冲或宽脉冲触发,如图3-21(b)、(c)所示。

4)晶闸管两端电压波形,其分析方法与三相半波时一样。如$\alpha=0°$时,晶闸管所承受的电压波形示于图3-12(f)。

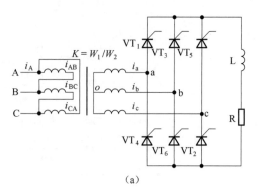

(a)

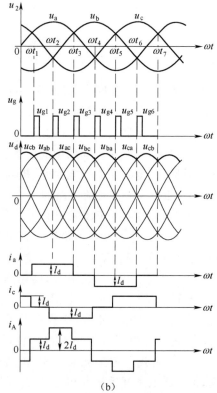

(b)

图3-19 三相全控桥式整流电路及
$\alpha=0°$时的电压电流波形

由于桥式电路输出电压比三相半波增大一倍,所以在同样U_d值时,三相桥式电路对器件的耐压要求降低一半,流过晶闸管的电流平均值I_{dVT}与三相半波时完全相同(为$\frac{1}{3}I_d$),变压器副边绕组每周期各有120°流过正负电流,绕组利用率提高,无直流分量,二次侧电流有效值为:

$$I_2=\sqrt{\frac{2}{3}}I_d \tag{3-27}$$

2. 基本参数计算

三相桥式整流电路,不论α为何值,负载上的输出电压都是两相之间的线电压的某一部

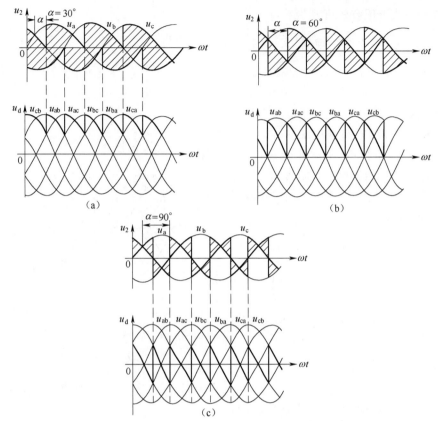

图 3-20 三相全控桥式整流电路控制角 $\alpha > 0°$ 时输出电压波形

(a)$\alpha = 30°$输出电压波形;(b)$\alpha = 60°$输出电压波形;(c)$\alpha = 90°$输出电压波形

分,实质上就是三相线电压的整流,其输出等值于以线电压为幅值,一周期 6 个脉波的六相半波整流电路。因此可直接从线电压入手,计算直流输出电压在 $\dfrac{\pi}{3}$ 范围内的平均值即可。

(1)整流电压的计算

1)电阻性负载

下面,作出以线电压 U_{ab} 的零点为坐标原点的线电压波形,根据电流连续与断续,对输出平均电压分两种情况进行计算,如图 3-22(a)、(b)所示。

当 $0 \leqslant \alpha \leqslant \dfrac{\pi}{3}$,电流连续,输出电压 U_d 波形也是连续的。图 3-22(a)示出 $\alpha = \dfrac{\pi}{3}$ 时的输出电压波形,其平均值为

$$U_d = 2.34U_2 \cos\alpha$$
$$= 1.35U_{21} \cos\alpha = U_{d0} \cos\alpha \qquad (3-28)$$

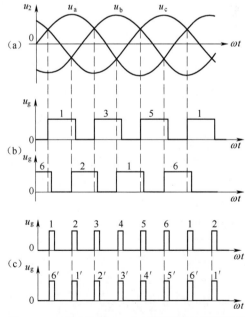

图 3-21 三相全控桥 $\alpha = 0°$ 时触发脉冲的两种形式

(a)变压器副边三相电压波形;

(b)宽脉冲触发;(c)双窄脉冲触发

式中 U_{21}——线电压有效值。

当 $\dfrac{\pi}{3} < \alpha < \dfrac{2\pi}{3}$ 时,电流出现断续,如图 3-22(b) 所示。当 $\omega t = \pi$ 时,VT_1、VT_6 中的电流已下降到零,但由于 VT_2 脉冲未来到,VT_2 不能导通,VT_1、VT_6 自行关断,此时电路中所有器件均处阻断状态,整流桥从电网断开,负载电流 $i_d = 0$。输出电压 $u_d = 0$。设断流角为 θ_μ,则这种情况一直延续到 $\pi + \theta_\mu$,之后因 VT_2 触发脉冲的到来,VT_2 开始导通,VT_1 重新导通,整流桥重新进入工作状态。直流平均电压值为

$$U_d = \frac{6}{2\pi} \int_{\frac{\pi}{3}+\alpha}^{\pi} \sqrt{6}\,U_2 \sin\omega t \,\mathrm{d}\omega t$$
$$= U_{d0}\left[1 + \cos\left(\frac{\pi}{3} + \alpha\right)\right] \qquad (3\text{-}29)$$

当 $\alpha = \dfrac{2\pi}{3}$ 时,$U_d = 0$,所以从公式推导可看出电阻性负载的移相范围是 $\left(0 \sim \dfrac{2\pi}{3}\right)$。

2) 电感性负载

对于大电感性负载,由于电流是连续的,晶闸管的导通角总是 $\dfrac{2\pi}{3}$,因此当控制角为 α 时,整流输出的直流龟压平均电压值为

$$U_d = 2.34 U_2 \cos\alpha = 1.35 U_{21} \cos\alpha \qquad (3\text{-}30)$$

U_d 与控制角 α 的关系如图 3-23 中曲线所示;在 $0 < \alpha < \dfrac{\pi}{2}$ 区间及 $U_d > 0$ 时,变为有源逆变工作状态。关于有源逆变工作状态的详细情况将在 3.4 节中讨论。可见,大电感负载工作于整流状态下,要求移相范围为 $\left(0 \sim \dfrac{\pi}{2}\right)$。

(2) 变压器副边绕组每相电流有效值 I_2 的计算

在三相桥式全控整流电路中,变压器副边绕组每相电流有效值 I_2 的计算,只要参见图 3-19(b) 中电流 i_a 的波形便可知,i_a 的有效值就等于 I_2。因此

$$I_2 = \sqrt{\frac{1}{2\pi}\left[I_d^2 \frac{2\pi}{3} + (-I_d)^2 \frac{2\pi}{3}\right]} = \sqrt{\frac{2}{3}}\,I_d \qquad (3\text{-}31)$$

其值比三相半波时高 $\sqrt{2}$ 倍,说明了绕组的利用率提高了。由于变压器副边绕组中电流没有直流分量,所以原、副边绕组电流波形相同。这样,根据变压器特性,可以求出原边绕组的电流 I_1。变压器的容量计算,很显然,结果必然是 $S_1 = S_2 = S_0$。

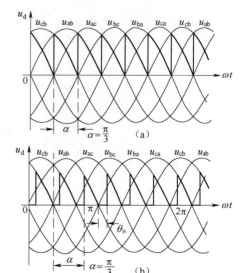

图 3-22 三相桥式全控整流电路电阻性负载输出电压电流波形

(a) $\alpha = \dfrac{\pi}{3}$ 时的输出电压波形;

(b) $\dfrac{\pi}{3} < \alpha < \dfrac{2\pi}{3}$ 时输出电压波形

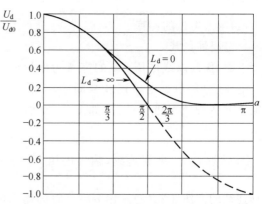

图 3-23 三相桥式全控整流电路输出平均电压与控制角的关系

3.3　交流侧电抗对整流电路的影响

前面讨论和计算整流电压的过程中,都忽略了交流侧电抗对换流的影响。器件关断时,其电流能从稳定值突然下降到零;器件导通时,则能从零电流瞬时上升到稳定值。但实际上,变压器总存在一定的漏感,交流回路也总有一定的电感,为讨论问题方便,把所有交流侧的电感都折算到变压器的副边,用一个集中的电感 L_B 来代替,主要表现为每相的漏感(Leakage Inductance)。这样,由于 L_B 阻止电流的变化,使晶闸管换相都不可能瞬时完成,因而在换相过程中会出现两条支路重叠导通现象,也就必然产生不同于前面分析的特殊问题。

3.3.1　换流期间电压电流波形分析

交流侧电感对整流电路的影响可以借助于多相整流电路中两个相邻相器件的换流来分析。

图 3-24 表明三相半波整流电路中,交流侧电抗 $x_B(x_B=\omega L_B)$ 对波形的影响。其分析方法和所得结论对 m 脉波整流电路具有普遍性。

假设负载是电感性的,负载电流连续而平直,其值为 I_d,在换相时,由于电抗 x_B 阻止电流变化,电流不可能突变。例如,从 a 相转换到 b 相时,a 相电流从 I_d 逐渐减小到零,而 b 相电流则从零逐渐增大到 I_d,如图 3-24(c)所示,这个过程叫换相过程。换相过程所对应的时间以相角计算,叫换相重叠角,以 γ 表示。

电流从 a 相换到 b 相的重叠导通过程中,两相的晶闸管 I_1、I_2 都导通,相当于两相间短路。两相之间的电位差瞬时值 $u_{ba}=u_b-u_a$ 必定大于零,它是完成两相换流的动力,称之为换相电压。换相电压起着以下两个作用:

(1)强制导通器件中的电流下降到零。在大电感负载下,器件中电流并不具有自然过零的性质,为了关断已处导通的器件以实现支路间电流的转移,必须强制导通器件中的电流下降到零。相控式整流电路的特点之一就是利用交流电网电压作为换流电压,故这种换流方式称为电源换流或自然换流。

(2)保证退出导通的器件恢复阻断能力。在原导通器件的电流为零之后,对退出导通的器件施加负压且持续时间 t_B 大于器件的关断时间 t_q。

下面具体分析重叠对输出波形的影响。

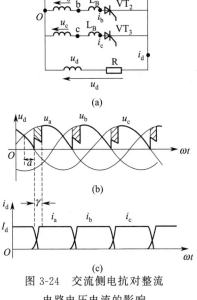

图 3-24　交流侧电抗对整流
电路电压电流的影响
(a)电流从 a 相换到 b 相得重叠导通过程;
(b)重叠对输出整流电压的影响;
(c)换相过程中电流的变化

换相电压在两相的换流回路中产生一个假想的短路环流 i_K,如图 3-24(a)中虚线所示(实际上,每相晶闸管都是单向导电的,相当于在原有电流上叠加一个 i_K)。i_K 是逐渐增大的,因此这时 a 相电流 $i_a=I_d-i_K$,逐渐减小,而 b 相电流 $i_b=i_K$ 逐渐增大,当 i_b 增长到 I_d,i_a 就减到零,于是 a 相晶闸管阻断,b 相晶闸管导通,之后,VT_1 继续承受反向电压 u_{ba},使其恢复正向阻断能力。可见,整个换流过程包括 VT_1、VT_2 的叠流期和 VT_1 的反向阻断期。

在非换相时期,因为 I_d 是恒定的直流电流,因而在 L_B 两端没有自感电势,但 L_B 却储存了其值为 $\frac{1}{2}L_B I_d^2$ 的磁场能量。

在换相期,i_K 是变化的,会感应出电势 $L_B di_K/dt$ 来,它在 a 相 L_B 上的自感电势其极性为左负右正,在换相期间放出磁场能量,而在 b 相 L_B 上的自感电势其极性为左正右负,故它的 L_B 放出磁场能量。如果忽略变压器的电阻压降,则在换相期间,换相电压 u_{ba} 由变压器 a、b 两相副边绕组的电感电势平均分压,故

$$u_b - u_a = u_{ba} = 2L_B \frac{di_K}{dt} \tag{3-32}$$

于是

$$L_B \frac{di_K}{dt} = \frac{u_b - u_a}{2} \tag{3-33}$$

在换相过程中,负载上整流电压的瞬时值为

$$u_d = u_b - L_B \frac{di_K}{dt} = \frac{u_b + u_a}{2} \tag{3-34}$$

它说明在换相过程中,整流电压既不是 u_a,也不是 u_b,而是这两相电压的平均值,其电压波形如图 3-24(b)所示。与不考虑交流侧电抗,即与 $\gamma=0°$ 时的整流电压波形相比,它少了一块如图上阴影的面积,即输出的整流电压降低了。因此可以说由于重叠的影响,整流输出电压产生了换相压降。

3.3.2 换相压降的计算和整流电路的输出外特性

要计算有重叠导通时的输出电压平均值,就得在每次换流中从不考虑重叠的输出电压中减去换流期的电压损失。由于不考虑重叠的电压平均值计算已很熟悉了,因而只要计算损失电压的平均值,即换相压降 ΔU_d 即可。

一个周期中,多块阴影面积的平均值以 ΔU_d 表示。以 m 脉波输出电路计算,则

$$\Delta U_d = \frac{m}{2\pi}\int_\alpha^{\alpha+\gamma}(u_b - u_d)d\omega t = \frac{m}{2\pi}\int_\alpha^{\alpha+\gamma}\frac{u_b - u_a}{2} = \frac{m}{2\pi}\int_\alpha^{\alpha+\gamma}\omega L_B \frac{di_K}{d\omega t}d\omega t$$

$$= \frac{m}{2\pi}\int_0^{I_d}x_B di_K = \frac{m x_B}{2\pi}I_d \tag{3-35}$$

式中 m ——多相整流电路输出电压在一个周期的波头数(一个周期的换相次数),对于单相双半波电路,$m=2$,三相半波电路,$m=3$,三相桥式全控电路,$m=6$;

x_B ——整流电路交流侧每相电抗值,因它主要为变压器折算至副边绕组的漏抗,故可以根据变压器的铭牌数据求出

$$x_B = \frac{U_2}{I_2} \cdot \frac{u_k\%}{100} \tag{3-36}$$

其中 U_2 ——变压器二次绕组额定相电压,

I_2 ——变压器二次绕组额定相电流(星形连接),

$u_k\%$ ——变压器的短路电压比,可查阅电工手册,一般为 5,整流变压器容量愈大,其值也愈大,最大为 12(整流变压器的 u_k 值比一般的变压器要大些)。

这样,整流输出电压的平均值 U_d 可以表示为

$$U_d = U_{d0}\cos\alpha - \Delta U_d = U_{d0}\cos\alpha - R_c I_d \tag{3-37}$$

式中 $U_{d0}\cos\alpha$——$\gamma=0$ 时的平均电压，R_c 为等效内阻，在理想条件下(忽略整流回路的其他一切电阻)，$R_c=mx_B/2\pi$。

由上面的分析可知，换相压降正比于负载电流 I_d，这相当于整流电源内增加了一项内阻，其阻值为 $mx_B/2\pi$。但应注意的是，等效内阻 R_c 与欧姆电阻不同的是，它并不消耗有功功率。可见，在相同的控制角 α 下，由于换相重叠的影响，U_d 值下降。此时整流电路的输出特性(设电流连续)将如图 3-25 所示。

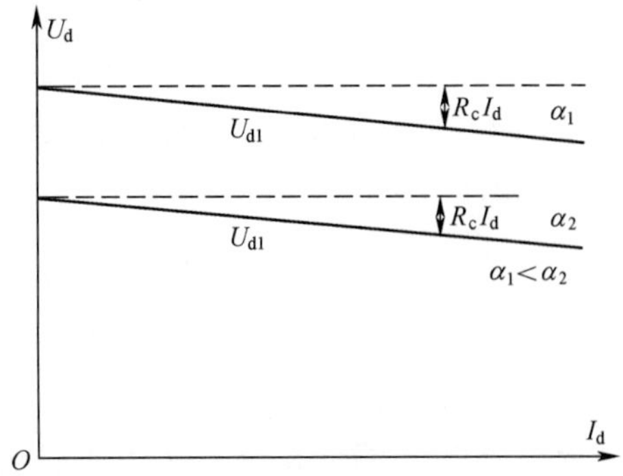

3.3.3 重叠角 γ 的计算

重叠角 γ 的计算归结为找出 γ 角与控制角 α、交流侧电抗 x_B 和负载电流 I_d 及电源电压的关

图 3-25 $\gamma>0°$ 时的整流器输出特性

系。计算 γ 的重要性在于掌握换流的可靠性，特别是整流电路的可逆运行。γ 角的大小对逆变工作状态的影响很大，因此需要认真研究其间的定量关系。

由式(3-32)已知，$\dfrac{\mathrm{d}i_K}{\mathrm{d}t}=\dfrac{u_b-u_a}{2L_B}$

以自然换相点作为坐标的原点，仍然以 m 脉波输出的普遍形式来表示，则 u_a、u_b 的表达式分别为

$$u_a=\sqrt{2}U_2\cos\left(\omega t+\frac{\pi}{m}\right) \tag{3-38}$$

$$u_b=\sqrt{2}U_2\cos\left(\omega t+\frac{\pi}{m}\right) \tag{3-39}$$

因此

$$u_b-u_a=2\sqrt{2}U_2\sin\frac{\pi}{m}\sin\omega t \tag{3-40}$$

$$\mathrm{d}i_K=\frac{1}{\omega L_B}\sqrt{2}U_2\sin\frac{\pi}{m}\sin\omega t\,\mathrm{d}\omega t \tag{3-41}$$

初始条件：当时 $\omega t=\alpha$，$i_K=0$，解得

$$i_K=\frac{\sqrt{2}U_2\sin\dfrac{\pi}{m}}{\omega L_B}(\cos\alpha-\cos\omega t) \tag{3-42}$$

它是一条余弦曲线，见图 3-24 中的换流段，换流结束，$i_K=I_d$。也可用积分的方法来计算，即

$$I_d=\int_0^{I_d}\mathrm{d}i_k=\frac{\sqrt{2}U_2\sin\dfrac{\pi}{m}}{x_B}\int_\alpha^{\alpha+\gamma}\sin\omega t\,\mathrm{d}\omega t=\frac{\sqrt{2}U_2\sin\dfrac{\pi}{m}}{x_B}[\cos\alpha-\cos(\alpha+\gamma)] \tag{3-43}$$

于是得

$$\cos\alpha-\cos(\alpha+\gamma)=\frac{x_B I_d}{\sqrt{2}U_2\sin\dfrac{\pi}{m}} \tag{3-44}$$

式(3-44)是一个普遍的公式，根据实际的整流电路代入不同的 m 值，可得相应计算式。例如三相半波时，以 $m=3$ 代入可得

$$\cos\alpha-\cos(\alpha+\gamma)=\frac{I_d x_B}{\sqrt{2}U_2\sin\dfrac{\pi}{3}}=\frac{2I_d x_B}{\sqrt{6}U_2} \tag{3-45}$$

相电压为 U_2 的六相半波电路,$m=6$ 则

$$\cos\alpha - \cos(\alpha+\gamma) = \frac{I_d x_B}{\sqrt{2}U_2 \sin\dfrac{\pi}{6}} = \frac{2I_d x_B}{\sqrt{2}U_2} \tag{3-46}$$

式(3-44)同样适用于三相全控桥,因它等效于相电压为 $\sqrt{3}U_2$ 的六相半波整流电路,把这些数值代入得

$$\cos\alpha - \cos(\alpha+\gamma) = \frac{I_d x_B}{\sqrt{6}U_2 \sin\dfrac{\pi}{6}} = \frac{2I_d x_B}{\sqrt{6}U_2} \tag{3-47}$$

其结果与三相半波时相同。

对于单相全控桥,在换流段,其电流从 $-I_d$ 变到 $+I_d$,其积分方程为

$$\int_{-I_d}^{I_d} di_K = \frac{\sqrt{2}U_2 \sin\dfrac{\pi}{m}}{x_B} \int_{\alpha}^{\alpha+\gamma} \sin\omega t \, d\omega t \tag{3-48}$$

即

$$2I_d = \frac{\sqrt{2}U_2 \sin\dfrac{\pi}{m}}{x_B} [\cos\alpha - \cos(\alpha+\gamma)] \tag{3-49}$$

则换流角方程为

$$\cos\alpha - \cos(\alpha+\gamma) = \frac{2x_B I_d}{\sqrt{2}U_2 \sin\dfrac{\pi}{m}} \tag{3-50}$$

m 仍取为 2,因为它表示了在一周期中整流电路输出波头数(换相次数)。这样,单相全桥控虽在一周中有两次换相,但实际上却相当于发生了 4 次换相。为了公式的统一,单相全控桥只需在 ΔU_d 和 γ 的计算式中,以 $2I_d$ 取代 I_d 即可。表 3-1 列出了各种整流电路换相压降和换相重叠角的计算。

表 3-1 各种整流电路换相压降和换相重叠角的计算

项目　　　　电路形式	单相全波	单相全控桥	三相半波	三相全控桥	m 脉波整流
ΔU_d	$\dfrac{X_B}{\pi}I_d$	$\dfrac{2X_B}{\pi}I_d$	$\dfrac{3X_B}{2\pi}I_d$	$\dfrac{3X_B}{\pi}I_d$	$\dfrac{mX_B}{2\pi}I_d$
$\cos\alpha - \cos(\alpha+\gamma)$	$\dfrac{I_d X_B}{\sqrt{2}U_2}$	$\dfrac{2I_d X_B}{\sqrt{2}U_2}$	$\dfrac{2X_B I_d}{\sqrt{6}U_2}$	$\dfrac{2X_B I_d}{\sqrt{6}U_2}$	$\dfrac{I_d X_B}{\sqrt{2}U_2 \sin\dfrac{\pi}{m}}$

从 γ 的计算式可见,γ 和 α、I_d 以及电源电压 U_2 有着直接的关系。如果 $I_d=0$ 则 γ 等于零,与 α 无关;当 α 为某一常数时,重叠角 γ 则随 $I_d x_B$ 的增大而增大,这是因为重叠角的产生是由于换相期间变压器漏感要储存电磁能量而引起的,$I_d x_B$ 愈大,变压器储存的能量也愈大;式(3-28)表明,换流电流的变化率与换流期中换流电压幅值有关,因此,当 $I_d x_B$ 为常数时,如 $\alpha<90°$ 时,γ 随 α 的增大而增大,而 $\alpha>90°$ 时,γ 随 α 的增大而减小。

变压器的漏感与交流进线电抗器的作用一样能够限制其短路电流,并且使电流的变化较缓和,对晶闸管电流上升率和电压上升率 di/dt 和 du/dt 值的限制是有利的,但是由于在换相期间两相的重叠导通相当于两相间短路,如果整流装置的容量在电网中举足较重,则在每一晶闸管换流瞬间,使相电压波形出现一个很深的缺口,造成电网波形畸变,使整流装置成为一个

干扰源,它对电网质量和整流控制电路的可靠性均产生危害。这个缺口还加剧了正向阻断器件端电压的突变,危害晶闸管。因而情况严重时需加滤波装置,拉平缺口。另外变压器的漏感使整流装置的功率因数变坏,输出电压降低,这些都是缺点。

具有续流二极管的可控整流电路,换流情况先是要关断的晶闸管与续流管换流,而后是续流管与欲导通晶闸管换流,由于出现重叠角,两者都要引起压降。

3.4 有源逆变

3.4.1 有源逆变的工作原理

整流是把交流电变换成直流电供给负载,那么,能不能反过来,利用相控整流电路把直流电变为交流电呢? 完全可以。我们把这种整流的逆过程称为逆变。在许多场合,同一套晶闸管或其他可控电力电子变流电路既可作整流又可作逆变,这种装置称为变流装置或变流器。根据逆变输出交流电能去向的不同,所有逆变电路又分为有源逆变(Regenerative Inversion)和无源逆变(Reactive Inversion)两种。前者以电网为负载,即逆变输出的交流电能回送到电网,后者则以用电器为负载,如交流电机、电炉等。无源逆变将在第 4 章中讨论,本节只讨论有源逆变,并以晶闸管电路为例。

1. 变流器的两种工作状态

用单相桥式整流电路能替代直流发电机给直流电动机供电,为使电流连续而平稳,在回路中串接大电感 L_d 称为平波电抗器。为便于分析,忽略变压器漏抗与晶闸管正向压降等的影响,这样,一个由单相桥式整流电路供电的晶闸管—直流电动机系统就形成了。在正常情况下,它有两种工作状态,其电压电流波形分别示于图 3-26(a)、(b)中。

(1)变流器工作于整流状态(0<α<π/2)

在图 3-26(a)中,设变流器工作于整流状态。由单相全控整流电路的分析可知,大电感负载在整流状态时 $U_d=0.9U_2\cos\alpha$,控制角 α 的移相范围为 0~90°,U_d 为正值,P 点电位高于 N 点电位,并且 U_d 应大于电动机的电动势 E,才能使变流器输出电能供给电动机作电动运行。此时电能由交流电网流向直流电源(即直流电动机 M 的电动势 E),回路电流 $I_d=(U_d-E)/R$ 在整流状态下,晶闸管大部分时间工作于电源电压的正半周,承受的阻断电压主要为反向阻断电压,且其正向阻断时间对应着晶闸管的控制角 α。

(2)变流器工作于逆变状态(π/2<α<π)

在图 3-26(b)中,设电机 M 作发电机运行(再生制动),但由于晶闸管器件的单向导电性,回路内电流不能反向,欲改变电能的传送方向,只有改变电机输出电压的极性。在图 3-26(b)中,电动势 E 的极性已反了过来,为了实现电动机的再生制动运行,整流电路必须吸收电能反馈回电网,也就是说,整流电路直流侧输出电压平均值 U_d 也需反过来,即 U_d 为负值,P 点电位低于 N 点电位,且电机电势 E 应大于 U_d。此时电流值为 $I_d=(E-U_d)/R$,电路内电能的流向与整流时相反,电动机输出电功率,为发电机工作状态,电网则作为负载吸收电功率,实现了有源逆变。为了防止过电流,应满足 $E\approx U_d$,在恒定励磁下,E 取决于电动机的转速,而 U_d 则由调节控制角 α 来实现。

从整流电路的分析可知,在电流连续条件下,整流电路输出平均电压 U_d 与控制角 α 的关系为 $U_d=U_{d0}\cos\alpha$。

由此可见,只要保持电流连续的条件,控制角 α 的变化,不但可以改变 U_d 的大小,而且可

以改变 U_d 的极性,当 $\pi/2<\alpha<\pi$ 时,U_d 为负值,正适合于逆变工作的范围。如图 3-26(b)所示,在逆变工作状态下,晶闸管大部分时间都工作于交流电源的负半周,承受的阻断电压主要为正向阻断电压,且其反向阻断时间对应着晶闸管的逆变角 $\beta(\beta=\pi-\alpha)$。

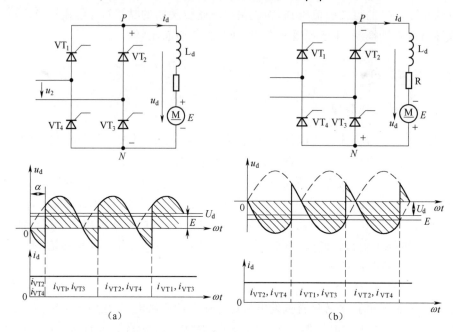

图 3-26　晶闸管直流电动机系统变流器的两种工作状态
(a)整流状态;(b)逆变状态

2. 实现有源逆变的条件

由上述有源逆变工作状态的原理分析可知,实现有源逆变必须同时满足两个基本条件:其一,外部条件,要有一个能提供逆变能量的直流电源,如上例的电动机电势 E,这个直流电势源是电能从变流器直流侧逆向送入交流电网的源泉,直流电势源的极性及大小应能实现电能从直流侧输出送回变流器;其二,内部条件,变流器在控制角 $\alpha>\pi/2$ 的范围内工作,使变流器输出的平均电压 U_d 的极性与整流状态时相反,大小应和直流电势源配合,完成反馈直流电能回交流电网的功能。

从上面的分析可以看出,整流和逆变、交流和直流在晶闸管变流器中互相联系着,并在一定条件下可互相转换,同一个变流器,既可以作整流器,又可以作逆变器,其关键是内部和外部的条件。逆变电路的工作原理、参量关系以及分析方法等都和整流电路密切相关,并在很多方面是一致的。

晶闸管整流器有源逆变条件的获得,必须具体情况进行具体分析。例如,在直流传动系统中,当同一个变流器从整流状态转入有源逆变状态,这意味着电动机一定要从电动运行状态变为发电制动运行状态,要求电动机电枢电势 E 的极性随之改变。对于某些生产机械,如直流卷扬机系统中,电势 E 的极性随重物的"提升"与"下放"自行改变。但在大多数场合,生产机械的拖动电机不会自动改变电枢电势的极性。例如电力机车,上下坡道行驶时,因车轮转向不变,在下坡发电制动时,其电枢电势 E 的极性不能自行改变,此时必须采取其他措施,如可使励磁电流反向或反接电枢回路。在可逆拖动系统中,通常采用两套变流器相互切换,如正组整流,电机正转电动,用反组来完成有源逆变实现正转制动;反组整流,电机反转电动,用正组来完成有源逆变,实现电机的反转制动等等。

半控桥式电路或具有续流二极管的电路,因为不可能输出负电压,变流器不能实现有源逆变,而且也不允许直流侧出现反极性的直流电势。

3.4.2 三相半波有源逆变电路

掌握了三相半波整流电路和上述逆变的基本概念后,下面讨论共阴极接法逆变电路的工作原理。

1. 工作原理

图 3-27(a)为三相半波电机负载电路,负载回路接有大电感,电流连续。当 $\alpha=30°$ 时,依次触发晶闸管 $\mathrm{VT_1}\sim\mathrm{VT_3}$,输出电压波形如图中粗黑线所示。当 α 在 $0\sim\pi/2$ 范围内变动时,不论输出电压的瞬时值 u_d 在整个周期内全部为正,或有正有负,因正面积总是大于负面积,平均值 U_d 总为正值,且 U_d 应略大于 E。此时电流 i_d 从 U_d 正端流出,从 E 的正端流入,电机作为电动机运行,吸收电能,这就是三相半波电路的整流工作状态。

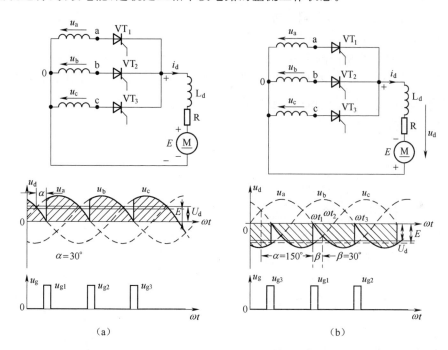

图 3-27　三相半波电路的整流与逆变

(a)整流工作状态下电压电流波形;(b)逆变工作状态下电压电流波形

对于逆变状态($\pi/2<\alpha<\pi$),选取和整流状态相对应的条件进行分析,假定此时电动机电动势的极性已反接,如图 3-27(b)所示,当 $\alpha=150°$,对 a 相来说相当于在 ωt_1 时刻触发晶闸管 $\mathrm{VT_1}$,虽然此时 $u_\mathrm{a}=0$,但晶闸管 $\mathrm{VT_1}$ 因承受正向直流电压 E 而导通,变流器输出 a 相电压。尽管此后 u_a 变为负值,由于电势 E 的存在,且 $|E|>|u_\mathrm{a}|$,仍承受正向电压继续导通。此阶段内电抗器 L_d 储存电能。过 ωt_2 时刻之后,$|E|<|u_\mathrm{a}|$,电抗器释放电能,和直流电势 E 一起向电网馈送电能,$\mathrm{VT_1}$ 继续导通。因为有了持续的直流电势和极大的电感 L_d,主回路电流始终连续,$\mathrm{VT_1}$ 连续导电 $120°$,直到 ωt_3 时刻触发晶闸管 $\mathrm{VT_2}$ 为止。在 ωt_3 时刻,由于 $u_\mathrm{b}>u_\mathrm{a}$,$\mathrm{VT_2}$ 承受正向电压,触发 $\mathrm{VT_2}$ 使 $\mathrm{VT_2}$ 导通,$\mathrm{VT_1}$ 因承受反压而关断,变流器输出 b 相电压,晶闸管 $\mathrm{VT_2}$ 连续导通 $120°$ 后,触发 $\mathrm{VT_3}$ 使其导通,变流器输出 c 相电压如此反复循环,可见

逆变电路也是利用交流电源换流的。

变流器输出电压波形如图 3-27(b)中粗黑线所示。当 α 在 $\pi/2 \sim \pi$ 范围内变动时,输出电压的瞬时值 u_d 在整个周期内也是有正有负或全部为负,但这时的负面积总是大于正面积,故输出电压平均值 U_d 为负,其极性是上负下正,此时电动机的电势 E 应稍大于 U_d。主回路内的电流 I_d 方向没有变,但是它从 E 的正极流出,到 U_d 的正端流入,所以电能倒送。就变压器副边绕组来看,在晶闸管导通时,电流和交流电源极性相反的时候总是多于极性相同的时候,这说明交流电源总的来说是吸收电能的。由于晶闸管 VT_1、VT_2、VT_3 轮流依次导通,从而把直流电能变为交流电能通过整流桥回馈到电网。变流器中,交流电源与直流电源之间交换的有功功率 $P_d = U_d \cdot I_d$,整流时 $U_d > 0$、$P_d > 0$,表示电网输出功率,逆变时 $U_d < 0$、$P_d < 0$,表示电网输入功率。因此整流和逆变的概念也是对平均值而言的,功率平均值为负的逆变工作状态,存在着功率瞬时值为正的某些工作区间。

和整流工作状态一样,晶闸管两端承受电压的波形由三段组成,每段各占 1/3 周期,即 $u_{VT1} \approx 0$,VT_1 导通段,波形仅为管压降约 1 V 左右,在工程中常近似为零;$u_{VT1} = u_{ab}$,VT_1 阻断,VT_2 导通;$u_{VT1} = u_{ac}$,VT_1 阻断,VT_3 导通。

在图 3-28 中分别绘出控制角为 $\pi/3$、$\pi/2$ 和 $5\pi/6$ 时输出电压的 u_d 波形,以及晶闸管 VT_1 两端的电压波形。可以看出,在整流状态,晶闸管阻断时主要承受反向电压,而逆变工作时,晶闸管在阻断状态主要承受正向电压。晶闸管承受的最大正反向电压均为 $\sqrt{2}U_{21}$,U_{21} 为变压器副边线电压有效值。

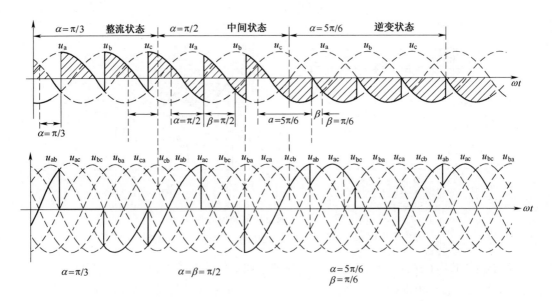

图 3-28 三相半波电路的输出电压及晶闸管 VT_1 两端电压波形

(a)输出电压波形;(b)晶闸管 VT_1 两端电压波形

2. 逆变角 β 及逆变电压的计算

三相半波电路在整流和逆变范围内,只要电流连续,每个晶闸管的导通角都是 $2\pi/3$,故不论控制角 α 为何值,直流侧输出电压的平均值和 α 的关系都为

$$U_d = 1.17U_2\cos\alpha = U_{d0}\cos\alpha \qquad (3-51)$$

为分析和计算方便起见,电路进入逆变状态时,通常用逆变角 β 表示。规定 β 角计算的起

始点为控制角 $\alpha=\pi$ 处,计算方法为自 $\alpha=\pi(\beta=0°)$ 的起始点向左方计量,因此控制角和逆变角的关系是 $\alpha+\beta=\pi$ 或 $\beta=\pi-\alpha$。逆变角也称作引前触发角,即相对于换流电压过零或 $\alpha=\pi$ 为起始点的提前量。

逆变工作时,变流器直流侧电压计算公式可改写成

$$U_d=U_{d0}\cos\alpha=-U_{d0}\cos\beta=-1.17U_2\cos\beta \tag{3-52}$$

可见在逆变工作时,当 $\beta=\pi/2$ 时,$U_d=0$,当 β 值从 $\pi/2$ 减小时,U_d 变为负值,随着 β 的减小,U_d 的绝对值逐渐增大,当 $\beta=0°$ 时,U_d 绝对值最大。可见,逆变时变流器控制角 α 在 $90°\sim$ $180°$ 之间变化,即逆变角 β 在 $90°\sim0°$ 之间变化。

若考虑变压器漏感 x_B,就存在换流重叠角 γ。在 γ 期间,和整流电路一样,u_d 为参与换相的两相邻相电压的平均值,如图 3-29(a) 所示。因此换流过程的存在使直流输出电压平均值更负一些,即增加了图中的一块阴影面积。逆变器的输出电压为

$$U_d=-U_{d0}\cos\beta-\Delta U_d=-U_{d0}\cos\beta-\frac{3x_B}{2\pi}I_d \tag{3-53}$$

因此考虑换流过程的影响,在整流和逆变两个范围内,全控变流器的控制特性如图 3-29(b) 所示。

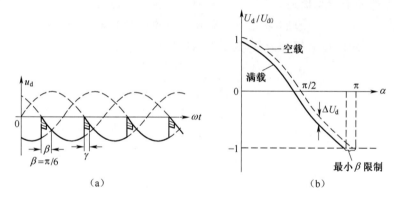

(a)   (b)

图 3-29 重叠对输出电压的影响
(a)输出电压波形;(b)全控变流器的控制特性

3. 三相半波逆变电路触发脉冲的特点

在逆变电路中,触发脉冲对晶闸管之间换相的控制作用比整流电路显得更为重要。

如图 3-30 所示,整流工作时,以晶闸管 VT_3 的换相作为例子,设 $\alpha=\pi/3$,在 ωt_1 时刻应触发晶闸管 VT_1,而此时 a 相电压最高,即使 VT_1、VT_2、VT_3 同时接受触发脉冲,电路也能按交流相电压之间的电位高低进行换相,负载电流也肯定会从 VT_3 转换到 VT_1,以后便是换到 VT_2,符合电路正常工作的换相次序。但在逆变工作时,若 $\beta=\pi/3$,a 相在导通,在 ωt_2,b 相和 c 相电

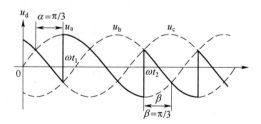

图 3-30 晶闸管 VT_1 的换相

压均为正值且相等,都比 a 相电压高,若此时 VT_1、VT_2、VT_3 仍同时接受脉冲,则不能保证一定会按电路正常工作的需要,由 VT_1 换相到 VT_2,因此由 VT_1 换到 VT_2 只能由触发脉冲进行控制,使之依照规定的换相次序触发相应的晶闸管导通。还有,整流工况若丢失了脉冲,晶闸管不再被触发而阻断,整个系统断电,不会发生危险,但在逆变工况丢失了脉冲则会形成危

险的短路故障。因此,对逆变电路触发装置的可靠性也提出了更高的要求。

3.4.3 三相桥式有源逆变电路

1. 逆变电路波形分析

图 3-31(a)为三相桥式有源逆变电路。根据以前的分析,在 $0<\alpha<\pi/2$ 区间,电路工作于整流状态;$\alpha=\pi/2$ 时,$U_d=0$,在 $\pi/2<\alpha<\pi$ 时,电路工作于有源逆变状态。图 3-31(b)~(d)表示 $\alpha=5\pi/6$ 时的典型工作情况下电路中各点的波形。

电网线电压分布、逆变输出波形和器件门极脉冲分别如图 3-31(b)、(c)所示,门极脉冲只画出了 u_{g1}、u_{g2}、u_{g3},按定义,u_{g1} 从自然转换点 R 后移 $5\pi/6$,在实际转换点上 R' 出现,以此类推。

在 $\omega t<\theta$ 区间,电路有 VT$_5$、VT$_6$ 导通,$u_d=u_{CB}(u_{CB}<0)$,$u_{VT1}=u_{AC}(u_{AC}>0)$。当 $\omega t=\theta$ 时,$u_{g1}>0$,VT$_1$、VT$_5$ 重叠导通,此时输出电压 $u_d=\dfrac{u_{AB}+u_{CB}}{2}=-3u_B/2$,经过叠流角 γ 后,电路转为 VT$_1$、VT$_6$ 导通,$u_d=u_{AB}(u_{AB}<0)$。同理可分析其他区间并得出以下结论:

(1)和整流状态相同,在非重叠期,电路仅有两支器件在工作,上下组各一支;而在重叠期,电路则有三支器件处于导通状态;每隔 $\pi/3$,电路中出现一次转换。

(2)和整流工作状态不同的是,各器件主要在线电压的负半波导通,故三相桥式整流电路的输出端电压 u_d 的瞬时值大部分为负,其平均值必然小于零。

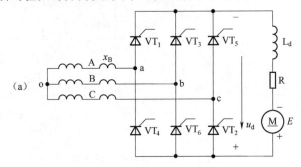

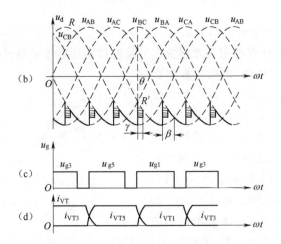

图 3-31 考虑变压器漏抗时逆变器输出电压的波形

(a)三相桥式有源逆变电路;(b)电网线电压及逆变输出波形;

(c)器件门极脉冲;(d)晶闸管电流波形

2. 逆变电路参数计算

如图 3-31(b)所示,考虑变压器漏抗时,三相全控桥 $\beta=30°(\alpha=150°)$ 时,逆变器输出电压的波形和不考虑重叠的情况相比,电压增大了图中涂有阴影的一块面积,根据前面的分析,它必然使逆变输出平均电压的绝对值增大 ΔU_d。ΔU_d 的计算方法和整流电路完全一样,因此考虑变压器漏抗时,逆变器输出电压为

$$U_\text{d}=2.34U_2\cos\alpha-\Delta U_\text{d}=2.34U_2\cos\alpha-\frac{3x_\text{B}}{\pi}I_\text{d}$$

$$=-2.34U_2\cos\beta-\frac{3x_\text{B}}{\pi}I_\text{d} \tag{3-54}$$

在三相逆变电路中,其他的参数,如电流平均值、晶闸管电流的平均值和有效值、变压器的容量计算等,均可按照整流电路的计算原则进行。

3.4.4 有源逆变失败的原因与控制角的限制

1. 逆变失败的短路故障状态

逆变运行时,一旦发生换相失败,使整流电路由逆变工作状态进入整流工作状态,U_d 又重新变成正值,使输出平均电压和直流电势变成顺向串联,外接的直流电源通过晶闸管电路形成短路,这种情况称为逆变失败(Failure of Inversion),或称为逆变颠覆,这是一种事故状态,应当避免。

2. 逆变失败的原因

造成逆变失败的原因很多,大致可归纳为四类,现以三相半波逆变电路为例,加以说明。

(1)触发电路工作不可靠

触发电路不能适时准确地给各晶闸管分配脉冲,如脉冲丢失,脉冲延迟等,致使晶闸管工作失常。如图 3-32(a)所示,当 a 相晶闸管 VT_1 导通到 ωt_1 时刻,正常情况时 u_{g2} 触发 VT_2 管,电流换到 b 相,如果在 ωt_1 时刻,触发脉冲 u_{g2} 遗漏,VT_1 管不受反压而关不断,a 相晶闸管 VT_1 将继续导通到正半周,使电源瞬时电压与直流电势顺向串联,形成短路。图 3-32(b)表明脉冲延迟的情况,u_{g2} 延迟到 ωt_2 时刻才出现,此时 a 相电压 u_a 已大于 b 相电压 u_b,晶闸管 VT_2 承受着反向电压,不能被触发导通,晶闸管 VT_1 也不能关断,相当于 u_{g2} 遗漏,形成短路。

(2)晶闸管发生故障

在应该阻断期间,器件失去阻断能力;或在应该导通时间,器件不能导通,如图 3-32(c)所示。在 ωt_1 时刻之前,由于 VT_3 承受的正向电压等于

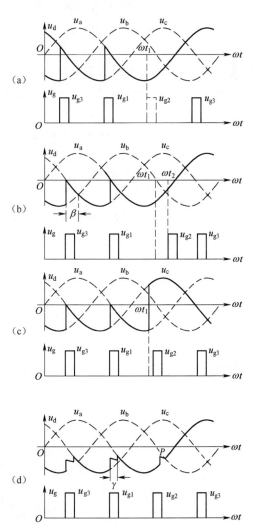

图 3-32 三相半波电路逆变失败的波形分析
(a)触发脉冲丢失使逆变失败;(b)脉冲延迟使逆变失败;
(c)晶闸管发生故障使逆变失败;
(d)换相的裕量角不足使逆变失败

E 和 u_c 之和，特别是当逆变角 β 较小时，这一正向电压较高，若 VT₃ 的断态重复峰值电压裕量不足，则到达 ωt_1 时刻，本该由 VT₁ 换相到 VT₂，但此时 VT₃ 已导通，VT₂ 因承受反压而无法导通，造成逆变失败。

（3）换相的裕量角不足

存在重叠角会给逆变工作带来不利的后果，如以 VT₁ 和 VT₂ 的换相过程来分析，当逆变电路工作在 $\beta > \gamma$ 时，经过换相过程后，b 相电压 u_b 仍高于 a 相电压 u_a，所以换相结束时，能使 VT₁ 承受反压而关断。如果换相的裕量角不足，即当 $\beta < \gamma$ 时，从图 3-32（d）的波形中可清楚地看到；当换相尚未结束时，电路的工作状态到达 P 点之后，a 相电压 u_a 将高于 b 相电压 u_b，晶闸管 VT₂ 则将承受反向电压而重新关断，而应该关断的 VT₁ 却还承受着正电压而继续导通，且 a 相电压随着时间的推迟愈来愈高，致使逆变失败。

（4）交流电源发生异常现象

在逆变运行时，可能出现交流电源突然断电，缺相或电压过低等现象。如果在逆变工作时，交流电源发生缺相或突然消失，由于直流电势 E 的存在，晶闸管仍可触发导通，此时变流器的交流侧由于失去了同直流电势极性相反的交流电压，因此直流电势将经过晶闸管电路而被短路。

由此可见，为了保证逆变电路的正常工作，必须选用可靠的触发器，正确选择晶闸管的参数，并且采取必要的措施，减小电路中 du/dt 和 di/dt 的影响，以免发生误导通。为了防止意外事故，与整流电路一样，电路中一般应装有快速熔断器或快速开关，以起到保护作用。另外，为了防止发生逆变颠覆，逆变角 β 不能太小，必须限制在某一允许的最小角度内。

3. 最小逆变角 β_{min} 确定的依据

逆变时允许采用的最小 β 角应为

$$\beta = \delta + \gamma + \theta' \tag{3-55}$$

式中　δ——晶闸管的关断时间 t_q 折合的电角度，称恢复阻断角，$\delta = \omega t_q$；

　　　γ——换相重叠角；

　　　θ'——安全裕量角。

晶闸管的关断时间 t_q，大的可达 $200 \sim 300~\mu s$，折算成电角度 δ 约 $4° \sim 5°$，重叠角 γ 随着直流平均电流和换相电抗（主要是变压器的漏抗）的增加而增大。为对重叠角的数值范围有所了解，举例说明：某装置整流电压为 220 V，整流电流 800 A，整流变压器容量为 240 kV·A，其短路电压比 $u_K\%$ 为 5 的三相线路，其 γ 的值大约 $15° \sim 20°$，在电力牵引中，因其较长的接触网导线，而且为了限制短路电流，$u_K\%$ 往往较大，其 γ 值偏大。

根据逆变工作时，$\alpha = \pi - \beta$，暂设 $\beta = \gamma$，则

$$\cos\gamma = 1 - \frac{I_d x_B}{\sqrt{2} U_2 \sin\dfrac{\pi}{m}} \tag{3-56}$$

当逆变时要求 $\beta_{min} > \gamma$，故存在下列关系

$$\cos\beta_{min} < \left[1 - \frac{I_d x_B}{\sqrt{2} U_2 \sin\dfrac{\pi}{m}} \right] \tag{3-57}$$

安全裕量角 θ' 是十分必要的，当变流器工作在逆变状态时，由于种种原因，会影响逆变角，若不考虑裕量，势必破坏 $\beta > \beta_{min}$ 的关系，导致逆变失败，例如，在三桥式逆变电路中，触发器输出的六个脉冲，它们的相位角间隔不可能完全相等，有的比中心线偏前，有的偏后，这种脉

冲的不对称程度一般可达 $5°$,偏后的那些脉冲就可能进入 β_{min} 范围内,所以应该考虑一个裕量角 θ'。根据中小型可逆直流拖动的运行经验,θ' 值约取 $10°$。这样,最小 β 角一般可取 $30°\sim35°$。设计逆变电路时,必须保证 $\beta>\beta_{min}$,因此常在触发电路中附加一套保护线路,保证控制脉冲不进入 β_{min} 区域内。解决这一问题的方法本来是很容易的,即从可靠关断的角度出发,限制最高的控制角 α_{max},尽量把 α_{max} 选得小些,但是过低的 α_{max} 值将使有源逆变电路的功率因数过分下降,从而使电路的经济指标恶化,这对大功率电路是不能容忍的。

3.4.5 固定逆变角与自调逆变角的有源逆变

现以电力机车为例,说明固定逆变角与自调逆变角的有源逆变。

交-直型相控电力机车直流电机从牵引状态(整流状态)转换到再生制动状态(逆变状态)时,为保证再生制动时的稳定性,应使牵引电机的励磁绕组由串励改为他励,电枢反接,以改变电机电势的极性;使控制角 α 大于 $90°$;当有两台或两台以上的电机并联工作时,在各电机电枢回路内还应再接入稳定电阻,以接并联的电机负载分配均匀及保证再生制动稳定工作。

1. 固定逆变角与自调逆变角的有源逆变

(1)固定逆变角的有源逆变

通过前面的学习已经知道,再生制动时,为保证逆变电路能稳定工作,应使引前触发角 β 大于或至少等于重叠角 γ 和恢复阻断角 δ 之和。但重叠角 γ 随着电机运行条件而变化,即 γ 是负载电流 I_d、回路电抗 x_B 及变压器副边电压 U_2 的函数。因此,如果再生制动时,不能根据工作条件自动调节 β 角的话,则必须按可能发生的最大负载 I_{dmax}、最大归算电抗 x_{Bmax} 和最小变压器副边电压 U_{2min} 决定可能的最大重叠角 γ_{max},由此规定引前触发角 β_{max} 为

$$\beta_{max}\geqslant\gamma_{max}+\delta \tag{3-58}$$

显然,固定 β 角的再生制动,在大部分工作期间内是以过大的 β 角运行。因而使电机再生制动时的功率因数下降(一般在 0.55 以下),电流和电压波形畸变加大,增加了对通信线路的干扰。所以比较合理的办法,应随着电力机车工作情况的不同而能自动地调节逆变角 β。

(2)自调逆变角的有源逆变

式(3-58)中的 δ 虽然也随着变流器件的类型、结构和运行条件而改变,但一般变化不大,可认为 δ 为常值。但重叠角 γ 却随负载电流 I_d、回路电抗 x_B 的增大而加大,随变压器副边电压 U_2 增大而减小。如果在逆变过程中,β 角能随负载条件的变化而自动调节,始终保证 $\beta=\gamma+\delta$,使逆变电路能在最小的引前触发角 β 下,可靠地实现换流,那么线路的运行经济指标就可以得到提高,这种再生线路称为自动调节逆变角 β 的再生制动系统,也弥为固定恢复阻断角 δ 的再生制动系统。

2. 再生制动稳定工作电流及其调节

再生制动的稳定工作电流可用逆变电路的电磁特性和处于发电机状态的电机特性来决定。现以单相桥式逆变电路为例加以说明,其电路原理和电压、电流波形如图 3-33(a)、(b)所示。

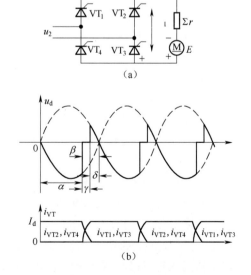

图 3-33 单相桥式逆变电路接线和电压电流波形

(a)单相桥式逆变电路接线;(b)电压电流波形

如果考虑回路中的电阻压降,并以$\sum r$代表回路中的总电阻(包括电机电枢绕组、平波电抗器以及附加的稳定电阻等),则发电机回路 a、b 两点间的直流端电压U_d可表示为

$$U_d = E - I_d \sum r \tag{3-59}$$

在固定逆变角β下的U_d与I_d之间的关系为

$$U_d = U_{d0} \cos\beta + R_c I_d \tag{3-60}$$

不难分析,在固定恢复阻断角δ下的U_d与I_d之间的关系为

$$U_d = U_{d0} \cos\delta - R_c I_d \tag{3-61}$$

式(3-59)和式(3-60)中 $\qquad R_c = 2x_B/\pi$

由式(3-59)即可绘出U_d的特性曲线$U_d = f(I_d)$,如图 3-34 中所示的曲线 3。由式(3-60)、式(3-61)可分别绘出恒定β角与δ角的逆变电路的电磁特性$U_d = f(I_d)$,如图 3-34 曲线 1 和曲线 2。两特性的交点 Q 即为稳定工作点,而交点处的电流值I_{dQ}为再生制动的稳定工作电流。

由此可见,要对电机再生制动进行调节,以稳定其工作点,可从以下三个方面进行:

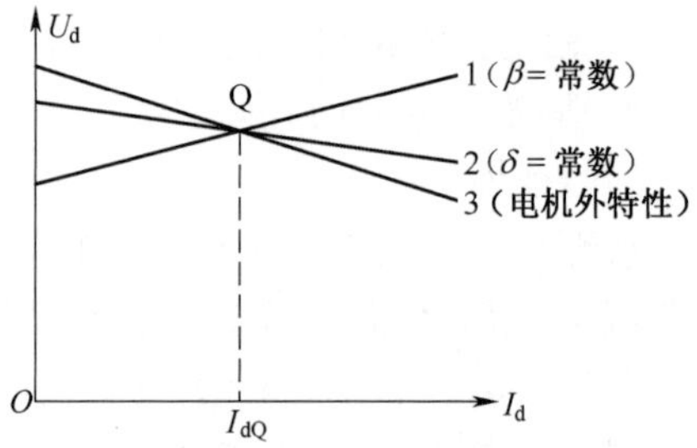

(1)改变励磁电流

随着制动电机速度的下降,相应增大电机励磁磁通,以保持一定的再生制动电流。缺点是制动速度下限受磁饱和的限制;高速制动时,因要减小磁通,会使制动力减小。

(2)改变变压器电压

这种方法可以在较大的速度范围内进行调节,并保证有较高的功率因数。缺点是有级调节,在转换过程中会产生再生电流和制动力的冲击。

图 3-34　逆变电路的稳定工作电流

(3)调节β角

这种方法调节平滑,在低速时也能进行再生制动,可以获得制停特性。缺点是功率因数低。

3. 有源逆变的应用

随着电力电子技术的发展,有源逆变电路的工程应用将会更加普遍。下面介绍有源逆变电路的几个典型应用实例。目的在于巩固、加深理解前面所学的有源逆变电路的基本原理。这些典型实例的详细分析,涉及的范围较广,读者在后续的课程中将会深入探讨。

(1)高压直流输电

高压直流输电在跨越江河、海峡和大容量远距离的电缆输电、联系两个不同频率的交流电网、同频率两个相邻交流电网的非同期并联等方面发挥着重要作用。随着电力电子技术的发展,高压直流输电获得迅速的发展,以减少输电线中的能量损耗,因此目前世界范围内的高压直流输电以每年约 1 500 MW 的速度增长。

如图 3-35 所示为直流输电原理图。两组晶闸管变流器的交流侧分别与两个交流系统u_1、u_2连接,变流器的直流侧相互关联,中间的直流环节虽未接有负载,但可以起着传递功率的作用,通过分别控制两个变流器的工作状态,就可控制功率的流向。例如,控制左边变流器工作于整流状态,得到±200 kV 电源,然后通过两线(两极)输电线路送到目的地,经右边变流器逆变成交流电接入电力系统,达到将功率从u_1传向u_2的目的。总之,在送电端,变流器工作于整流工况;在受电端,变流器处在逆变工况。

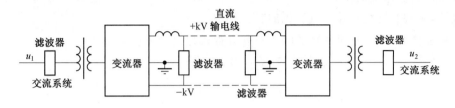

图 3-35 高压直流输电系统

（2）绕线式异步电动机晶闸管串级调速

绕线式异步电动机晶闸管串级调速，是在绕线式异步电动机的转子回路中串联晶闸管逆变器，借以引入附加可调电势，从而控制电机转速的一种调速方法。由于它具有良好的调速特性，并能将电动机的转差功率回馈电网，效率较高，价格较低，因此在风机和泵类负载方面获得广泛应用，在只要求电机运行在第一象限的生产机械中也获得普遍应用。目前，国际上许多著名的电气公司都生产串级调速系列产品，国内也生产有系列产品，如西安整流器厂的 $TJC_1 \sim TJC_3$ 系列，上海成套电器厂的 KGJA～KGJF 系列等。

绕线式异步电动机晶闸串级调速系统主回路接线原理图如图 3-36 所示。

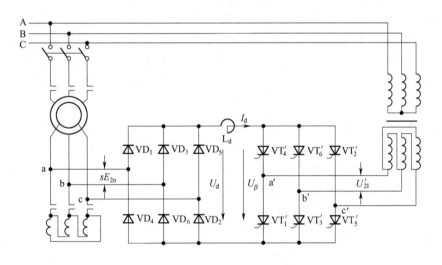

图 3-36 晶闸管串级调速系统主回路接线原理图

转子在不同的转速下感应出转差频率的电压，经一组不控的三相桥式变流器变成直流电压，此电压再经一组全控桥式变流器实现有源逆变，把电能（转差功率）馈送回电网中去。改变逆变角的大小，即可改变馈送回电网电能的多少，从而达到改变电机转速的目的。

在理想条件下，转子回路经三相不控桥式整流后输出的直流电压平均值为

$$U_d = 1.35 s E_{20} \tag{3-62}$$

式中　s——转差率；

E_{20}——转子不动，即转差率 $s=1$ 时，转子绕组开路线电势。

三相全控桥式有源逆变器输出的直流电压平均值为

$$U_\beta = 1.35 U'_{21} \cos\beta \tag{3-63}$$

式中　U'_{21}——逆变变压器副边绕组线电压有效值。

逆变电压可看作是加在异步机转子回路中的电动势，只要改变逆变角 β，就可以改变回路中的电动势，实现对绕线式异步电动机的转速控制。

在有源逆变状态下，直流回路的电压平衡方程式为 $U_d = U_\beta$，即

$$1.35sE_{20} = 1.35U_{21}'\cos\beta \tag{3-64}$$

电机转差率为

$$s = \frac{n_1 - n}{n_1} \tag{3-65}$$

电机转速为

$$n = (1-s)n_1 = n_1\left(1 - \frac{U_{21}'\cos\beta}{E_{20}}\right) \tag{3-66}$$

由此可见，改变逆变角 β，就可以调节电动机转速。当 β 下降，$\cos\beta$ 增加，n 下降；反之 β 增加，$\cos\beta$ 下降，n 上升。当 $\beta_{\max} = 90°$ 时，$\cos\beta = 0$，$U_\beta = 0$，相当于把整流器的直流侧短接起来，也就等于把转子短接，电动机在自然特性上以额定转速运转。

其调节过程是，如果电机原来稳定运行于某一转速 n，当减小 β 时，则 U_β 加大，直流回路电流 I_d 减小，转子电流 I_2 随之减小，电机转矩 M 减小，形成 $M < M_{fz}$，电机减速，而一旦 n 下降，转差率 s 增大，转子感应电势 E_2 便增大，导致电流 I_2、I_d 回升。当重新获得 $m = m_{fz}$ 时，电机转速不再下降，即在低于原来转速的新转速下稳定运行。反之，如增大逆变角 β，由电机转速上升。

（3）两组变流器反并联的直流可逆电力拖动系统

有很多生产机械，如可逆轧机、矿井提升机、电梯、龙门刨床等，在生产过程中都要求电动机频繁地起动、制动、反向和调速，为了加快过渡过程，它们的拖动电机都具有工作于四象限的机械特性。如在电动机减速换向的过程中，总使电动机工作于发电制动状态，进行快速制动，这时使一组变流器进入有源逆变状态，使电动机进入发电制动状态，将机械能变成电能回送到交流电网中去。

控制直流他励电动机可逆运转，即正反转的方法有二：一种是改变励磁电压的方向，另一种是改变电枢电压的方向，为此目的均可采用四象限运行的变流系统供电。前者由于励磁回路的电磁惯性大、快速性差、控制较复杂，一般用于大容量、快速性要求不高的可逆调速系统中。在快速的可逆系统中，多采用改变电枢电压的极性来实现可逆运行。

图 3-37 所示为电动机电枢电压极性可变的可逆拖动系统的主回路典型接线。电动机的磁场方向不变，而电动机电枢由两组三相桥式变流器（Ⅰ、Ⅱ组）反并联供电，这种结构习惯上称为反并联可逆线路。对应于 4 个象限，两组变流器的工作方式和电动机的运行状态，如图

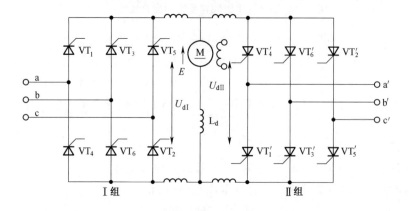

图 3-37 两组变流器反并联的可逆系统

3-38 所示。

第一象限，变流器 I 的控制角 $\alpha_{\text{I}} < 90°$，$U_{\text{dI}} > E$，整流状态，电机正转电动运行；

第二象限，变流器 II 的控制角 $\alpha_{\text{II}} > 90°$，$U_{\text{dII}} < E$，有源逆变状态，电机正转发电制动运行；

第三象限，变流器 II 的控制角 $\alpha_{\text{II}} < 90°$，$U_{\text{dII}} > E$，整流状态，电机反转电动运行；

第四象限，变流器 I 的控制角 $\alpha_{\text{I}} > 90°$，$U_{\text{dI}} < E$，有源逆变状态，电机反转发电制动运行。

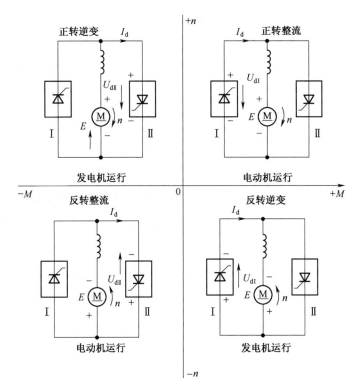

图 3-38 两组变流器的工作方式和电动机的运行状态（无环流运行方式）

反并联可逆系统中，电机由电动机运行转变为发电制动运行，相应的变流器由整流转换成逆变，这一过程不是在同一组桥内实现的。具体地说，由一组桥整流，使电机作电动运转，是通过反并联的另一组桥来实现逆变，使电机作发电制动运转，实现能量的回馈。

3.5 多相整流电路的谐波分析

与电力电子装置有关的所有波形几乎都是非正弦的，而任何周期性波形都可以分解为直流分量、正弦波基波分量和一系列频率为基波整数倍的谐波分量（Harmonics Component）。直流负载从整流器得到的电压就是非正弦周期波形，它除了有一直流分量，即直流平均电压外，还包含有频率为脉波数整数倍的交流谐波电压。在整流电压中出现的谐波分量比不可控整流电路显著增大。直流电压波形中出现的谐波分量，必然在负载中产生相应频率的谐波电流，即实际上整流器输出的电流是脉动的，而不像理论分析时假定负载中电感量为无穷大那种情况。致于脉动的幅度与直流负载的性质密切相关。

整流器件的开关过程，使交流电源输出的电流也并非正弦波形，这就使得整流装置起着谐波发生器的作用。交流侧电流谐波对供电电网、通信等产生严重影响，形成电力公害，因此有必要对整流装置交流侧和直流侧的电流电压的谐波进行分析。

3.5.1 变流器直流侧谐波分析

多相整流电路的谐波分析比较复杂,先分析 $\alpha = 0°$,即不控整流电路的情形。

1. $\alpha = 0°$ 时,m 脉波整流电路的谐波分析

设 m 脉波整流电路的整流电压如图 3-39 所示,把纵轴坐标选在整流电压的峰值处,则在 $-\pi/m \sim \pi/m$ 区间,整流电压的表示式为

$$u_d = \sqrt{2}U_2 \cos\omega t \qquad (3\text{-}67)$$

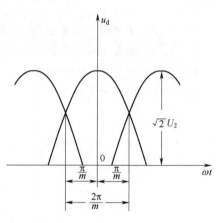

图 3-39 m 脉波整流电路的整流电压

根据傅里叶级数分析,全部整流电压可分解为

$$u_d = U_d + \sum_{n=mk}^{\infty} a_n \sin n\omega t + \sum_{n=mk}^{\infty} b_n \cos n\omega t \qquad k = 1,2,3\cdots \qquad (3\text{-}68)$$

由于电压波形对称于 Y 轴,故 u_d 中正弦函数不再存在。因此上式可简化为

$$u_d = U_d + \sum_{n=mk}^{\infty} b_n \cos n\omega t \qquad (3\text{-}69)$$

又因 u_d 以 $2\pi/m$ 为周期重复出现,则应有

$$\cos n\omega t = \cos n\left(\omega t + \frac{2\pi}{m}\right) = \cos\left(n\omega t + \frac{2n\pi}{m}\right) \qquad (3\text{-}70)$$

这种情况只有当 $\dfrac{2\pi n}{m} = 2k\pi$(式中 $k = 1,2,3\cdots$)时方有可能,所以 $n = mk$ 即在整流输出电压中,谐波级次 n 一定是脉波数 m 的整数倍。在单相双半波或单相桥式线路中,$m = 2$,则 n 为 2、4、6…;在三相半波线路中,$m = 3$,n 则为 3、6、9…,只有 3 的倍数的谐波出现,其他谐波均不存在;在三相全控桥和六相半波线路中,$m = 6$,n 为 6、12、18…。根据傅里叶级数分析,可求得

$$b_n = \frac{1}{\pi/m}\int_{-\pi/m}^{\pi/m} \sqrt{2}U_2 \cos\omega t + \cos n\omega t \, \mathrm{d}\omega t = \frac{-2m\sqrt{2}U_2}{\pi} \cdot \frac{\cos k\pi \sin\dfrac{\pi}{m}}{n^2 - 1} \qquad (3\text{-}71)$$

因 $\cos k\pi = \pm 1$,它对 b_n 绝对值的大小没有影响。

因为整流平均电压为

$$U_{d0} = \frac{1}{2\pi/m}\int_{-\pi/m}^{\pi/m} \sqrt{2}U_2 \cos\omega t \, \mathrm{d}\omega t = \sqrt{2}U_2 \, \frac{m}{\pi}\sin\frac{\pi}{m} \qquad (3\text{-}72)$$

把式(3-71)和式(3-72)代入式(3-69)得

$$u_d = U_{d0}\left[1 - \sum_{n=mk}^{\infty} \frac{2\cos k\pi}{n^2 - 1}\cos n\omega t\right] \qquad (3\text{-}73)$$

根据式(3-73),将 $m = 2$(两相半波电路,单相双半波和单相桥都是这种类型)代入得

$$u_d = \sqrt{2}U_2 \, \frac{2}{\pi}\sin\frac{\pi}{2}\left[1 + \frac{2\cos 2\omega t}{1\times 3} - \frac{2\cos 4\omega t}{3\times 5} + \frac{2\cos 6\omega t}{5\times 7} + \cdots\right]$$

将 $m = 3$(即三相半波电路)代入得

$$u_d = \sqrt{2}U_2 \, \frac{3}{\pi}\sin\frac{\pi}{3}\left[1 + \frac{2\cos 3\omega t}{2\times 4} - \frac{2\cos 6\omega t}{5\times 7} + \frac{2\cos 9\omega t}{8\times 10} - \frac{2\cos 12\omega t}{11\times 13} + \cdots\right] \qquad (3\text{-}74)$$

三相桥,等效于相电压幅值为$\sqrt{2}U_{2l}$的六相半波电路,此时$m=6$,代入得

$$u_d = \sqrt{2}U_{2l}\frac{6}{\pi}\sin\frac{\pi}{6}\left[1 + \frac{2\cos6\omega t}{5\times7} - \frac{2\cos12\omega t}{11\times13} + \frac{2\cos18\omega t}{17\times19} - \frac{2\cos24\omega t}{23\times25} + \cdots\right] \tag{3-75}$$

从上面的结果,可知脉波数(相数)的增加使谐波中最低次谐波的频率增加,同时其幅值迅速减小。这充分说明,增加整流器的脉波数m,对减少直流侧谐波、改善输出波形质量有至关重要的作用,这对大功率整流电路的结构选择具有重要的意义。

2. 整流电压的脉动系数和纹波因数

为了评价整流电压或电流波形的平直程度即波形的脉动大小,可用脉动系数S来衡量。S定义为波形的最低次频率谐波分量幅值与直流分量即平均值之比。它亦分为电压脉动系数S_u和电流脉动系数S_i。多相整流时的电压脉动系数S_u定义为

$$S_u = \frac{\text{最低次频率谐波分量幅值}}{\text{直流分量}} = \frac{\sqrt{2}U_2\dfrac{\sin\pi/m}{\pi/m}\cdot\dfrac{2}{n^2-1}}{\sqrt{2}U_2\dfrac{\sin\pi/m}{\pi/m}}$$

$$= \frac{2}{n^2-1} \tag{3-76}$$

式中　因$n=km=1\cdot m$,将不同数值的m代入式(3-76),可得表3-2的关系。

表 3-2　不同脉波数时电压脉动系数

m	2	3	6	12	∞
$S_u\%$	66.7	25.0	5.7	1.4	0

从表中可看出,当六脉波时脉动系数已很小,从谐波分析,它只有6次、12次、18次⋯⋯谐波电压,因此脉波数愈多,输出电压的交流分量就愈小。

考虑到基波以外其他谐波的因素和测量上的方便,也可用纹波因数γ衡量。电压纹波因数定义为$\gamma_u = U_R/U_{d0}$,其中,纹波电压的有效值$U_R = \sqrt{U^2 - U_{d0}^2}$,按图3-39,整流电压的有效值计算如下

$$U = \sqrt{\frac{m}{2\pi}\int_{-\pi/m}^{\pi/m}(\sqrt{2}U_2\cos\omega t)^2\,d\omega t} = U_2\sqrt{1 + \frac{\sin2\pi/m}{2\pi/m}} \tag{3-77}$$

于是,m脉波整流电压的纹波因数为

$$\gamma_u = \frac{U_R}{U_{d0}} = \frac{\sqrt{1 + \dfrac{m}{2\pi}\sin\dfrac{2\pi}{m} - \dfrac{m^2}{\pi^2}\sin^2\dfrac{\pi}{m}}}{\dfrac{m}{\pi}\sin\dfrac{\pi}{m}} \tag{3-78}$$

表3-3为按式(3-78)计算的不同脉波数的电压纹波因数值。

表 3-3　不同脉波数时的电压纹波因数值

m	2	3	6	12	∞
$\gamma_u\%$	48.2	18.27	4.18	0.994	0

纹波因数便于测量,用有效值电压表便可测出,但计算复杂。

3. $\alpha > 0°$，全控变流器直流侧电压的谐波分析

当 $\alpha > 0°$，对于全控整流器，空载直流电压的 n 次谐波的有效值为

$$U_{d(n)} = \frac{\sqrt{2}}{n^2-1} U_{d0}\sqrt{\cos^2\alpha + n^2\sin^2\alpha} \tag{3-79}$$

当考虑整流变压器漏抗等产生的电流重叠角 γ 时，在负载回路电感足以保持整流电流连续的条件下，直流电压 n 次谐波有效值可用下式计算

$$U'_{d(n)} = \frac{U_{d0}}{\sqrt{2}}\sqrt{C_1^2 + C_2^2 - 2C_1C_2\cos(2\alpha+\gamma)} \tag{3-80}$$

式中
$$C_1 = \frac{\cos(n+1)\frac{\gamma}{2}}{n+1} \qquad C_2 = \frac{\cos(n-1)\frac{\gamma}{2}}{n-1}$$

总之，整流器输出直流电压中的谐波分量，将随延迟角 α 的增大而显著上升；至于重叠角对谐波有效值的影响则比较复杂，总的趋势是使谐波减少，在重叠角 $\gamma = k\pi/n$ 时($k=1$、2、$3\cdots$)谐波已降低到远低于无控制时的数值。同时应指出，以上分析也适合于逆变器直流侧电压的谐波分析。

3.5.2　交流电源侧谐波电流分析

对于理想的 m 脉波整流器，即假定负载为稳定的直流电流、无重叠、无损耗，则在交流侧只有下列级次的谐波电流

$$\lambda = mk \pm 1 \tag{3-81}$$

式中，$k=1$、2、$3\cdots$每个谐波电流分量的由幅值为基波电流的 $1/\gamma$，即谐波电流分量的大小与其频率成反比。如 6 脉波整流器，线电流中有 5、7、11、13、17、19…次谐波。如为 12 脉波装置，线电流中只有 11、13、23、25…次谐波，其幅值也显著减小。

实际应用中，负载直流电流与理想化的工况并不完全一致，特别是当出现电流重叠角，且相控延迟角 α 较小时，整流臂电流波形前后沿陡度减小，明显地不同于矩形，使高次谐波电流幅值下降。但当在相同的负载电流下，α 增大时，重叠角又缩小，这意味着桥臂电流的波形和各次谐波的幅值又将趋于理想化条件的情形。所以，当需要比较精确的检测变流器交流侧谐波电流时，必须同时考虑到脉波数 m、延迟角 α 和重叠角 γ 三个参数的影响，详细情况请参见有关资料。

3.6　整流电路的功率因数及其改善方法 *

3.6.1　整流电路的功率因数

1. 整流电路功率因数的基本概念

整流电路的功率因数(Power Factor)定义为整流电路电网侧有功功率与视在功率之比。整流电路的功率因数与延迟触发角、交流侧的感抗、电流波形有关，前两个因素可用位移因数(亦称相位移系数)$\cos\varphi$ 来反映，后一个因素可用电流畸变因数 ζ 来表示。功率因数 λ 与位移因数 $\cos\varphi$、畸变因数 ζ 的关系为

$$\lambda = \zeta\cos\varphi \tag{3-82}$$

因此，只要确定了位移因数(Displacement Factor)和畸变因数(Distortion Factor)，就可算得功率因数。由于 λ 是 γ 和 $\cos\varphi$ 乘积，有些文献上也称 λ 为总功率因数，以便与正弦电路

中的功率因数 $\cos\varphi$ 相区别。

位移因数是基波的有功功率与基波的视在功率之比,在数学上可以理解为电流基波相对于电压波形的相移角 φ 的余弦,其计算的基本出发点是:在整流电路中,变压器原边所加的电压是正弦波,而原边电流是非正弦波,其中只有基波电流与电压同频率,可能产生有功功率,其他高次谐波电流与电源电压频率不同,只能产生无功功率。

2. 功率因数的基本表示法

(1)从整流电路交流侧计算功率因数

首先,以三相整流电路为例来说明功率因数的计算。三相供电变压器原边的视在功率为

$$S = 3U_1 I_1 \tag{3-83}$$

式中　U_1——原边相电压有效值;

　　　I_1——原边相电流有效值,$I_1 = \sqrt{I_1'^2 + I_R'^2}$;

　　其中 I_1'——原边电流基波有效值;

　　　　I_R'——原边高次谐波电流有效值。

三相电源的有功功率为　　　　$P = 3U_1 I_1' \cos\varphi \tag{3-84}$

式中　φ——U_1 与 I_1' 之间的相位差,故 $\cos\varphi$ 称位移因数。

根据功率因数的定义,整流电路电网侧的功率因数 λ 为

$$\lambda = \frac{P}{S} = \frac{3U_1 I_1' \cos\varphi}{3U_1 I_1} = \frac{I_1'}{I_1} \cos\varphi = \zeta\cos\varphi \tag{3-85}$$

式中,I_1'/I_1 的比值表示电流波形对正弦的偏离度,即前面提及的电流畸变因数 ζ,比值越接近于 1,电流波形就越接近于正弦波。

可见,变流装置的功率因数由畸变因数与位移因数的乘积决定,在不控整流电路中,即便不考虑位移因数的影响($\cos\varphi = 1$),也因电流畸变因数小于 1 而使得整流装置的功率因数总是小于 1,这是采用电力电子线路后,功率因数降低的原因之一。

对于单相全控桥式整流电路,当控制角为 α 时,其电压和电流波形如图 3-40 所示,变压器原边电流有效值等于整流电流 I_d,将原边电流分解成傅里叶级数,得

$$i = \frac{4}{\pi} I_d \left(\sin\omega t + \frac{1}{3}\sin3\omega t + \frac{1}{5}\sin5\omega t + \cdots \right) \tag{3-86}$$

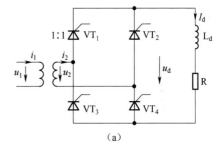

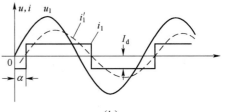

图 3-40　单相全控桥式整流电路

(a)单相全控桥式整流电路;(b)电压电流波形

基波电流有效值　　　　$I_1' = \dfrac{\dfrac{4}{\pi}I_d}{\sqrt{2}} = 0.9I_d = 0.9I_1 \tag{3-87}$

由此得畸变因数　　　　$\zeta = \dfrac{I_1'}{I_1} = 0.9 \tag{3-88}$

要注意的是,畸变因数表明电流波形含有高次谐波的程度,但并不能完全表明电流的具体波形,当负载电流都是 I_d 时,电源侧电流的具体波形是和变压器的接线形式有关的。

用同样的方法可求出三相和多相其他整流装置电源侧电流的畸变因数,如表 3-4 所示。

表 3-4　多相整流装置电源侧电流的畸变因数

电路形式	三相半波	三相桥式	六相半波	双反星形	双三相桥带平衡电抗	双三相桥串联
ζ	0.83	0.955	0.955	0.955	0.985	0.985

从表中可以看出,ζ 都接近于 1,因此变流装置的功率因数可以近似为

$$\lambda = \cos\varphi = \cos\alpha \qquad (3\text{-}89)$$

按照我国实际情况,功率因数一般取额定输出条件下的数据,如无其他规定,通常以位移因数 $\cos\varphi$,作为功率因数标定在产品铭牌上。

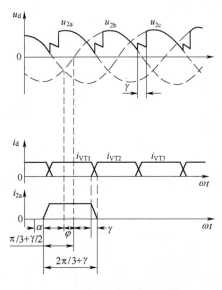

图 3-41　考虑换流重叠角时三相
半波电路电压电流的波形

如果考虑换相时的换流重叠角 γ,并认为重叠时电流的变化是线性的,位移因数的计算,以变压器副边绕组采用 Z 形接线的三相半波电路为例加以说明。电路电压电流的波形如图 3-41 所示,不难看出,电压中心线和电流中心线的相位差为

$$\varphi = \alpha + \gamma/2 \qquad (3\text{-}90)$$

故功率因数为　$\lambda \approx \cos\varphi = \cos(\alpha + \gamma/2) \qquad (3\text{-}91)$

即功率因数的大小取决于位移因数的大小,而位移因数 $\cos\varphi$ 与延迟触发角及交流侧的感抗有关。考虑到这些因素后,随着延迟触发角 φ 和换相重叠角 γ 的增加,功率因数将明显下降。

(2)从整流电路的输出端计算功率因数

前面已述,功率因数 $\lambda = P/S$,如果忽略功率从交流侧向直流侧传输过程中的一切损耗,那么,从交流侧得到的功率 P 就一定会等于直流侧的整流功率 P_d,这样功率因数又表示为

$$\lambda = \frac{P_d}{S}$$

整流功率 P_d、视在功率 S 应根据整流电路的具体工作情况和电路的参数来计算。以图 3-40(a)的单相全控桥式整流电路为例,则

$$P_d = U_d I_d = U_{d0}\cos\alpha I_d = 0.9 U_2 \cos\alpha \cdot I_d$$

$$S = U_2 I_2 = U_2 I_d \qquad (3\text{-}92)$$

$$\lambda = P_d/S = 0.9 U_2 \cos\alpha I_d / U_2 I_d = 0.9\cos\varphi \qquad (3\text{-}93)$$

和前面的算法结果一样。

(3)用图解法表示功率和功率因数

根据公式,有功功率 $P = S\cos\varphi$,无功功率 $Q = S\sin\varphi$,视在功率 $S = \sqrt{P^2 + Q^2}$ 在相同的视在功率下,对应不同的功率因数角 φ 时,视在功率 S 顶端 A 点的轨迹为一半圆,如图 3-42 所示。在图中可看出只要知道某电压时的有功功率 P,就很容易求出功率因数 $\cos\varphi$。

在整流过程中,当 $\alpha < 90°$,变流装置运行于整流

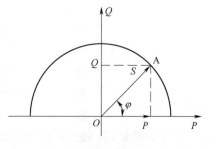

图 3-42　用图解法表示功率因数

状态时,A 点处在第一象限,有功功率 P 和无功功率 Q 皆为正值。随着控制角 α 的增大,φ 亦增大,有功功率减小,无功功率增大,功率因数下降。当 $\alpha>90°$ 运行于逆变状态时,有功功率为负值,无功功率 Q 仍为正,A 点处在第二象限。随着 β 角的增大,有功功率(绝对值)减小,无功功率仍是增大,功率因数也下降。当已知 α 角或 β 角的大小后,很容易定出 P 或 Q 的数值,从而求出功率因数。

3.6.2 提高功率因数的措施

相控变流器能得到广泛的应用,是由于它简单、价廉、可靠,而且无需任何换相电路。但相控电路在深控下功率因数很低,对电网产生很大干扰,特别是变流装置容量较大且比较集中的地方,危害性显得尤为突出。在节能问题日益受到重视的今天,采取措施提高功率因数是非常必要的。下面简单介绍相控变流器中改善功率因数的几种方法。为便于分析,假定负载电流恒定(无脉动),交流电源是理想的(无电源内阻)。

从控制方法上采取措施,提高变流装置的功率因数。

1. 全控变流器的半控工作状态

半控变流器系统易于实现且有较好的性能,通常用于不需要再生制动的场合。然而,若电机需要再生制动,则必须用全控变流器系统。为了利用半控变流器较好的运行特性,可把全控变流器作半控变流器运行,使之运行于整流和逆变两个状态,如图 3-43 所示,但这可能带来控制逻辑电路的复杂性。

在整流状态,在电源电压的整个正负半周期,晶闸管 VT_3 和 VT_4 处于全导通状态作为二极管工作,改变 VT_1 和 VT_2 的触发角 α 就改变了整流输出电压,如图 3-43(b)所示;在逆变状态,电源电压的整个正负半周期,VT_1 和 VT_2 处于全导通状态作为二极管工作,改变 VT_3 和 VT_4 的触发角 α 以改变输出电压,如图 3-43(c)所示;当同一支路的两个晶闸管(VT_1 和 VT_3 或 VT_2 和 VT_4)同时导通时,负载电流通过它们续流而使输出电压为零,这样负载端电压 u_d 和电流 i_d 的特性与半控变流器系统的相同。

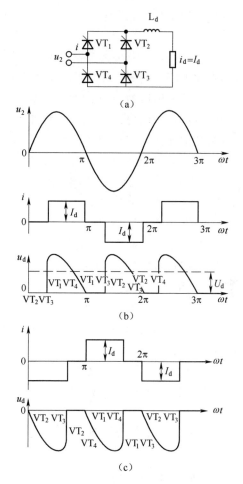

图 3-43　全控变流器的半控工作状态
(a)全控变流器电路;(b)整流波形;(c)逆变波形

从上面的分析可以看出,利用续流来减小甚至消除全控变流器整流运行状态下输出电压的负值区域,减小甚至消除逆变运行状态下输出电压的正值区域,可以提高电路的功率因数。为了续流,不仅可以选用半控整流电路,设置续流二极管,也可以在全控整流电路中,如图 3-43 那样,对晶闸管采用分别控制的方法。如果负载是电动机,这种可以控制的续流方式,还可以改善电动机的运行特性。

2. 强迫换向

在通常的相控变流器中,每当下一个晶闸管被触发之后,由电网电压使前一晶闸管换相,而若给每一个晶闸管设置它们自己的换相电路,或者采用全控型电力电子器件,它就能在任何需要的时间换相。图 3-44(a)中虚线方框里的晶闸管代表一个晶闸管及它的换相电路,为了简化电路,各种换向电路的详细情况在此略去。图 3-44(b)、(c)、(d)表示三种强迫换向电路的工作特点,它们能改善功率因数及其他运行性能。

图 3-44(b)表示熄灭角控制电路,晶闸管 VT$_1$ 在 0°导通,在 β 角时通过强迫换相关断,改变 β 角也就改变了平均输出电压。此时电源电流 i 的基本波分量超前电源电压 $\varphi=(\pi-\beta)/2$,位移因数超前,这种特性可用于补偿电网滞后的无功功率。在半控变流器系统中,采用熄灭角控制的变流器性能类似于相位角控制的变流器性能,只是前者位移因数超前,而后者为滞后。

图 3-44(c)表示对称角控制的电路,又称"扇形控制",晶闸管 VT$_1$ 在 α 时触发,在 $\pi-\alpha$ 时关断,在此电路中电源电流脉冲相对电源电压峰点对称分布,所以基波电流 i_1 与电源电压同相,这使得位移因数为 1,从而改善了功率因数。

在相位角控制、熄灭角控制和对称角控制的电路中,每半个周波内电源电流只有一个脉冲,其最低次谐波为三次,要滤掉低次谐波是较困难的。图 3-44(d)表示的脉冲宽度调制电路中,晶闸管在每半个周期中导通、关断若干次,对每半周期中的脉冲宽度及个数加以选择,以便获得脉冲形的输出电压。连续地改变脉宽可以连续改变平均输出电压,不存在交流电流的相位滞后,使基波功率因数可保持为 1。脉宽控制还可以有效地消除或减少低次谐波,至于高次谐波的增加,用滤波器把它们滤掉是容易的。

3. 串联变流器的顺序控制

相控变流器可以串联连接,对它们进行顺序控制,以使功率因数得到改善。图 3-45 是把两个半控变流器串联起来加以控制的情形。这样控制的每个变流器产生 $(0\sim0.5)U_{dmax}$ 的输出电压,采用对其中的一个变流器进行相位控制,同时通过另一个变流器的续流二极管旁路的方法得到。这样,在 $0.5U_{dmax}$ 时,一个变流器为满开放(触发角为 0),意味着在低输出电压范围内改善了功率因数。欲得到 $(0.5\sim1)U_{dmax}$ 的输出电压,使一个变流器开放($n=0$)。而控制另一个变流器的触发角,如图 3-45(b)所示。这种控制电路称为串联变流器的顺序控制。在电压较高的驱动电路中,可以把几个变流器串联起来代替一个变流器,以此来改善功率因数。

3.7 PWM 整流电路

相控整流技术经过多年的发展,其应用已经相当普遍。但传统的相控整流技术同时也具有诸多难以克服的缺点:

(1)输入电流包含大量的高次谐波,高次谐波电流在电网中流通形成干扰电压,造成严重的谐波污染,干扰其他设备;

(2)从电网吸取无功功率,使输入功率因数降低,尤其深度控制时功率因数很低;

(3)由于谐波的存在,整流器输入电流的额定值增大,增加了线路损耗,也提高了熔断器、断路器以及传输线的规格,整流器的效率降低;

(4)由于存在换流重叠现象,将引起电网电压波形畸变;

(5)电压调节的快速性差。

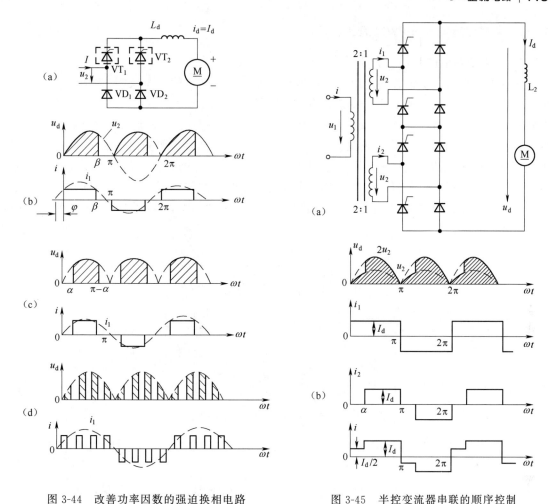

图 3-44　改善功率因数的强迫换相电路
(a)主电路;(b)熄灭角控制;
(c)对称角控制;(d)脉冲宽度调制

图 3-45　半控变流器串联的顺序控制
(a)半控变流器电路的串联;(b)电压电流波形

随着快速全控型器件和 PWM 技术的发展,形成一种集整流和逆变为一体的 PWM 整流器。PWM 整流器用全控型功率器件取代了晶闸管或功率二极管,以 PWM 斩控整流方式取代了相控整流或不可控整流。PWM 整流器可以取得以下优良性能:

(1)网侧电流近似正弦波;

(2)网侧功率因数控制(如单位功率因数控制);

(3)电能双向传输;

(4)较快的动态响应。

PWM 整流器已不是一般传统意义上的 AC/DC 变换器。由于电能的双向传输,当 PWM 整流器从电网吸取电能时,其运行于整流工作状态;而当 PWM 整流器向电网传输电能时,其运行于有源逆变工作状态。所谓单位功率因数是指输入电流波形正弦,且当 PWM 整流器运行于整流状态时,网侧电压、电流同相位;当 PWM 整流器运行于有源逆变状态时,其网侧电压、电流反相位。由于 PWM 整流器其网侧电流及功率因数均可控,已被推广应用于有源电力滤波及无功功率补偿等非整流器应用场合。

由于 PWM 电路种类繁多,本节只对电压型 PWM 电路的结构,控制策略进行简单分析。

3.7.1 单相电压型桥式 PWM 整流电路

1. 电路拓扑结构

单相电压型桥式 PWM 整流电路最初出现在电力机车交流传动系统中,为牵引变流器提供直流电源。单相电压型 PWM 整流电路结构如图 3-46 所示,每个桥臂由一个全控器件和反并联的整流二极管组成。L_N 为交流侧附加的电抗器,起平衡电压,支撑无功功率和储存能量的作用。图 3-46 中 $u_N(t)$ 是正弦波电网电压;U_d 是整流器的直流侧输出电压;$i_N(t)$ 是 PWM 整流器从电网吸收的电流。电网可以通过整流二极管 $VD_1 \sim VD_4$ 完成能量从交流侧向直流侧的传递,也可以经全控器件 $VT_1 \sim VT_4$ 从直流侧逆变为交流,反馈给电网。所以 PWM 整流器的能量变换是双向的,而能量的传递趋势是整流还是逆变,主要由 $VT_1 \sim VT_4$ 的脉宽调制方式而定。

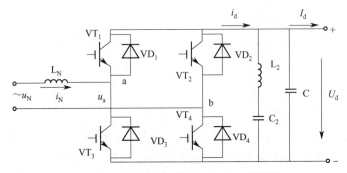

图 3-46 单相电压型 PWM 整流电路结构

图中串联型滤波器 $L_2 C_2$,其谐振频率为基波频率的两倍,从而可以短路掉交流侧的偶次谐波。

2. 工作原理

图 3-47 是单相 PWM 电压型整流电路的运行方式相量图,u_{s1} 设为交流侧电压 u_s 的基波分量,i_{N1} 为电流 i_N 的基波分量,忽略电网电阻的条件下,对于基波分量,有下面的相量方程成立,即

$$U_N = U_{s1} + j\omega L_N I_{N1} \tag{3-94}$$

可以看出,如果采用合适的 PWM 方式,使产生的调制电压与网压同频率,并且调节调制电压,以使得流出电网电流的基波分量与网压相位一致或正好相反,从而使得 PWM 整流器工作在如图 3-47 所示的整流或逆变的不同工况,来完成能量的双向流动。

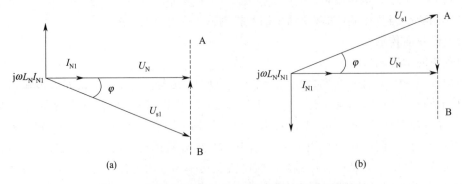

(a)   (b)

图 3-47 单相电压型 PWM 整流电路运行方式相量图
(a)整流工况 (b)逆变工况

3.7.2 三相桥式 PWM 整流电路结构

三相电压型 PWM 整流器拓扑结构如图 3-48 所示，这是最基本的 PWM 整流电路之一，应用也最为广泛。图 3-48 中 u_a,u_b,u_c 为交流侧的三相电源，i_a,i_b,i_c 为三相交流侧的电流，u_d 为直流侧的电压，L 为电抗器及线路的电感，C 为直流滤波电容，容量较大时为有极性电容。

电压型三相桥式 PWM 整流具有更快的响应速度和更好的输入电流波形。稳态工作时，输出直流电压不变，开关器件按正弦规律脉宽调制，整流器交流侧的输出电压和逆变器相同，忽略整流器输出交流电压的谐波，变换器可以看作是可控正弦三相电压源，它和正弦的电网电压共同作用于输入电感，产生正弦电流波形，适当控制整流器输出电压的幅值和相位，就可以获得所需大小和相位的输入电流。

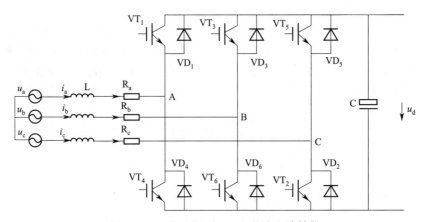

图 3-48　三相电压型 PWM 整流电路结构

三相电流型 PWM 整流器拓扑结构如图 3-49 所示，其中直流侧 L_d 为大电感，用于稳定直流侧电流，使输出特性为电流源特性。利用正弦调制方法控制直流电流 I_d 在各开关器件的分配，使交流电流波形接近正弦波，且和电源电压同相位，交流侧电容的作用是滤除与开关频率有关的高次谐波。电流源型整流器的优点是：①由于输出电感的存在，短路时电流的上升速度受到抑制；②开关器件直接对直流电流进行脉宽调制，所以输入电流控制简单，控制速度快。电流源型整流器的缺点是：①整流器输出电感的体积、重量和损耗较大；②常用的全控型器件都是双向导通的，使主电路通态损耗增大。

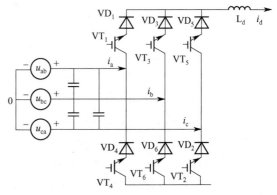

图 3-49　三相电流型 PWM 整流电路结构

小　　结

相控整流电路是电力电子电路中出现和应用最早的形式之一，本章以相控整流为重点，讲述了其工作原理、各种负载条件下的工作波形、交流侧电抗的影响、整流电路的有源逆变以及对谐波和功率因数的分析,这部分内容在本书当中十分重要。

二极管构成的整流电路为不可控整流电路,其输出直流电压只依赖于输入的交流电压大小而不可调节;相控整流通过改变晶闸管的控制角 α 调节直流输出电压。半波整流电路的交流侧电源仅在半个周期内有负载电流,因此交流电流中含有直流分量和二次谐波。单相桥式和三相桥式整流电路是最实用的交流-直流整流电路。这部分内容中,电路的工作原理与计算、各种负载对整流电路工作的影响需要重点掌握。同时,与这部分内容相关的一些问题,包括变压器电抗使整流电路换相时产生电压重叠角,从而导致换相压降;整流电路的谐波分析和功率因数分析等也是需要掌握的内容。

当整流电路的控制角超过一定范围时,整流电路工作在有源逆变的状态下,把电能从直流侧反变换到交流侧。需要掌握的是:有源逆变的工作原理、最小逆变角的确定以及逆变失败的原因。

在本章最后一节中介绍了 PWM 整流电路,这种整流电路改善了传统晶闸管相控整流中交流侧谐波电流较大、深度相控时功率因数很低等缺点。PWM 整流电路采用全控型器件可以实现理想化的交流-直流变换,它具有输出直流电压快速可调、交流侧电流波形为正弦、功率因数任意可调、能量可双向流动等优点。

中英术语对照

整流器——Rectifier

单相半波整流电路——Single-phase Half-wave Rectifier

控制角——Firing Angle

导通角——Conduction Angle

移相——Phase Shifting

同步——Synchronization

自然换相点——Natural Commutation Point

相位控制——Phase Control

单相半波可控整流电路——Single-phase Half-wave controlled Rectifier

单相桥式全控整流电路——Single-phase Bridge Fully-controlled Rectifier

电阻性负载——Resistive Load

全波整流——Full-wave Rectifier

电感性负载——Inductive Load

电动势负载——Electromotive Force Load-EMF Load

单相半控桥式整流电路——Single-phase Bridge Half-controlled Rectifier

三相半波整流电路——Three-phase Half-wave Controlled Rectifier

三相桥式全控整流电路——Three-phase Bridge Fully-controlled Rectifier

漏感——Leakage Inductance

有源逆变——Regenerative Inversion

无源逆变——Reactive Inversion

逆变失败——Failure of Inversion

谐波分量——Harmonics Component

功率因数——Power Factor

位移因数——Displacement Factor

畸变因数——Distortion Factor

Problems

Problem 3.1：Consider the Single-phase Bridge Fully-controlled Rectifier is used to power the inductive load. The ac input voltage $u_2 = 100$ V, the load resistance is 2 Ω, the load inductance is very large. If the trigger angle $\alpha = 30°$

Answer the questions：

① Draw the power circuit, the waveforms u_d, i_d and i_2;

② Calculate the average load voltage U_d, current I_d, and current I_2;

③ Consider safe coefficient equal to 2, calculate the rated voltage U_N and rated current U_N of the SCR.

Problem 3.2：Consider the Single-phase Bridge Fully-controlled Rectifier is used to power the EMF load. The ac input voltage $u_2 = 100$ V, the load resistance is 2 Ω, the The load inductance is very large, EMF=60 V. If the trigger angle $\alpha = 30°$

Answer the questions：

① Draw the waveforms u_d, i_d and i_2;

② Calculate the average load voltage U_d, current I_d, and current I_2;

③ Consider safe coefficient equal to 2, calculate the rated voltage U_N and rated current U_N of the SCR.

Problem 3.3：A Three-phase Half-wave Controlled Rectifier is used to power the inductive load. The load inductance is very large. The ac input voltage $U_2 = 100$ V (50 Hz), the load resistance is 5 Ω. If the trigger angle $\alpha = 30°$, answer the questions：

① Draw the power circuit, the waveforms u_d, i_d and i_{T1};

② Calculate the average load voltage U_d, current I_d, current I_{dVT} and current I_{VT}.

Problem 3.4：A Three-phase Bridge Fully-controlled Rectifier is used to power the inductive load. The load inductance is very large. The ac input voltage $U_2 = 100$ V (50 Hz), the load resistance is 5 Ω,. If the trigger angle $\alpha = 30°$, answer the questions：

① Draw the power circuit, the waveforms u_d, i_d and i_{T1};

② Calculate the average load voltage U_d, current I_d, current I_{dT} and current I_T.

Problem 3.5：What kinds of harmonics are there in a Three-phase Bridge Fully-controlled Rectifier? Which kind of harmonics has the largest magnitude?

Problem 3.6：Analyze the harmonics and solve the rms of triple and quintuple harmonics

I_{23}, I_{25} in the Problem 3.1 and Problem 3.4 .

Problem 3.7: What is the failure of a inversion operation? How to avoid this situation?

Problem 3.8: Collect the SCR phase shift ranges of Single-phase Bridge Fully-controlled Rectifier and Three-phase Bridge Fully-controlled Rectifier with resistive load and inductive load.

Problem 3.9: How to improve the power factor of a rectifier circuit?

Problem 3.10: List the advantages and disadvantages of a Fully-bridge PWM Rectifier (Finish this problem when you have learned the Chapter 6).

4 逆 变 电 路

把直流电能通过逆向变换,向交流电源反馈能量的逆变电路称为有源逆变电路,其装置则称为有源逆变器。从第 3 章中已经熟悉,它通常是一种工作在相控角大于 90°的相控整流器;但若直流电能通过逆向变换,把所得到交流电能,向负载直接供电的逆变电路,因其输出端没有电源,称为无源逆变电路,简称逆变电路,由逆变电路构成的电力电子装置称为逆变器(Inverter)。逆变电路输出的频率和电压的大小,取决于负载的实际需要。可以是定压定频的负载,也可以是调压调频的负载。这种能调压调频的逆变器通常称为变频器(Frequency Converter)。变频器按电源的种类可以分为交流-交流变频器和直流-交流变频器两大类。前者直接将工频电能转变为所需频率的交流电能,因此称为直接变频器;后者把直流电能转变为交流电能,本章中所指的变频器就是这种逆变器。

一台性能良好的逆变器必须包括三部分电路,第一部分是主电路,是能量变换的主体,其中包括相应的电力电子器件,此外还有附属在主电路中的缓冲电路,后者并联在电力电子器件上,用于吸收电力电子器件上的换流过电压,主电路部分是本章叙述的重要内容。第二部分是电力电子器件的门控电路,目前驱动电路已基本上模块化,这部分将在第 8 章中阐述。逆变器的第三部分是控制电路,完成对主电路的控制,实现逆变,并使逆变器具有调压、调频或稳压、稳频等良好动、静态性能,这部分内容也将在本章阐述。

逆变器的应用不仅在工农业的生产上获得极为广泛的推广,而且深入到人们生活的各个领域。变频器应用得最多的是交流电机的变频调速,这种交流传动装置性能可靠,动、静态性能卓越,而且节能。恒频的逆变器主要作为感应加热的电源,也为计算机、医用设备等提供不停电工作电源。在电力牵引领域里,无论干线电力机车、大型的工矿机车、城市轨道车辆(地铁和轻轨车)、电动汽车和坦克等。由变频器构成的交流传动系统正在取代相控整流器和斩波器构成的直流传动系统。变频器的容量也越来越大,在钢铁企业的交流传动装置中容量更大,例如上海宝钢的轧钢机变频器,单机容量已达 10 MV·A。在高速电力机车(动车组)上的变频器单机容量为兆伏安级。我国铁路电气化正朝高速、重载两个方向发展,GTO 和 IGBT 变频器主要用于电牵引主传动系统和辅助系统之中。

由于直流电能通常都经整流器由工频交流电源取得,这种装置又称具有中间直流环节(DC Link)的变频器。这种直流-交流逆变器与有源逆变器相比,不是把变换成的交流电再反馈到交流电网中去,而是供给电机等负载使用。

由全控型电力电子器件构成的逆变器主电路结构简单,犹如一个逆方向工作的可控整流器。采用不同的全控型器件,如 GTO、GCT、MOSFET、IGBT 等不同器件时,其主电路之间没有原则差别,差别主要在于驱动电路,此外保护方法也有所不同(见第 8 章)。若用晶闸管等半控型电力电子器件构成逆变器,就不可能象有源逆变器那样,靠电网的反电压实现换流,必须另设强迫换流电路实现换流,这种晶闸管逆变器的主电路变得相当复杂。

4.1 逆变电路的基本类型

逆变器的主电路从其结构而言,也可以像整流电路有零式(中点抽头式)和桥式,单相和多相之分。除此之外逆变器还可以按照储能元件的性质、所用电力电子器件、调制方法和强迫换流特点来分类。现通常按照储能元件分为电压型逆变器(Voltage Source Inverter-VSI)和电流型逆变器(Current Source Inverter-CSI)两类。

交-直-交型或直-交型逆变器都有直流电源,实际应用中的直流电源容量是有限的。为了提供恒定的电压或电流,并与负载进行无功功率的交换,在逆变器的直流环节中都设置了储能元件,根据储能元件的性质,逆变器分为电压型和电流型两大类。采用大电容 C_d 作为储能和滤波元件的逆变器称为电压型逆变器。采用大电感 L_d 作为储能和滤波元件的逆变器称为电流型逆变器。两类逆变器的结构框图如图 4-1 所示。

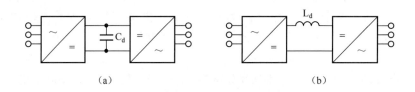

图 4-1　逆变器的基本类型框图
(a)电压型逆变器;(b)电流型逆变器

储能电容 C_d 又称直流环节的支撑电容,可以保持直流电压的恒定,使直流环节犹如恒压源,直流侧的阻抗远小于逆变器的输出阻抗。电容 C_d 在逆变过程中还参与负载所需的无功能量的交换,并成为逆变器输入端谐波分量的短路通道,使交-直-交系统中由整流装置所产生的谐波分量不进入或少进入逆变器,逆变器产生的谐波分量也不进入或少进入电网,起了隔离交流的作用。C_d 是电压型逆变器的一个重要部件,并有较大的电容量,所占的投资比例也较高。

以下是电压型逆变器与电流型逆变器的性能比较:

(1)储能元件:电压型——电容器;电流型——电抗器(即电感)。

(2)输出波形的特点:电压型——电压波形为矩形波,电流波形近似正弦波;电流型——电流波形为矩形波电压波形为近似正弦波。

(3)回路构成上的特点:电压型——有反馈二极管直流电源并联大容量电容(低阻抗电压源);电流型——无反馈二极管直流电源串联大电感(高阻抗电流源)很容易实现电动机四象限运转。

(4)特性上的特点:电压型——负载短路时产生过电流;电流型——负载短路时能抑制过电流。

4.2 单相电压型逆变电路

4.2.1 概　述

如图 4-2 所示是一个单相桥式逆变电路的原理性示意图,其中 S_1、S_2 和 S_3、S_4 两组理想开关轮流接通时,负载 R 上就可得到交流电压 u_R,这是一个幅值为直流电源电压 U_d 的周期性交变电压,相应的交流电流为 i_R。负载电压和负载电流的频率取决于两组理想开关的切换频率。

4.2.2 单相桥式逆变电路的原理

用全控型器件,如用 IGBT 取代图 4-2 中的开关后,得到图 4-3(a)所示的单相桥式 IGBT 逆变器的主电路。

图 4-3(b)及图 4-3(c)是 IGBT 逆变器在电阻负载下的输出电压 u_R 和输出电流 i_R 的波形。在 $0 \sim \pi$ 期间,IGBT_1(用 VT_1 表示)和 IGBT_2(用 VT_2 表示)导通;在 $\pi \sim 2\pi$ 期间,IGBT_3 和 IGBT_4(用 VT_3 及 VT_4 表示)导通。图 4-3(d)则为直流输入电流 i_d 的波形。图中假设 IGBT 的开关过程是理想的,瞬时完成的。

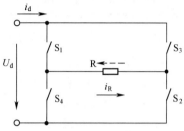

图 4-2　单相桥式逆变电路示意图

对于感性负载,交流电流滞后电压一个相位角,当两组开关管已经切换,电压已经反向时,感性负载电流仍将在滞后角时间内保持原来的流通方向。图 4-3(a)所示的电路,因设有滞后的感性负载电流的通路,若强迫开断这一感性负载电流的通路,必然会引起过电压,造成电力电子器件的击穿损坏。为此,在感性负载下图 4-3(a)所示的电路中,每个电力电子器件上还需反向并联一个快速二极管,以构成滞后电流的通路,如图 4-4(a)所示。

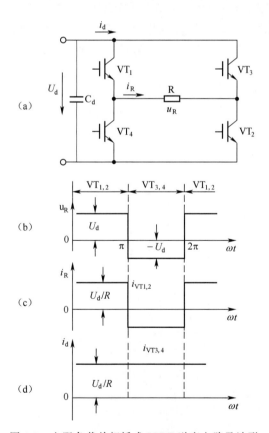

图 4-3　电阻负载单相桥式 IGBT 逆变电路及波形
(a)电阻负载下的逆变电路;(b)输出电压波形;
(c)输出电流波形;(d)直流输入电流波形

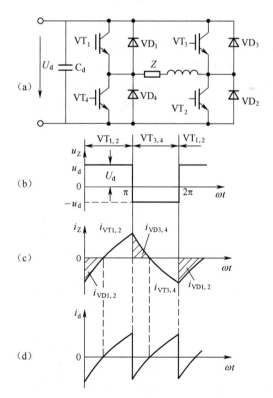

图 4-4　感性负载时单相桥式 IGBT 逆变电路及其波形
(a)感性负载下的逆变电路;(b)输出电压波形;
(c)输出电流波形;(d)输入电流波形

在图 4-4(a)中 $\omega t = \pi$ 时刻，当 $IGBT_1(VT_1)$ 和 $IGBT_2(VT_2)$ 关断、$IGBT_3(VT_3)$ 和 $IGBT_4(VT_4)$ 导通后，感性负载电流从 VT_1、VT_2 转移到由 VD_3、VD_4 及电源所构成续流回路中去，使负载电流在滞后角内继续保持原方向流通。同理在 VT_3、VT_4 切换到 VT_1、VT_2 后，负载电流改经 VD_1、VD_2 和电源电路续流。负载电流 i_Z 的波形如图 4-4(c)所示，波形由两段指数曲线组成，阴影部分为二极管中的电流，其余为 IGBT 中的电流。图 4-4(d)为直流输入电流 i_d 的波形，它由正方向的 IGBT 电流和反方向的 i_{VD} 电流组成，由图可见，在二极管导通期间，感性负载向电源反馈了能量，这个二极管称为续流二极管(Freewheeling Diode)。

下面是对单相全桥逆变电路电压进行定量分析。把幅值为 U_d 的矩形波 u_o 展开成傅里叶级数得

$$u_o = \frac{4U_d}{\pi}\left(\sin\omega t + \frac{1}{3}\sin3\omega t + \frac{1}{5}\sin5\omega t + \cdots\right) \tag{4-1}$$

其中基波的幅值 U_{o1m} 和基波有效值 U_{o1} 分别为：

$$U_{o1m} = \frac{4U_d}{\pi} = 1.27U_d \tag{4-2}$$

$$U_{o1} = \frac{2\sqrt{2}U_d}{\pi} = 0.9U_d \tag{4-3}$$

桥式逆变电路的另一种更简单结构如图 4-5(a)所示，这是一种半桥电路(设由 GTO 构成)。半桥电路仅有一对桥臂，还有一个带有中点的直流电源。当 $VT_1(GTO_1)$、$VT_2(GTO_2)$ 轮流切换导通时，可获得如图 4-5(b)和(c)所示的输出电压 u_{AB}、输出电流 i_Z 波形。电压波的幅值为 $\pm U_d/2$，电流波由 i_{VT} 和 i_{VD} 两部分电流组成。二极管电流 i_{VD} 为感性负载的续流电流。i_{VD} 经过二极管把能量反馈回电源。

半桥电路所应用的管子比全桥电路少一半，相应地减少了管压降损耗，但输出电压幅值降低一半，若要获得相同的输出，势必需要中点抽头 $2U_d$ 的直流电源，因此在实际应用中，特别是容量较大的场合，全桥逆变电路用得更为普遍。

半桥电路的输出电压计算方法同全桥电路方法一致，只是把式(4-1)～式(4-3)中 U_d 换成 $U_d/2$。

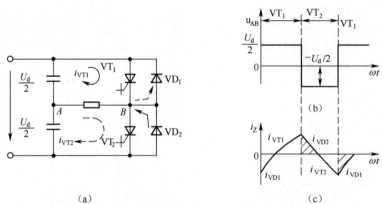

(a)

图 4-5 单相半桥 GTO 逆变电路和波形

(a)GTO 半桥逆变电路；(b)、(c)输出电压、电流波形

4.2.3 单相零式逆变电路

图 4-6(a)是最简单的一种单相零式逆变电路，直流电源 U_d 通过电力电子器件(IGBT 或

SCR 等)VT$_1$ 和 VT$_2$ 的轮流切换变成交流,并经中点抽头的单相变压器耦合,把原边的交变电输给次边的电阻负载 R。若变压器在工作中铁芯不饱和,则在 VT$_1$ 和 VT$_2$ 的轮流切换下,次边可获得如图 4-6(b)所示的交流矩形波输出电压。此图中输出电压的幅值为 U_d/K(K 为变压器的变压比),U_{VT1} 和 U_{VT2} 为 VT$_1$ 和 VT$_2$ 两端的电压波形。

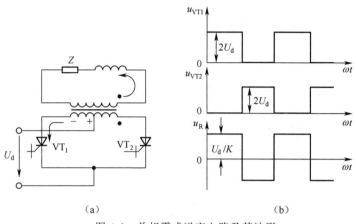

（a）　　　　　　　　（b）

图 4-6　单相零式逆变电路及其波形

(a)简化原理图;(b)波形图

　　这种单相零式逆变电路也可以构成多相零式逆变电路,图 4-7 是它的简化原理图。这里仅绘出变压器原边。次边的 m 相绕组、换流电路、反馈二极管及其续流回路均简化未绘出。

　　零式逆变器所需的电力电子器件数量较少,但必须有输出变压器,并且输出变压器的铁芯在逆变过程中不应饱和,这在逆变频率较低的情况下,会使变压器变得笨重而昂贵,因此应用较少。所以在大功率的电力传动和电力牵引领域中普遍采用的是不需要逆变变压器的三相桥式逆变器。但在一些小功率的、频率较高的负载下,例如某些测量仪表、小型单相交流负载、车用照明电源等,单相桥式和零式的逆变电路仍有较多的应用。

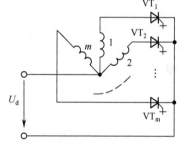

图 4-7　m 相零式逆变电路的简化原理

4.3　三相电压型逆变电路

4.3.1　三相逆变电路

1. 三相桥式逆变电路的结构

　　三相桥式逆变电路如图 4-8 所示,图中应用可关断晶闸管 GTO 作为逆变管,也可用其他全控型器件构成逆变器。这种结构每相输出有两种电平,故称为两电平逆变电路。

　　从电路结构上看,如果把三相负载 Z_A、Z_B、Z_C 看成三相整流变压器的三个绕组,那么三相桥式逆变电路犹如三相桥式可控整流电路与三相桥式二极管整流电路的反并联,其中可控电路用来实现直流到交流的逆变,不可控电路为感性负载电流提供续流回路,完成无功能量的续流或反馈,因此与 GTO 并联的 6 个二极管 VD$_1$～VD$_6$ 称为续流二极管或反馈二极管。这种三相桥式逆变电路在感应电动机的变频调速系统中得到普遍应用。此电路的性能下面逐一

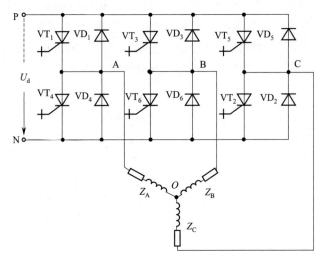

图 4-8　三相桥式逆变电路

论述。

图 4-8 所示的三相桥式逆变电路其管子的导通次序和整流电路一样,也是 VT_1、VT_2、VT_3……各管的触发信号依次互差 60°。根据各管导通时间的长短,分为 180°导通型和 120°导通型两种。对瞬时完成换流的理想情况,180°导通型的逆变电路在任意瞬间都有三只管子导通,各管导通时间为 180°。同相中上下两桥臂中的两只管子称为互补管,它们轮流导通,如 A 相中的 VT_1 和 VT_4 各导通 180°,但相位也差 180°,不会引起电源经 VT_1 和 VT_4 的贯穿短路。所以 180°型三相桥式逆变电路每隔 60°,各管的导通情况依次是 VT_1、VT_2、VT_3;VT_2、VT_3、VT_4;VT_3、VT_4、VT_5;……VT_5、VT_6、VT_1 如此反复。120°导通型逆变电路中各管导通 120°,任意瞬间只有不同相的两只管子导通,同一桥臂中的两只管子不是瞬时互补导通,而是有 60°的间隙时间。所以逆变器的各管每隔 60°,依次按 VT_1、VT_2;VT_2、VT_3;VT_3、VT_4……VT_6、VT_1 次序导通。当某相中没有逆变管导通时,该相的感性电流经该相中的二极管导通。

2. 三相桥式逆变器的基本参数

按 180°导通方式工作的三相桥式逆变电路,每隔 60°的阶段,其等值电路、相电压、线电压、图形及数值如表 4-1 所示。表中设三相负载对称。

$$Z_A = Z_B = Z_C \tag{4-4}$$

以 0°~60°阶段为例,对表 4-1 加以说明:

在 0°~60°阶段 GTO(或其他全控型电力电子器件) VT_1、VT_2、VT_3 同时导通。A 相和 B 相负载 Z_A、Z_B 都与电源的正极连接,C 相负载 Z_C 与电源的负极连接,由于三相负载对称,如取负载中心点 O 为电压的基准点,则 A 相的电压 U_{AO} 和 B 相的电压 U_{BO} 相等,均为 $\frac{1}{3}U_d$,U_d 为直流电源电压。C 相的电压为 $-\frac{2}{3}U_d$。

同理,在 60°~120°阶段,逆变管 VT_1 关断。VT_2、VT_3、VT_4 导通,Z_B 与电源正极接通,Z_A 与 Z_C 与负载接通,故 $U_{BO}=+\frac{2}{3}U_d$,$U_{AO}=U_{CO}=-\frac{1}{3}U_d$,其余类推。最后得出任何一相的相电压的波形为六阶梯波,U_{BO} 落后 U_{AO} 为 120°,U_{CO} 落后 U_{BO} 为 120°,如图 4-9(a)所示。

表 4-1　180°导通型三相逆变器各阶段的等值电路及相电压和线电压的值

阶段		0°~60°	60°~120°	120°~180°	180°~240°	240°~300°	300°~360°
导通管号		1、2、3	2、3、4	3、4、5	4、5、6	5、6、1	6、1、2
等值电路		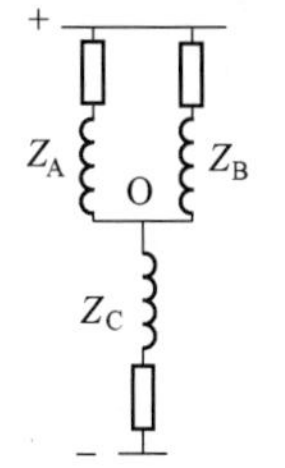 (等值电路图)	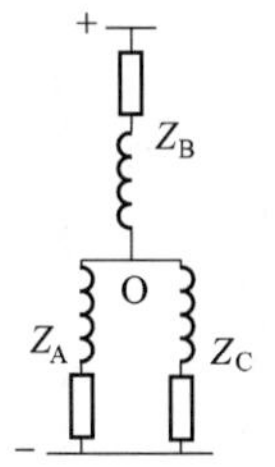 (等值电路图)	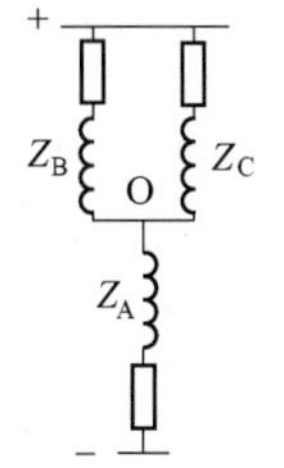 (等值电路图)	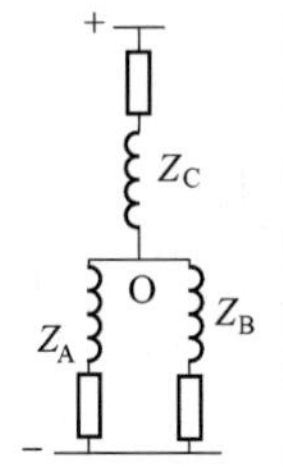 (等值电路图)	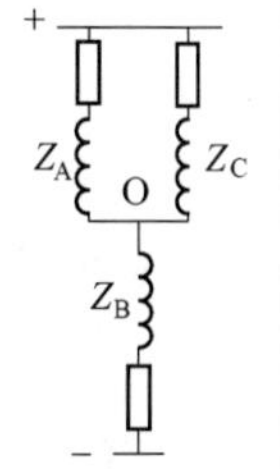 (等值电路图)	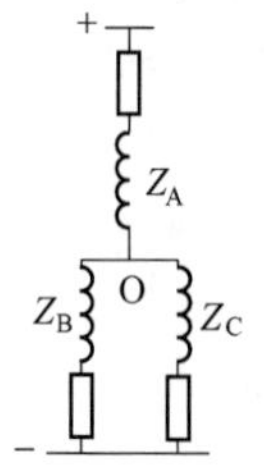 (等值电路图)
相电压	u_{AO}	$+\dfrac{1}{3}U_d$	$-\dfrac{1}{3}U_d$	$-\dfrac{2}{3}U_d$	$-\dfrac{1}{3}U_d$	$+\dfrac{1}{3}U_d$	$+\dfrac{2}{3}U_d$
	u_{BO}	$+\dfrac{1}{3}U_d$	$+\dfrac{2}{3}U_d$	$+\dfrac{1}{3}U_d$	$-\dfrac{1}{3}U_d$	$-\dfrac{2}{3}U_d$	$-\dfrac{1}{3}U_d$
	u_{CO}	$-\dfrac{2}{3}U_d$	$-\dfrac{1}{3}U_d$	$+\dfrac{1}{3}U_d$	$+\dfrac{2}{3}U_d$	$+\dfrac{1}{3}U_d$	$-\dfrac{1}{3}U_d$
线电压	u_{AB}	0	$+U_d$	$-U_d$	0	$+U_d$	$+U_d$
	u_{BC}	$+U_d$	$-U_d$	0	$-U_d$	$-U_d$	0
	u_{CA}	$-U_d$	0	$+U_d$	$+U_d$	0	$-U_d$

线电压由相电压相减得出

$U_{AB}=U_{AO}-U_{BO}$（如 0°~60°阶段其值为零）

$U_{BC}=U_{BO}-U_{CO}$（如 0°~60°阶段其值为 U_d）

$U_{CA}=U_{CO}-U_{AO}$（如 0°~60°阶段其值为 $-U_d$）

线电压波形如图 4-9(b)所示，它们是宽为 120°的矩形波，各线电压波形依次相差 120°。

初相角为零的六阶梯波（如图 4-9 中的 U_{BO}）。它的基波可用傅里叶级数求得，设以 A 相电压表示

$$U_{AO}=\frac{2}{\pi}U_d\left(\sin\omega t+\frac{1}{5}\sin5\omega t+\frac{1}{7}\sin7\omega t+\frac{1}{11}\sin11\omega t+\cdots\right) \tag{4-5}$$

其余两相依次各差 120°。相电压中无余弦项、偶次项和三的倍数次谐波。电压中最低为五次谐波，含量为基波的 20%，其次为七次谐波，含量为基波的 14.3%。

对于基波无初相角的矩形波线电压，其一般表达式为

$$U_{AB}=\frac{2\sqrt{3}}{\pi}U_d\left(\sin\omega t-\frac{1}{5}\sin5\omega t-\frac{1}{7}\sin7\omega t+\frac{1}{11}\sin11\omega t+\cdots\right) \tag{4-6}$$

线电压中的谐波分量与相电压中的谐波分量相同，只是符号不同。使波形产生差异。线电压比相电压的幅值大 $\sqrt{3}$ 倍。

根据图 4-9 可以算出六阶梯波的相电压和方波线电压的有效值，分别为

$$\left.\begin{aligned}
U_{AO}&=\sqrt{\frac{1}{2\pi}\left[4\left(\frac{U_d}{3}\right)^2\frac{\pi}{3}+2\left(\frac{2U_d}{3}\right)^2\frac{\pi}{3}\right]}\\
&=\frac{\sqrt{2}}{3}U_d=0.471U_d\\
U_{AB}&=\sqrt{\frac{4}{2\pi}\left(U_d^2\frac{\pi}{3}\right)}=\sqrt{\frac{2}{3}}U_d=0.81U_d
\end{aligned}\right\} \tag{4-7}$$

线电压与相电压有效值之间仍有$\sqrt{3}$倍的关系。

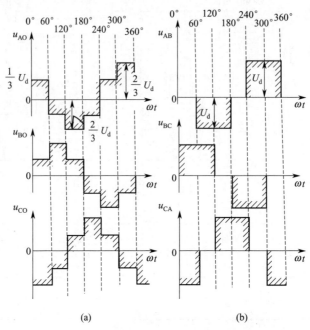

图 4-9 180°导通型三相逆变器输出波形
(a)相电压波形；(b)线电压波形

实际的电压波形较上面分析的结果略有误差,这是由于在分析中忽略了换流过程,而且也没有扣除逆变电路中的电压降落的缘故。

当三相逆变器按 120°导通方式工作时,如在 0°～60°阶段中 VT$_6$、VT$_1$ 导通,则 Z_A、Z_B 分别接电源正、负极(图 4-8),Z_C 不通电,则 $U_{AO}=\dfrac{1}{2}U_d,U_{BO}=-\dfrac{1}{2}U_d,U_{CO}=0$。在 60°～120°阶段 VT$_1$、VT$_2$ 导通,Z_A、Z_C 分别接正、负电源,Z_B 不通电,则 $U_{AO}=\dfrac{1}{2}U_d,U_{BO}=0$,$U_{CO}=-\dfrac{1}{2}U_d$,其余类推。由此获得图 4-10 所示的输出电压波形。与图 4-9 相反,这里相电压为矩形波,而线电压为六阶梯波。

由图 4-10 可见逆变器采用 120°导通方式时,由于同一桥臂中上下两管有 60°的导通间隙,对换流的安全有利,但管子的利用率较低,并且若电机采用星形接法,则始终有一相绕组断开,在换流时该相绕组中会引起较高的感应电势,应采用过电压保护措施。而 180°导通方式无论电动机星形接法或三角形接法,正常工作时不会引起过电压,因此对于电压型逆变

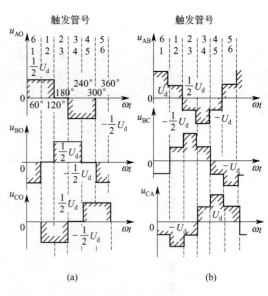

图 4-10 120°导通型三相逆变器的输出电压波形
(a)相电压波形；(b)线电压波形

器,180°导通方式应用较为普遍。

3. 感性负载下三相桥式逆变器的电流波形和无功能量的反馈

当逆变器的负载为感性时,如前所述,逆变器必须设置滞后电流的续流回路,为此设有 $VD_1 \sim VD_6$ 的反馈二极管(见图 4-8),这种情况下逆变器电流波形的定量分析较为复杂,它是基波电压和各次谐波电压除以基波阻抗和各次谐波阻抗所得出的基波电流和各次谐波电流的总和。其波形可根据电压波形的阶跃变化,由相应升降的指数曲线定性地绘出。电压和电流波形如图 4-11(a)、(b)、(c)所示。图中 i_A 为 A 相电流波形,它包括基波和各次谐波,并由逆变管和反馈二极管供给。i_A 中的 i_{VT1} 和 i_{VT4} 分别为逆变管 VT_1 和 VT_4 中流过的电流。阴影部分则为反馈二极管 VD_1 和 VD_4 中流过的电流 i_{VD1} 和 i_{VD4}。

如图 4-11 所示,在 $\omega t = 60°$ 瞬间 VT_1 关断,VT_4 触发,由于负载电路中的电感作用,i_{VT1} 虽变为零,但感性负载电流 i_A 仍继续流通,故在 $\omega t = 60°$ 后的一段时间里,A 相电压虽已随 VT_4 的触发导通而反向,但 i_A 仍按原来方向经过 Z_A、O、Z_C、已经导通的 VT_2、电源的负线及二极管 VD_4 形成环流。VD_4 的电流 i_{VD4} 的波形如图 4-11(d)所示。i_{VD1} 和 i_{VD4} 之和组成 i_A 的正向

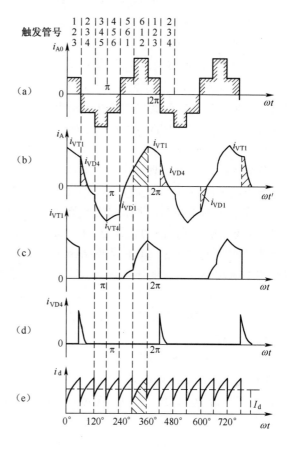

图 4-11 感性负载下三相逆变器输出
(a)A 相电压波形;(b)A 相电流波形;(c)VT_1 的电流波形;
(d)二极管 VD_4 的电流波形;(e)直流输入电流波形

电流,如图 4-11(b)所示。只有当续流电流 i_{VD4} 降为零时,A 相的负载电流才开始经 VT_4 形成反向电流。同理在 VT_4 关断后有续流电流经过 VD_1、已导通的 VT_5、负载 Z_C、O 点向 Z_A 续流,故 i_A 的反向电流由 i_{VT4} 和 i_{VD1} 组成。B 相和 C 相的电流 i_B 和 i_C 较 i_A 分别滞后 120°和 240°,各由 i_{VT3}、i_{VT6}、i_{VD3}、i_{VD6} 以及 i_{VT5}、i_{VT2}、i_{VD5}、i_{VD2} 组成。

直流输入电流波形如图 4-11(e)所示,它由直流分量 I_d 和周期为 60°的交流分量所组成。每段电流波形可由正极或负极上仅有一个管子导通时的管子电流所决定。以 300°～360°阶段为例,这时导通的管号为 VT_6、VT_1、VT_2,即电源正极上仅有 VT_1 与负载接通,故此阶段中的直流输入电流 i_d 即为该阶段中的 i_{VT1},波形如图 4-11(b)、(e)中的阴影部分所示。

如果负载电流滞后角超过 60°,电流波形如图 4-12 所示,图的上方为各晶闸管的触发情况,而图中电流曲线旁所注明的是各管的实际导通情况。现仍以图 4-8 的三相逆变电路来说明其工作过程:如以 A 相为例,在图 4-12 中 $\omega t = 60°$ 时 VT_1 关断,电压 U_{AO} 反向,即电流 i_A 的滞后角由此算起,在电流滞后 0°～60°区域内(相应的是 $\omega t = 60°～120°$),如前所述,i_A 由 VD_4

续流,续流电流沿着 Z_A、O、Z_C 和 VT_2 构成回路。在电流 i_A 滞后超过 $60°$ 但还未反向之前的区域内,由于此时 VT_2 已经关断而 i_A 尚未反向,于是 i_A 的续流回路改由 Z_A、O、Z_C、VD_5 直流电源的正极与负极,最后经 VD_4 构成反馈回路,使负载的无功能量反馈到中间环节的直流电源中去,使直流输入电流 i_d 下降。由此可见,在这种直流环节电压极性不变的电压型逆变器中,在感性负载下,反馈二极管是必不可少的。它既能提供感性负载电流的通道,避免过电压的出现,又可减小输入电流、改善逆变器的效率。

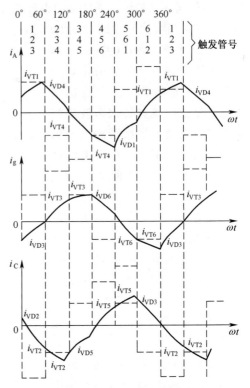

图 4-12　感性负载电流滞后角超过 $60°$时的三相逆变器输出电流波形

当负载为感应电动机时,不仅存在着对各次谐波不同的阻抗,而且还有反电动势,它对各次谐波电流的作用是不同的,结果负载电流(即逆变器输出电流)的波形较图 4-11 的电流波形有较大的差别,其主要的原因是负载电流中谐波分量所占的比例加大,波形如图 4-16(a)所示。

通过上面的论述,可见感性负载下逆变器中可能有三种电流:

(1)功率电流:它通过两个或三个逆变管,将能量从直流电源送到负载。

(2)环路电流:它在逆变器内部经过一个逆变管和一个反馈二极管,形成环流,但此环流不经过电源。

(3)反馈电流:它通过两个反馈二极管将负载的能量反馈到直流电源中去。由此可见,在设计逆变器时,考虑到功率因数很低的情况下仍能使逆变器正常工作,逆变管的触发脉冲宽度应该大于 $90°$,通常取 $120°$的宽脉冲。

4. 逆变器有功功率的反馈

逆变器在一定的条件下也能把负载的机械能量,通过作为发电机的交流电机,把电能反馈给电网。例如图 4-13(a)所示的交-直-交系统,在电动状态电能由晶闸管构成的相控整流桥供给,电流如图中实线所示。当外力(机械负载)驱动电动机运转,使转速超过电机的同步转速时,或降低逆变器的输出频率、使电机的转速超过新的同步转速时,电动机都会进入发电状态。逆变器反馈能量的途径由反馈二极管 $VD_1 \sim VD_6$ 构成的整流桥到达直流中间环节,然后通过专为再生制动设置的与整流桥反并联的晶闸管逆变桥,送回电网。反馈电流如图 4-13(a)中的虚线所示,其方向与电动机工况相反。

在电压型逆变器向电网反馈能量时,必须专门设置一个用来反馈能量的有源逆变电桥,原因是电压型逆变器的直流电压极性不变,故必须使直流电流反向才能反馈能量,因而 $\alpha > 90°$ 的反馈用的逆变桥,必须反并联,使反方向的反馈电流进入电网。与晶闸管电流型逆变器相比,这是较大的缺点,因电流型逆变器是以大电感作为储能和滤波元件,在再生制动时电流的方向仍不改变,于是能量的反馈就可利用原有的相控整流器,只要相控角 $\alpha > 90°$,就能作为有

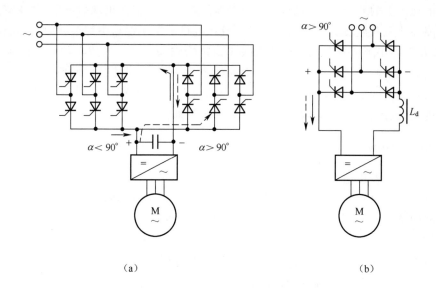

（a）　　　　　　　　　　　　　　　　（b）

图 4-13　逆变器的能量反馈及电机的再生制动图

(a)电压型逆变器的能量反馈;(b)电流型逆变器的能量反馈

源逆变器而向电网反馈能量。

如果使用 PWM 整流器构成的背靠背交流传动系统,向电网反馈能量时,无需设置反馈能量的有源逆变电桥。通过控制 PWM 整流器便可实现能量的双向流动,这种系统在电力牵引系统应用时由于牵引网是单相交流,故采用单相 PWM 整流,详细应用在 9.2 节中介绍。

5. 逆变器-电动机系统的电压矢量

在电气传动和电力牵引领域中用逆变器向交流电动机供给变压变频(Variable Voltage Variable Frequency-VVVF)电源,是当前应用的主流。常采用 180°导电型,功率器件有 8 种开关状态如表 4-2 所示,把上桥臂器件导通用 P 表示,下桥臂器件导通用 O 表示,共产生 8 种组合。其中,组合 PPP 和 OOO 产生的矢量为零矢量,其他 6 种为非零矢量。将上述 6 个非零矢量加到三相电动机的定子绕组上,于是在三相电机绕组中产生三相电压,并合成一个空间电压矢

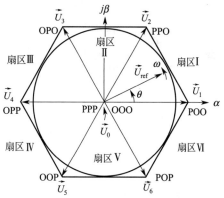

图 4-14　逆变器-感应电动机系统的电压矢量

量,即与逆变器的每一种开关状态相对应。逆变的开关状态切换一次,合成的电压矢量在电机绕组中跳跃式地转动 60°的空间。一个周期中开关切换 6 次,电压矢量就跳跃式地旋转一周。6 个电压矢量的位置是对称的,其幅值相等,都由 U_d 的大小决定,如图 4-14 所示。

表 4-2　180°导电型逆变器功率器件开关状态

矢量	开　关　状　态			矢量代码	矢量	开　关　状　态			矢量代码
U_1	VT_6	VT_1	VT_2	POO	U_5	VT_4	VT_5	VT_6	OOP
U_2		VT_1 VT_2	VT_3	PPO	U_6		VT_5 VT_6	VT_1	POP
U_3		VT_2 VT_3	VT_4	OPO	U_0	VT_1	VT_3	VT_5	PPP
U_4		VT_3 VT_4	VT_5	OPP	U_0	VT_2	VT_4	VT_6	OOO

加在电动机上的 6 个电压矢量,随着逆变器触发脉冲的依次出现而出现,并在空间上即电动机的气隙中跳跃式旋转。由于每个电压矢量在电机的定子绕组中都会感应出相应的磁通和磁链,所以在气隙中形成一个六边形的跳跃式旋转的磁场。这种六边形的旋转磁场与正弦电压下电动机的圆形旋转磁场一样,在电磁力的作用下,使电动机旋转。但是由于六阶梯波逆变器只能提供六边的旋转磁场,在低频下,电动机的力矩不均衡,会出现电动机转轴的轻微颤动或步进现象,因此要求逆变器输出的波形力求正弦形。

4.3.2 IGBT 变频器设计

1. IGBT 变频器主电路设计

三相桥式逆变电路在实际中广泛应用,图 4-15 为 IGBT 变频器实用电路,图中附带给出了直流中间回路的过电压泄放电路及图右侧的缓冲电路。

图 4-15 中,变频器的直流电源由电网通过三相二极管整流桥供给,其电压值恒定。SCR 和限流电阻 R_1 构成预充电保护电路。SCR 在开机时处在不触发状态,通过 R_1 用来限制支撑电容 C_d 的充电电流。逆变器起动后 SCR 始终导通,R_1 短路。

图 4-15 中,R_2 和 VT_7 构成制动臂,用于在制动时防止制动能量回馈在 C_d 上产生过高的泵升电压。虚框为并联于主电路的缓冲电路,由 R_s、VD_s、C 构成,用于吸收过电压。其中 C 选用无感电容,二极管 VD_s 选用快恢复二极管。缓冲电路形式很多,将在 8.7 节中阐述。

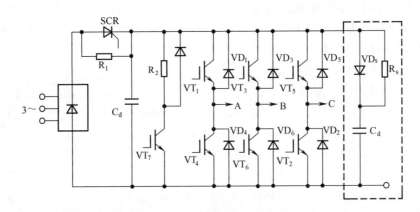

图 4-15 IGBT 变频器实用电路图

图 4-15 中 $VT_1 \sim VT_6$ 为 6 只 IGBT,构成电压型三相桥式逆变器,向感应电动机供给三相变频电源,如图中 A、B、C 所示。当逆变器按 $180°$ 导通的阶梯波输出工作时,各 IGBT 依次每隔 $60°$ 换流一次,每管导通次序为 VT_1、VT_2、VT_3;VT_2、VT_3、VT_4……相电压和线电压波形如图4-9所示。感应电动机的滞后电流仍由反馈二极管 $VD_1 \sim VD_6$ 续流,IGBT 中的电流和反馈二极管中的电流如图 4-11(c)、(d)所示,其直流输入环节的电流波形也与图 4-11(e)所示的 i_d 波形相同。由于感应电动机负载不仅具有电感,而且又具有对各次谐波电流作用不同的反电动势,所以实际电流与图 4-11 所示的波形略有不同,特别是在感应电动机空载或轻载下,电机的磁化电流占有相当大的比例时,电流的畸变较大,如图 4-16(a)所示。

由图 4-15 和图 4-16(a)可见,逆变器 A 相输出电流,即进入电机 A 相的电流$+i_A$,由 VT_1 和 VD_4 轮流供给,$+i_A = i_{VT1} + i_{VD4}$;其中逆变器以 A 相输出电压 U_A 为正时,VT_1 导通;U_A 为负时,VD_4 导通。逆变器 A 相的负方向电流$-i_A$,经过 VT_4 和 VD_1 流出,即$-i_A = i_{VT4} + i_{VD1}$。

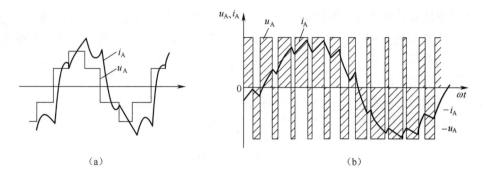

图 4-16　逆变器-交流电动机系统的电压、电流波形

(a)六阶梯波时的电压、电流；(b)PWM 时的电压、电流波形

各管的工作情况与输出电压、电流的波形与图 4-11(b)相同,只是实际波形与图 4-11(b)波形相比,略有一些畸变。

这种电压型逆变器,在向电动机供电时,常用在第 6 章将要论述的正弦脉宽调制(SPWM)技术,对电机提供变压变频的电源。在 SPWM 控制时,A 相中的 VT$_1$ 和 VT$_4$ 按一定规律轮流切换,使输出为一系列不等宽正、负电压脉冲,如图 4-16(b)所示为 A 相电压波形。当 A 相电流 i_A 为正时,$i_A = i_{VT1} + i_{VD4}$,其中 VT$_1$ 导通时,$i_A = i_{VT1}$,正电压加于 A 相,i_A 上升;VT$_1$ 关断时,VD$_4$ 续流,A 相接负线,i_A 下降。同理,i_A 为负时,$-i_A = i_{VT4} + i_{VD1}$。其波形近似正弦。

2. IGBT 容量的选择

在设计或者选用 IGBT 逆变器时,必须正确选择或校对所采用的 IGBT 容量。从原理上说必须考虑到在最大负载下和在可能出现的过电压、过电流下,器件仍能可靠地工作,它既不超出 IGBT 的正向安全工作区,又不超出反向安全工作区。这种安全工作区量由 IGBT 的生产工厂提供的。在实际应用时,还可按生产商所提供的计算公式选用器件。下面是一种常用的 IGBT 容量选择方法,同样对 GTO 逆变器中 GTO 容量的选择有参考价值。

(1)电压定额的设计

功率器件的电压定额由逆变器(指交-直-交逆变器)的交流输入电源电压决定,因为它决定了中间直流环节最可能出现的最大直流电压的峰值 U_{dmax} 故有

器件额定电压＝输入的 AC 电源电压×$\sqrt{2}$＋再生电压增加值＋浪涌电压

式中"输入的 AC(交流)电源电压×$\sqrt{2}$",是直流中间环节在正常情况下空载时所能达到的最大峰值电压,而不是中间环节的直流平均电压。再生电压增加值是指直流中间环节在有反馈电流时,由于储能电容 C$_d$ 的过充电而引起的电压升高部分。浪涌电压情况比较复杂,它可能由瞬时出现的 IGBT 开关过程中的 $L\,di/dt$ 引起的,也可能是电网的瞬时波动。

上述器件额定电压的计算式与下列计算式是接近的,即

$$U_{CE} = \sqrt{2} U_s K_1 K_2 K_3 \tag{4-8}$$

式中　$\sqrt{2}U_s$——交流电源的峰值电压;

　　　K_1——电网电压波动系数,$K_1 \approx 1.15$;

　　　K_2——直流中间回路有反馈时的泵升电压 $K_2 \approx 1.2$;

K_3——必要的电压安全系数,$K_3 \approx 1.3 \sim 1.5$。

由上述方法设计的 IGBT 电压定额,在用 220V 单相交流电源供电时,U_{CE} 可取 600 V;在用 380 V 三相交流电源时,U_{CE} 可取 1 000 V。简单说 IGBT 的电压定额大约是逆变器交流电源峰值电压的两倍。

(2)电流定额的设计

功率器件的电流定额是由 IGBT 逆变器的容量计算出最大电流值来确定的。现以负载是电动机为例,计算其电流定额。设电动机的轴功率(输出功率)为 P_M,则电流定额为

$$I_C = \frac{10^3 P_M}{\cos\varphi \sqrt{3} U} = \sqrt{2} K_4 K_5 \tag{4-9}$$

式中 $\cos\varphi$——电动机的功率因数;

   U——交流电源相电压有效值;

   K_4——逆变器的过载倍数或过载能力,即电流的安全系数,取 $K_4 = 2$;

   K_5——考虑电网电压等因素引起的电流脉动率,取 $K_5 = 1.2$。

上式计算式的分子是根据电动机输出的轴功率,折算出逆变器所需的容量,除以分母得出逆变器相电流的有效值,再折算成峰值,然后由相电流峰值乘必要的系数 K_4 和 K_5,得到 IGBT 的电流定额。

例如用于 220 V 交流电源上的逆变器,向 3.7 kW 电动机供电时,逆变器的 IGBT 模块电流定额为

$$I_C = \frac{3.7 \times 10^3}{0.75 \times \sqrt{3} \times 220} \cdot \sqrt{2} \cdot 2 \cdot 1.2 = 44 \text{ (A)} \tag{4-10}$$

设 $\cos\varphi = 0.75$,故应选用 600 V、50 A 的 IGBT 模块。

IGBT 模块中包含了反并联的快速二极管,因此不必再外接续流二极管。

4.4 多电平电压型逆变电路

4.4.1 三电平逆变器的介绍

前面讨论的三相逆变器都为两电平逆变器(Two-Level Inverter),其简化拓扑结构如图 4-17(a)所示,逆变器每相交流输出侧的相电压只有两种电平,$\pm U_d/2$。而多电平逆变器每相交流输出侧的相电压有多个取值电平,为低压器件构成高压大容量装置开辟了方向。三电平逆变器(Three-Level Inverter)在多电平逆变器(Muti-Level Inveter)中,是最简单却最有实用价值的,其简化拓扑结构如图 4-17(b)所示,当 A 相开关处于三种不同位置时,相对电源中点 O 的输出电平为 $U_d/2$、0、$-U_d/2$,因此称三电平逆变器。

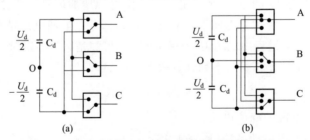

图 4-17 两电平逆变器和三电平逆变电路对比示意图
(a)两电平逆变器;(b)三电平逆变器

多电平(设为 N 电平)逆变器与传统的两电平逆变器相比,在相同条件下具有以下优点:

1)可产生 $2N-1$ 层阶梯型输出电压,保证有更为接近正弦的波形,谐波含量减小。

2)开关器件每次开关时电压变化率 du/dt 小,为两电平逆变器的 $1/(N-1)$,器件的开关应力减小;电流变化率 di/dt 也相应减小,电机的转矩脉动和电磁噪声降低,电磁干扰(EMI)问题大大减轻。

3)效率高,在同样谐波含量时,多电平逆变器开关频率大大降低,开关损耗明显减少。

4)适用于高压、大功率应用场合。

目前多电平逆变器的电路拓扑结构主要分两大类:输出电压级联式和电平箝位式。输出电压级联式结构包括多重逆变器结构在内,通过叠加低压逆变器的输出而得到高压输出。这类结构的优点是:输入侧功率因数高,输出侧各个单元相对独立,可实现模块化,易于扩展。缺点是增加了输入或输出耦合变压器,系统体积、重量和造价都很高。电压箝位式结构的原理是通过箝位串联使用低压器件而直接输出高压,主要有二极管箝位式和电容悬浮式。二极管箝位的多电平逆变器是研究最为广泛的一种,在交流传动、有源滤波和无功调节等领域都得到广泛应用,我国和谐号高速动车组 CRH₂ 的牵引逆变器就采用这种三电平逆变器。

三电平逆变器主电路拓扑结构是德国学者 Holtz 于 1977 年首次提出,德文为 Dreipunktshaltung,直译成中文为三点式电路,其主电路采用常规的两电平电路结构,在每相桥臂中点与直流侧电源中点用一对反并联的功率器件辅助中点箝位,从而逆变器的每相交流输出电压有三种电平,其一相主电路原理如图 4-18(a)所示。1980 年日本学者 Nabae 提出,中点采用二极管箝位而两个功率主管串联的方案,即中点箝位式三电平逆变器(Neutral Point Clamped Three-Level Inverter),其一相主电路的原理如图 4-18(b)所示。这种结构中,主管器件在关断时仅承受直流侧电压的一半,适用于在高压大功率领域的应用。

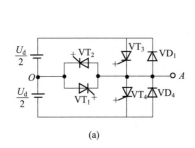 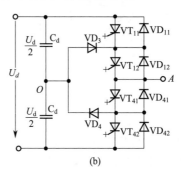

图 4-18 三电平逆变器的 A 相电路
(a)Holtz 电路;(b)Nabae 电路

4.4.2 相电压输出波形

二极管箝位式 IGBT 三电平逆变器 A 相主电路图如图 4-19 所示,在 A 相桥臂中,4 个器件 $VT_{11} \sim VT_{42}$ 有三种不同的通断组合,对应着不同的工作状态,如表 4-3 所示。

表 4-3 逆变器的开关状态和输出电压

工作状态	VT_{11}	VT_{12}	VT_{41}	VT_{42}	输出电压 U_{AO}
1	导通	导通	关断	关断	$U_d/2$
2	关断	导通	导通	关断	0
3	关断	关断	导通	导通	$-U_d/2$

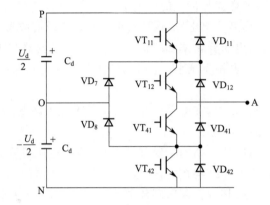

图 4-19　IGBT 三电平逆变器 A 相主电路图

　　三电平逆变器和两电平逆变器一样,可以按方波(阶梯形波)方式工作,也可以按 PWM 方式工作。若按方波方式工作时,相电压波形如图 4-20(a)所示,电压有 $U_d/2$,0,$-U_d/2$ 三种。这里的起始角 α 即为 A 相中 VT_{11}、VT_{12} 的控制角,改变 α 的大小,可以控制方波的宽度,从而改变三相电动机的相电压。若按脉宽调制方式工作,可以得到不同数量和不同宽度的一系列正、负脉冲,脉冲幅值为 $\pm U_d/2$,如图 4-20(b)所示。在 4-20(a)、(b)中相电压的参考点均为电源中点 O。

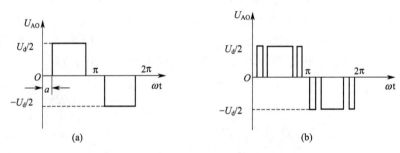

图 4-20　三电平逆变电路的两种输出电压波形
(a)方波输出($\alpha\neq0$);(b)PWM方式输出

　　改变图 4-20(a)中的控制角 α 可以改变逆变器输出相电压(如 U_{AO})的波形,因此也可改变三相负载上的相电压波形。如果在图 4-17(b)的右端接入电动机负载,三相绕组中点是相电压参考点 O′点。若 $\alpha=0°$,逆变器的相电压 U_{AO} 是幅值为 $\pm U_d/2$ 的方波,这就和普通二电平逆变器那样没有电压为零阶段,负载电动机的相电压必然和普通二电平逆变器供电的情况相同,是六阶梯波,如图 4-9 所示。各阶段的电压值也相同。但当 $\alpha\neq0°$ 时,三电平逆变器输出的相电压中出现电压为零的阶段。因此以 O′为参考点的负载上,相电压的波也随着改变。在图 4-21 中画出 α 为 0°、15°、30°、45°、60°等情况下的负载相电压 $U_{AO'}$ 的波形,由图可见,当 α 加大时,$U_{AO'}$ 的有效值下降。当 $\alpha=15°$ 时 $U_{AO'}$ 的波形最接近正弦,它由 12 个阶梯组成。

　　由于逆变器输出的相电压 U_{AO} 基准点为电源的中点 O,而负载电动机相电压 $U_{AO'}$ 的基准点为三相绕组中心点 O′,因此从 U_{AO}、U_{BO}、U_{CO} 归算到 $U_{AO'}$、$U_{BO'}$、$U_{CO'}$ 时还需要进行等效电路的运算,其方法与表 4-1 所示相同。现以波形最好的 $\alpha=15°$ 时波形为例说明计算方法:

　　在 $0°\leqslant\omega t\leqslant15°$ 阶段,$U_{AO}=0$、$U_{BO}=-U_d/2$、$U_{CO}=U_d/2$,电动机的三相绕组等效电路如图 4-22 所示。A、B、C 三点间电压为:$U_{AB}=U_d/2$,$U_{BC}=-U_d$,$U_{CA}=U_d/2$。

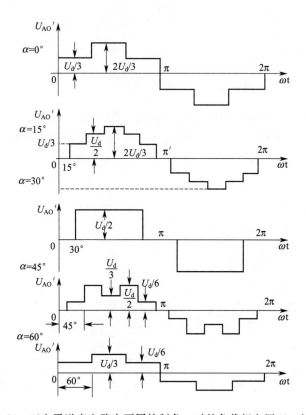

图 4-21 三电平逆变电路在不同控制角 α 时的负载相电压 $U_{AO'}$ 波形

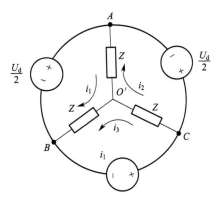

图 4-22 在 $\alpha=15$ 时 $0°\leqslant\omega t\leqslant15°$ 阶段的负载等效电路

所以有下列关系式

$$\left.\begin{array}{l}U_d/2=(i_1-i_2)Z+(i_1+i_3)Z\\U_d/2=(i_3+i_2)Z+(i_2-i_1)Z\\U_d=(i_2+i_3)Z+(i_1+i_3)Z\end{array}\right\} \tag{4-11}$$

解得 $i_1=i_2$，故 $U_{AO'}=(i_1-i_2)Z=0$ 同理对不同的 ωt 各阶段，列出逆变器各相电压值，画出等效电路，可解出不同阶段的 $U_{AO'}$ 波形。$U_{BO'}$、$U_{CO'}$ 则各后移 120°。

在 $\alpha=15°$ 时 $U_{AO'}$ 中的谐波分量总的有效值与基波分量有效值之比为

$$\lambda = \frac{\sqrt{\sum U_n^2}}{U_1} \approx 0.16 \qquad (4\text{-}12)$$

式中 n——谐波次数,$n = 6K \pm 1(K = 1、2,\cdots)$。

4.4.3 二极管箝位型三电平逆变器及其工作原理

二极管箝位型三电平逆变器主电路结构如图 4-23 所示。逆变器每一相需要 4 个 IGBT 开关管、4 个续流二极管、两个箝位二极管;整个三相逆变器直流侧由两个电容 C_1、C_2 串联起来来支撑并均衡直流侧电压,$C_1 = C_2$。通过一定的开关逻辑控制,交流侧产生三种电平的相电压,在输出端合成正弦波。

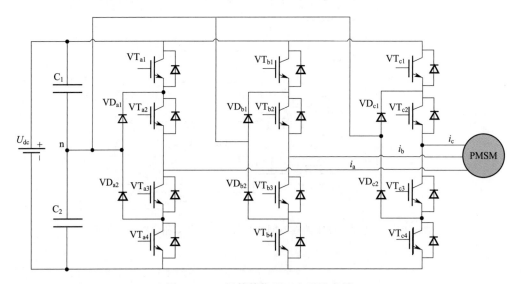

图 4-23 二极管箝位型三电平逆变器

以输出电压 A 相为例:

当 VT_{a1}、VT_{a2} 导通,VT_{a3}、VT_{a4} 关断时,若负载电流为正方向,则电源对电容 C_1 充电,电流从正极点流过主开关 VT_{a1}、VT_{a2},该相输出端电位等同于正极点电位,输出电压 $U = +U_{dc}/2$;若负载电流为负方向,则电流流过与主开关管 VT_{a1}、VT_{a2} 反并联的续流二极管对电容 C_1 充电,电流注入正极点,该相输出端电位仍然等同于正极点电位,输出电压 $U = +U_{dc}/2$。通常标识为所谓的"1"状态,如图 4-24(a)所示。

当 VT_{a2}、VT_{a3} 导通,VT_{a1}、VT_{a4} 关断时,若负载电流为正方向,则电源对电容 C_1 充电,电流从 O 点顺序流过箝位二极管 VD_{a1},主开关管 VT_{a2},该相输出端电位等同与 O 点电位,输出电压 $U = 0$;若负载电流为负方向,则电流顺序流过主开关管 VT_{a3} 和箝位二极管 VD_{a2},电流注入 O 点,该相输出端电位等同于 O 点电位,输出电压 $U = 0$,电源对电容 C_2 充电。即通常标识的"0"状态,如 4-24(b)所示。

当 VT_{a3}、VT_{a4} 导通,VT_{a1}、VT_{a2} 关断时,若负载电流为正方向,则电流从负极点流过与主开关 VT_{a3}、VT_{a4} 反并联的续流二极管对电容 C_2 进行充电,该相输出端电位等同于负极点电位,输出电压 $U = -U_{dc}/2$;若负载电流为负方向,则电源对电容 C_2 充电,电流流过主开关管 VT_{a3}、VT_{a4} 注入负极点,该相输出端电位仍然等同于负极点电位,输出电压 $U = -U_{dc}/2$。通常标识为"-1"状态,如图 4-24(c)所示。

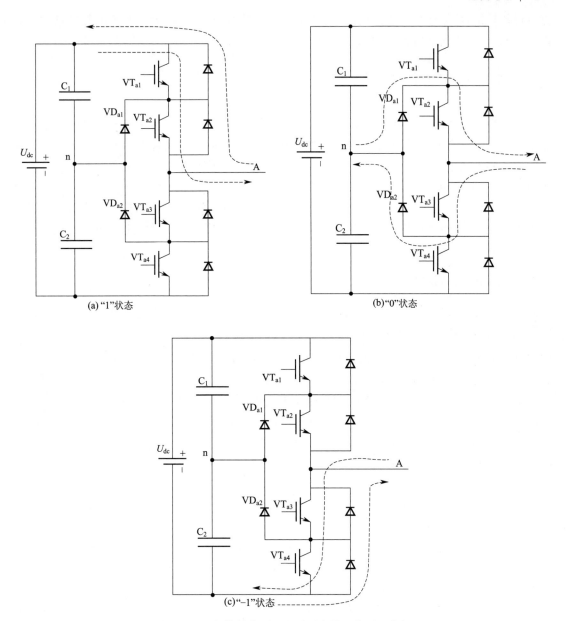

图 4-24　二极管箝位型三电平逆变器工作原理分析

相邻状态之间转换时有一定的时间间隔,称之为死区时间(Dead Time),即从"1"到"0"的过程是:先关断 VT_{a1},当一段死区时间后 VT_{a1} 截止,然后再开通 VT_{a3};从"0"到"−1"的过程是:先关断 VT_{a2},当一段死区时间后 VT_{a2} 截止,再开通 VT_{a4}。"−1"到"0"以及"0"到"1"的转换与上述类似。

如果在 VT_{a1},没有完全被关断时就开通 VT_{a3},则 VT_{a1}、VT_{a2}、VT_{a3} 串联直通,从而直流母线高压直接加在 VT_{a4} 上,导致 VT_{a4} 毁坏。所以在开关器件的触发控制上,一定的死区时间间隔是必要的。

同时需要注意的是,这三种状态间的转换只能在"1"与"0"以及"0"与"−1"之间进行。决不允许在"1"与"−1"之间直接转换,否则在死区时间里,一相 4 个开关容易同时连通,从而将直流母线短接，后果十分严重。同时，这样操作也会增加开关次数，导致开关损耗的增加。所以，"1"和"−1"之间的转换必须以"0"为过渡。

4.5 电流型逆变电路

电流型逆变器的特征是直流中间环节用电感作为储能元件，这种逆变器能量的再生运行非常方便。由于有大电感抑流，短路的危险性也比电压型逆变器小得多。电路对开关器件关断时间的要求比电压型逆变器的要求低，电路相对电压型也较简单，造价略低。因此在大容量的逆变器中，电流型逆变器仍占有一定地位。但电流型逆变器在换流过程中，感性负载电流会引起换流电容电压的较大升高，要求开关器件耐压也相应加强。此外，逆变器的参数与电动机的参数（主要是绕组的电感）关系较大，两者往往需要联系起来选配。上述这些缺点又限制了它的广泛应用。

4.5.1 单相电流型逆变器

单相桥式电流型逆变器的结构如图 4-25 所示，是一种典型的并联谐振式逆变器（Parallel-Resonant Inverter），常用在感应加热中。其中 LC 电路中的电阻都应满足 $R < 2\sqrt{L/C}$ 的谐振条件。图中 L 为感应加热线圈，负载回路由感应线圈 L 和补偿电容器 C 并联组成。补偿电容器不仅用来补偿负载 L 的感性无功功率，而且使负载过补偿，结果负载电流 i_L 超前负载电压 U_L 一个超前角 φ，如图 4-26(b)、(c)所示。当应退出工作的晶闸管电流已下降到零时，负载电压仍未反向，从而使该晶闸管承受一定时间的反向电压而可靠地关断。图 4-25 中 4 个独立的电感线圈 L_C，用来扼制换流时过大的 di/dt，以改善晶闸管的工作。

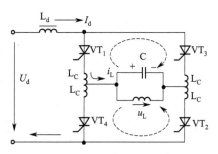

图 4-25 并联谐振式（单相桥式电流型）逆变电路

逆变器的换流过程如下：在 VT₁、VT₂ 导通时 C 已充好电，其极性为左正右负，如图 4-25 所示。触发 VT₃、VT₄ 开始了由 VT₁、VT₂ 到 VT₃、VT₄ 的换流过程。由于 VT₁～VT₄ 在换流之初都已导通，这时 LC 振荡电路经 VT₁ 和 VT₃ 以及 VT₄ 和 VT₂ 两条支路放电，如图 4-25 中虚线所示，使 VT₁ 和 VT₂ 中的电流随着振荡放电电流的增长而衰减。由于此逆变器为电流型，L_d 值相当大，理想情况下可认为中间直流回路电流 I_d 已滤平，故换流过程中晶闸管电流 i_{VT1} 和 i_{VT3} 之和，其值恒定（为 I_d）。随着 i_{VT3} 和 i_{VT4} 的增长，i_{VT1} 和 i_{VT2} 随之下降，形成换流的重叠角 γ。晶闸管电流波形如图 4-26(a)所示，负载电流 i_L 的波形如图 4-26(b)所示，负载电压 $U_L = U_C$ 的波形如图 4-26(c)所示。这里设负载电流中的谐波电流已为补偿电容 C 滤去，线圈 L 中仅流过基波正弦电流，故 L 两端的负载电压 U_L 如图 4-26(c)所示的正弦波，其极性也是左正右负，使 VT₁、VT₂ 承受反电压。图 4-26 中 t_0 是换流晶闸管的电流从降到零开始，到负载电压过零为止的时间间隔，即为晶闸管承受反向电压的时间，由图 4-26 可见

$$t_0 = \frac{1}{\omega}\left(\varphi - \frac{\gamma}{2}\right) \tag{4-13}$$

设计时可取 $t_0 \geqslant 2t_q$。如在求得 γ 后，可由 ωt_0 和 γ 得出必需的超前角 φ_0。

图 4-26(d)是晶闸管 VT₁ 和 VT₂ 的电压波形，导通阶段电压为零（忽略管压降），关断时

在 ωt_0 电角内承受反向电压,然后随着 U_L 的反向,VT$_1$ 和 VT$_2$ 承受正向电压。

单相电流型逆变器设计中最主要的参数是补偿电容值的确定,下面说明确定 C 值的方法是先要求得 γ,再求 φ 值。

由于负载电压 U_L 为正弦波电压,电路中又有扼流电感 L_e,故此逆变器在换流时可以看成单相桥式相控整流器,其中负载电压 U_L 相当于整流器的变压器电势,L_e 相当于变压器的漏感,逆变时对晶闸管的反压角 ωt_0 相当于相控整流器的控制角 α。逆变器换流过程中 VT$_1$～VT$_4$ 同时导通,形成短路并产生换流的短路电流,在电势 U_L 的作用下实现换流。故逆变器换流角相当于相控整流器的重叠角,换流器 i_{VT1}～i_{VT4} 的变化规律也和相控整流时一样,都是正弦波形的一部分。因此不难求出换流电流和换流角 γ 的表达式

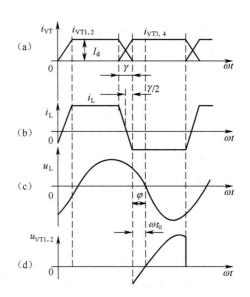

图 4-26 并联谐振式逆变电路的波形
(a)晶闸管电流;(b)负载电流;
(c)负载电压;(d)晶闸管电压

$$\gamma = \cos^{-1}\left(\cos\omega t_0 - \frac{2\omega L_e I_d}{U_{Lm}}\right) - \omega t_0 \qquad (4\text{-}14)$$

式中 U_{Lm}——负载电压的峰值,$U_{Lm} = \sqrt{2}U_L$;

ωt_0——反电压角。

因此求出逆变电路的换流角 γ(即重叠角),并由必需的反电压时间 t_0 和 γ 求出电流越前角 φ,从而选择补偿电容。

随着全控型电力电子器件的普遍应用,近年来应用 IGBT 等全控器件的电流型逆变器已投入市场,这种逆变器的主要优点是利用谐振电路在电流和电压过零时,使逆变电路换流,即实现零电压、零电流的开关过程,又称为软开关技术,详细内容见第 7 章。这样电力电子器件的开关损耗就可降到最小,对提高这种中、高频电源装置的效率,减小其体积及成本都是有利的。图 4-27(a)是实用的 IGBT 电流型逆变器主电路图。

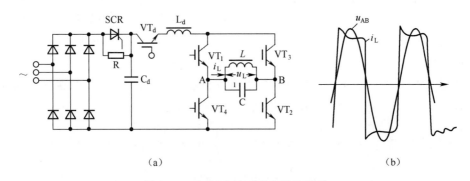

(a) (b)

图 4-27 IGBT 电流型逆变器及波形
(a)电路图;(b)负载电压 U_L 及负载电流 i_L 波形

图 4-27 中 $VT_1 \sim VT_4$ 是 4 只 IGBT，L 为感应加热线圈，C 用于构成并联谐振电路，使 LC 等效负载为一只电阻，因此负载电压与负载电流的基波同相位，在电压、电流过零瞬间，IGBT 逆变桥换流，如由 $IGBT_1(VT_1)$ 和 $IGBT_2(VT_2)$ 切换到 $IGBT_3(VT_3)$ 和 $IGBT_4(VT_4)$。

逆变器的直流可控电源由三相二极管整流桥供给，电压的调节由直流斩波管 VT_d 完成，这比用三相可控整流桥调压的功率因数高，谐波分量少。

此电流型逆变器的负载电压 U_L 及负载电流 i_L 的波形如图 4-27(b)所示。由图可见电流的基波与电压是同相位的，在逆变器换流时实现了零电流和零电压的开与关。同时还看出负载电流中含有少量谐波，这主要由电流型逆变器所固有的方波电流引起的。当逆变器的输出频率等于 LC 振荡电路的频率，且此频率不变时，通过对直流环节斩波管 VT_d 斩波比的控制，可以调节直流电压，从而调节逆变器的输出功率。

4.5.2　三相电流型逆变器

1. GTO 三相电流型逆变器

电流型逆变器用全控型电力电子器件构成时，电路简单，其主体部分仍为桥式电路，如图 4-28 所示，图中 L_d 为中间储能环节。现以图 4-28 所示的 GTO 电流型逆变器为例，说明其工作原理和基本特性。图 4-28 中三相可控桥是逆变电路直流环节的电源整流器。

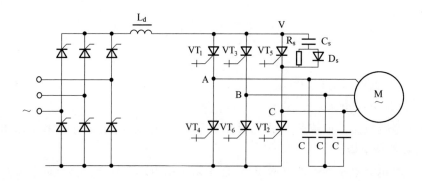

图 4-28　GTO 电流型逆变电路

电流型逆变器在一个周波中各管的导通次序是 VT_1、VT_2；VT_2、VT_3；VT_3、VT_4；VT_4、VT_5；VT_5、VT_6；VT_6、VT_1。每隔 60°换流一次，每管导通 120°。由于每瞬间只有两管同时导通，因此三相输出中只有两相有电流。在理想的瞬时完成换流情况，逆变器的三相电流波形如图 4-29(a)所示。若负载电动机为三角形接法，则每相电机绕组始终可获得电流，这时电机相电流即逆变器线电流为六阶梯波，如图 4-29(b)所示。这里的电流波形犹如电压型逆变器中的电压波形。

用傅里叶级数表达时，电流型逆变器的矩形波相电流 i_A 及六阶梯波的逆变器线电流 i_{AB} 的表达式如下，它们与电压型逆变器的相应公式差别仅在于 I_d 与 U_d。

$$i_A = \frac{2\sqrt{3}}{\pi} I_d \left(\sin\omega_s t - \frac{1}{5}\sin5\omega_s t - \frac{1}{7}\sin7\omega_s t + \frac{1}{11}\sin11\omega_s t + \cdots \right) \tag{4-15}$$

$$i_{AB} = \frac{2}{\pi} I_d \left(\sin\omega_s t + \frac{1}{5}\sin5\omega_s t + \frac{1}{7}\sin7\omega_s t + \frac{1}{11}\sin11\omega_s t + \cdots \right) \tag{4-16}$$

式中　ω_s——逆变器的输出角频率，即加于电动机定子上的电流角频率。

由式(4-15)与式(4-16)可见,无论基波还是各次谐波两者仍有$\sqrt{3}$的关系,因为对电机来说i_A与i_{AB}仍有相电流与线电流的内在关系。

理想情况下在逆变器的相电流i_A中,基波电流的幅值$I_{Am(1)}$为

$$I_{Am(1)}=\frac{2\sqrt{3}}{\pi}I_d=1.1I_d \tag{4-17}$$

基波电流有效值为

$$I_{A(1)}=\frac{\sqrt{6}}{\pi}I_d=0.78I_d \tag{4-18}$$

相电流i_A的有效值为

$$I_A=\sqrt{\frac{1}{2\pi}I_d^2\cdot\frac{4\pi}{3}}=0.816I_d \tag{4-19}$$

i_A与$i_{A(1)}$之差即为各次谐波电流在理想情况下的有效值。

电流型逆变器的输出波既可以是如上所述的方波,也可是类似电压型逆变器的脉宽调制波,这时方波电流被调制成宽度不等的脉冲波,使输出电流更接近正弦波,从而减少了谐波分量。波形如图 4-29(c)所示。

图 4-29(c)画出了逆变器 A 相的输出电流 PWM 波形,波形中间为 60°宽的方波,两侧各 60°区域为逐步变窄的脉冲波。其中后面 60°区域的电流脉冲是与 B 相轮流导通形成的,即 A 相电流脉冲的缺口就是 B 相的电流脉冲。前面 60°区域的电流脉冲是与 C 相轮流导通形成的。所以中间 60°是 VT$_1$、VT$_2$ 导通。前面 60°是 VT$_1$、VT$_2$ 与 VT$_2$、VT$_5$ 轮流导通,后 60°则是 VT$_1$、VT$_2$ 与 VT$_2$、VT$_3$ 的轮流导通。

图 4-28 中没有明显的续流回路,但设有电容构成的吸收电路,跨接在电动机的三相端子上。当导通的 GTO 关断时,例如当 GTO$_1$ 即图 4-28 中的 VT$_1$ 关断时,感性负载所形成的续流能量经原先导通得 A、C 相绕组(即 VT$_1$、VT$_2$ 导通时得通路)。由电容器 C_A 和 C_C 吸收。这里 $C_A=C_B=C_C$,中等容量的逆变器中约为 3~6 μF,约为 SCR 电流型逆变器换流电容器电容量的 1/10。采用较大的吸收电容量对吸收过电压有利。

每只 GTO 都有缓冲吸收电路。图 4-28 中只画出一个 GTO(T$_s$)上的缓冲吸收电路。

2. SCR 三相电流型逆变器

晶闸管构成的电流型逆变器品种不少,以串联二极管式电路应用最多,电路如图 4-30 所示。6 只晶闸管 VT$_1$~VT$_6$ 构成逆变器的主体部分,6 只电容器 C$_1$~C$_6$ 用来实现晶闸管的强迫换流,

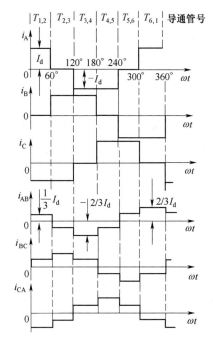

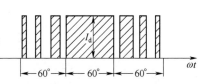

图 4-29 电流型逆变电路的电流波形图

还有 6 只二极管串在桥臂上,其作用是
防止换流电容器上已充足的电压释放掉。
逆变器的工作原理与全控型器件的逆变
器相同,根本区别仅在于它的换流电路及
由此产生的一些电气参数的变化。

下面阐明图 4-30 电路的换流过程:

在 VT_1 和 VT_2 导通时,电容 C_1 和
其他换流电容都已预先充有电压,C_1 的
极性为左正右负。设图 4-30 所示的电容
电压为正极性,则电容电压 u_{C1} 预充电的
初始值为 $-U_{CO}$,极性左正右负;使 C_3 和
C_5 的预充电压分别为 $u_{C3} = 0$,$u_{C5} =$
$+U_{CO}$。此时电流 I_d 流经 A 相和 C 相,

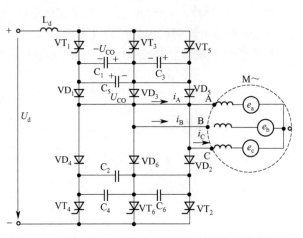

图 4-30 SCR 串联二极管式电流型逆变器及负载电动机

电路如图 4-31(a)所示。VT_3 导通后。VT_1 在换流电路的等值电容 C_1' 的反向电压作用下迅
速关断,VT_1 关断后继续承受 u_{C1}' 的反电压,使 VT_1 恢复阻断能力。同时 VD_3 在 u_{C1}' 的反电压
作用下也不能导通,这时 I_d 经过 VT_3、等值电容 C_1' 和 VD_1 继续向 A、C 两相供电,如图 4-31
(b)所示。这里的 C_1' 是 I_d 流过的三只换流电容的等效值,即 C_1' 由 C_3 与 C_5 串联后再和 C_1
并联而成,故 $C_1' = 3C/2$,其中 $C_1 = C_2 = \cdots = C_6 = C$。由于电流源逆变器的 I_d 不变,图 4-31
(b)中 C_1' 为恒流充电。

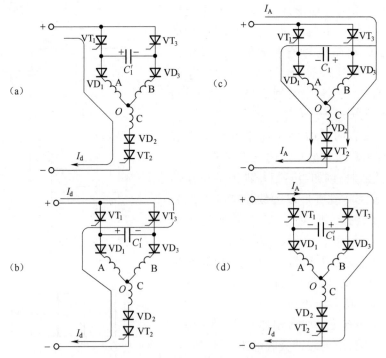

图 4-31 SCR 电流型逆变器的换流过程

(a)换流前电路;(b)VT_1 关断后 C_1' 恒流充电阶段电路;(c)二极管换流阶段电路;(d)换流完毕

C_1 以 $2I_d/3$ 恒流充电的结果是 u_{C1} 的极性反向,变为右正左负,使 VD_3 变为正向偏置,故
VD_3 开始导通。由于 A 相的感性负载电流不可能瞬时转到 B 相中去,因此出现了由 A 相逐

渐转到 B 相,即由 VD_1 逐渐转移到 VD_3 中去的过程,这个阶段称二极管换流阶段,如图 4-31 (c)所示。由图可见,这是一个换流电容 C_1' 和电机电感 L 组成的振荡换流过程。当 A 相电流 i_A 由 I_d 降到零,B 相电流 i_B 由零升到 I_d,换流完毕,电路如图 4-31(d)所示。

3. SCR 电流型逆变器的基本参数和波形

(1)晶闸管承受反向电压的时间 t_0

电路能够达到的使晶闸管承受反向电压的时间是选择晶闸管的重要依据之一。由图 4-31(b)可见,从 VT_3 导通时起 VT_1 就承受 C_1 的反向电压,反向电压的初始值为 $-U_{CO}$ 经过恒流充电才开始反向,所以在 u_{C1} 反向前的这段时间就是 VT_1 承受反电压的时间,由此有关系式

$$-U_{CO} + \frac{2I_d}{3C} \cdot t_0 = 0 \tag{4-20}$$

式中　t_0——晶闸管承受反向电压的时间;

$2I_d/3$——恒流充电电流。

故有

$$t_0 = \frac{1.5 U_{CO} C}{I_d} \tag{4-21}$$

由式(4-21)可见较大的换流电容量 C 或较小的负载电流都可以使晶闸管承受反电压的时间 t_0 加大,但过大的 t_0 可能使换流时间拖长,而不利于逆变器输出频率的提高,通常情况下采用中等速度的晶闸管就能可靠地关断。这也是电流型逆变器的一个优点。

(2)换流电容器的最大电压 U_{CO}

换流过程中换流电容器电压由初始值 $-U_{CO}$,经过 $2I_d/3$ 的恒流充电,又经过二极管换流阶段的振荡充电,升高到 U_{CO} 值,故有

$$U_{CO} = -U_{CO} + \frac{2I_d}{3C\omega_s}\theta_1 + \frac{2}{3C}\int_0^{\theta_2/\omega s} i_A(t')\mathrm{d}t'$$

式中　θ_1——恒流充电角度;

θ_2——振荡充电角度,即二极管换流电角度;

t'——振荡开始点作为时间坐标的时间。

经过运算可以得出

$$U_{CO} = \sqrt{2}U_{AB} + 2I_d\sqrt{\frac{L}{3C}} \tag{4-22}$$

式(4-22)的物理概念是跨接在逆变器相间的换流电容器,它的最大电压值是逆变器输出的线电压 U_{AB} 的峰值,加上由振荡引起的电压增值 $2I_d\sqrt{L/3C}$。

(3)SCR 电流型逆变器的波形

图 4-32 是 SCR 电流型逆变器的实际波形,但为了看清换流过程,而有意放大了这个过程中的波形。图 4-32(a)是逆变器

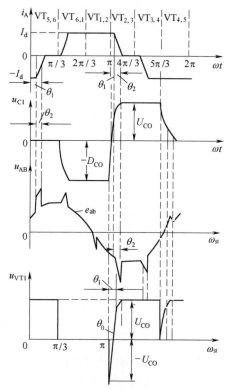

图 4-32　电流型逆变器的实际波形
(a)相电流;(b)换流电容电压;
(c)线电压;(d)晶闸管电压

相电流 i_A 波形,原为 $120°$ 的方波,由于换流而有畸变,其幅值仍为 I_d。图 4-32(b)是换流电容电压波形 u_{C1},由图可见从 $-U_{CO}$ 到 U_{CO} 是经过恒流充电的直线阶段的振荡充电的余弦曲线的 $1/4$。图 4-32(c)是逆变器线电压波形 u_{AB},这也是负载电机的线电压波形,它由正弦波的线电动势叠加换流过程中的 $2L\,\mathrm{d}i_A/\mathrm{d}t$ 或 $L\,\mathrm{d}i_A/\mathrm{d}t$ 形成的。当换流时有两相绕组都流过换流电流时(如 VT_1 到 VT_3 和 VT_4 到 VT_6 的换流)则为 $2L\,\mathrm{d}i_A/\mathrm{d}t$,其余仅一相绕组换流时为 $L\,\mathrm{d}i_A/\mathrm{d}t$。图 4-32(d)为晶闸管 VT_1 的两端电压,导通时接近零,换流时开始承受 $-U_{CO}$ 的反电压,然后随着 C_1 恒流充电 u_{C1} 上升而升高,又经振荡充电 u_{C1} 上升而达到 U_{CO}。

4.6 多重逆变电路和模块化多电平逆变电路

4.6.1 多重逆变电路工作原理分析

逆变器多重化结构是 1999 年德国学者 Cengelei E 等人提出的一种基于单元串联高压变频结构的电磁耦合式多电平电路。其主要思想是通过变压器耦合的方式将多个常规逆变单元输出叠加,实现高电压输出。多重化逆变器的显著特点是采用基频方波调制方式,用低频开关器件实现高压大容量输出,有效减小开关损耗。

多重逆变器是由双重逆变器 W_1、W_2 和 DY、DZ 组式变压器共同构成的,主电路原理图如图 4-33 所示。

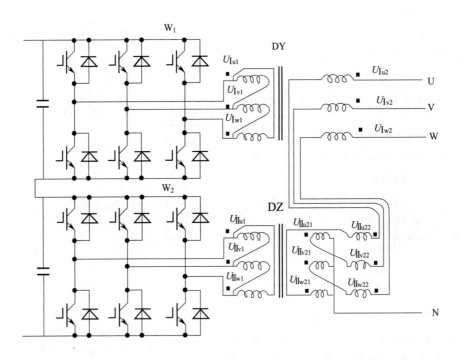

图 4-33 多重逆变器的主电路原理图

双重逆变器 W_1、W_2 分别由相位互差 $30°$ 的两套 PWM 脉冲模式控制,使得两个逆变器的输出波形相位也跟随相位互差 $30°$。两个组式变压器 DY 与 DZ,原边都是匝数相同的三角形绕组,其副边是不相同的。DZ 型变压器副边有 6 个绕组,其每绕组的匝数是 DY 型变压器副边绕组的匝数的 $\sqrt{3}/3$ 倍。DY 与 DZ 变压器副边绕组的连接如图 4-33 所示。这样的连接方式可使它们每相电压幅值相等。此外，W_2 逆变器控制相位是超前 W_1 逆变器 $30°$。为此其相应的电压输出波形是前者超前后者 $30°$。再根据它们副边的连接及匝数比，如以基波相量来表示，则基波输出相量图如图 4-34 所示。

由相量图看出，DZ 型变压器由于其匝数有 $\sqrt{3}/3$ 关系，故其两个副绕组串联连接后，其相电压的相量和是与 DY 变压器的相电压相位一致且幅值相等，如有 $\dot{U}_{\mathrm{IIw21}}+\dot{U}_{\mathrm{IIu22}}=\dot{U}_{\mathrm{Iu2}}$。同时这种连接方式，也使 $3n$ 次谐波由于变压器原边三角形连接相当于短路而被消除；而谐波 $12n+5$ 和 $12n+7(n=0,1,\cdots)$ 次通过 DY

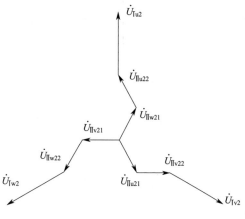

图 4-34　基波输出相量图

和 DZ 变压器副边的串联连接，其相量和也互相抵抵消，如图 4-35 所示。

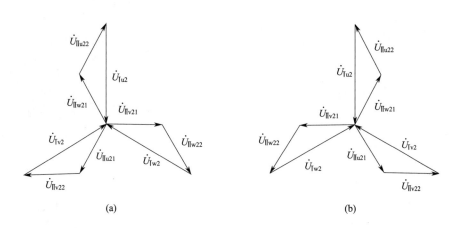

(a)　　　　　　　　　　　　　(b)

图 4-35　谐波 $12n+5$ 和 $12n+7$ 互相抵消原理
(a)$12n+5$ 谐波相量和；(b)$12n+7$ 谐波相量和

由上看出，通过双重逆变器相位互差 $30°$ 的控制及两台组式变压器副边的合适的串联连接，构成谐波较小的 12 脉波电压输出波形。

4.6.2　构成 12 脉波输出电压原理

两台逆变器 W_2 和 W_1，在控制相位上 W_2 超前 W_1 $30°$，若两台逆变器功率主管均以 $180°$ 导电方式导通，则在与逆变器相连的两台变压器 DY 与 DZ 的每相副边绕组上得到的波形如图 4-36 所示。图中一阶梯幅值如以 DY 副边绕组幅值为单位电压"1"来记，则它们分别为由 0、$\pm\sqrt{3}/3$、$\pm(1+\sqrt{3}/3)$ 及 $\pm(1+2\sqrt{3}/3)7$ 种电平构成，逆变器直流侧电流每周期脉动 12 次，属于 12 脉波逆变。输出电压若再经过小的 LC 滤波器，便可获得近似正弦波。因此 12 脉波电压输出，是通过两台逆变器相位差开 $30°$ 的控制及 DY 与 DZ 变压器副边绕组的电路连接来实现的。

由于城轨交通车辆的输电网压的波动，若要消除网压波动的影响而使输出电压稳定，还需要采用 PWM 脉宽调制技术。

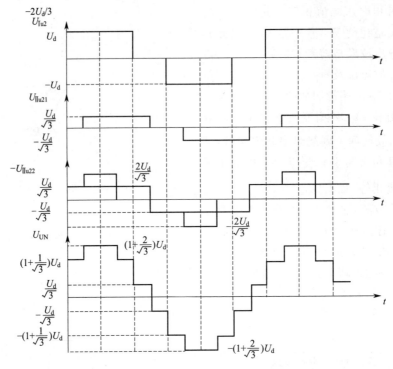

图 4-36　变压器各绕组的波形及其合成的波形

4.6.3　模块化多电平变流器

Rainer Marquardt 于 2002 年首次提出了模块化多电平逆变器(Multilevel Modular Converter,简称 MMC)的概念和拓扑结构,之后这种模块化的概念得到不断的衍生和发展。MMC 的典型结构如图 4-37 所示,区别于传统的两、三电平拓扑结构,MMC 的每相由上、下两个桥臂组成,每相桥臂由 2N 个结构相同、功能相同的子模块(Sub-Modular,简称 SM)通过两个桥臂电抗器串联而成。

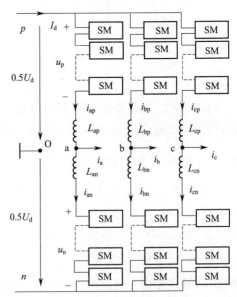

图 4-37　模块化多电平逆变器
(MMC)的拓扑结构

子模块作为 MMC 的基本组成单元,根据拓扑结构的不同,可分为半 H 桥子模块和全 H 桥子模块,如图 4-38 所示。全 H 桥子模块由 4 个反并联二极管的全控型开关器件和一个直流储能电容组成,采用全 H 桥子模块的 MMC 可实现 AC/AC 变换功能,公共直流母线可被交流电源代替。而半 H 桥子模块开关器件数量只有全 H 桥的一半,极大地降低了系统成本;由开关管 T_1 和 T_2 的发射极引出的端口可连接至其他子模块或者直流母线;通过控制开关器件的导通状态,可改变子模块的端口电压,从而改变 MMC 的输出电压;采用半 H 桥子模块的

MMC 可实现 DC/AC 或 AC/DC 变换功能,广泛应用在柔性直流输电领域。近年来,随着研

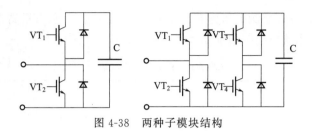

图 4-38 两种子模块结构

究的不断深入,大量学者将其应用于电机驱动、静止无功补偿器、背靠背系统、分布式发电以及电气牵引等领域。本文主要讨论和分析子模块结构为半 H 桥的 MMC 在动车组牵引传动系统中的应用情况。

MMC 具有如下优点:

(1)灵活的模块化结构。允许高度的模块化设计,具有很好的扩展性,当需要工作在更高电压和功率的情况下,可以通过对三相桥臂并入相同数目的子模块来实现,操作起来简单灵活,便于大规模生产;

(2)降低开关损耗。由于各个子模块共同分压,可以使得开关器件平均分担压降,通过合理的算法,在每个开关周期内最多有一个模块的开关器件动作,大大降低开关器件的开关频率,效率提高;

(3)工作状态的连续性。当有子模块出现故障时,可以通过控制开关器件,使得发生故障的子模块处于旁路状态,其他子模块可以正常工作;

(4)系统可靠性高。由于可以使用工业标准器件,有充足的后备器件供应,系统的可靠性大大提高;

(5)设备的轻型化。子模块体积轻巧,容易拆卸或安装,体积相对较小;

(6)模块化设计能有效缩短工程从研发、建设到投入运行的时间。

4.6.4 MMC 的工作原理

以 $N=2$ 来分析 MMC 的工作原理和控制方法,每个子模块为开关管 VT_1,VT_2 和电容 C 并联而成的半 H 桥结构。上、下桥臂之间通过两个完全相同的桥臂电抗器串联而成,其作用是抑制内部环流和减小故障时的电流上升率。

如图 4-39 所示,子模块为半 H 桥结构,通过控制开关管的导通与关断,可使其工作在投

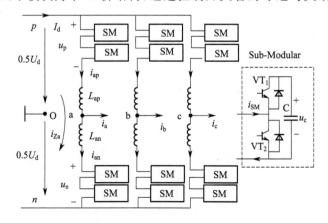

图 4-39 MMC 主电路及其子模块结构($N=2$)

入、切除或闭锁状态。设直流侧电压为 U_d，i_{ap} 和 i_{an} 分别为 a 相上、下桥臂电流，u_C 为子模块电容电压。子模块的工作状态控制情况如表 4-4 所示。

表 4-4　子模块工作状态

工作模式	i_{SM}	开关管（VT_1，VT_2）	子模块端口电压	工作状态
1		(1,0)	u_c	投入
2	>0	(0,1)	0	切除
3		(0,0)	u_c	闭锁
4		(1,0)	u_c	投入
5	<0	(0,1)	0	切除
6		(0,0)	0	闭锁

工作模式 1：子模块电流 $i_{SM}>0$，开关管 VT_1 导通、VT_2 关断，电流经过续流二极管给电容充电，子模块处于投入的工作状态，端口电压为电容电压；

工作模式 2：子模块电流 $i_{SM}>0$，开关管 VT_1 关断、VT_2 导通，电流经过该开关管 VT_2 流出，电容处于旁路，此时子模块被切除，端口电压为 0；

工作模式 3：子模块电流 $i_{SM}>0$，开关管 VT_1 和 VT_2 均关断，电流经过 VT，的续流二极管给电容充电，子模块工作于闭锁状态；

工作模式 4：子模块电流 $i_{SM}<0$，开关管 VT_1 导通、VT_2 关断，电容通过开关管 VT_1 导通放电，子模块处于投入的工作状态，端口电压为电容电压；

工作模式 5：子模块电流 $i_{SM}<0$，开关管 VT_1 关断、VT_2 导通，电流经过 VT_2 的续流二极管流出，电容处于旁路，此时子模块被切除，端口电压为 0；

工作模式 6：子模块电流 $i_{SM}<0$，开关管 VT_1 和 VT_2 均关断，电流经过 VT_2 的续流二极管流出，子模块处于闭锁状态。

由上述分析可知，通过控制开关管 VT_1 和 VT_2 的导通与关断，可使子模块端口输出电压在 0 和 u_C 之间变化，即每个子模块都可看作一个可控电压源。通过控制上、下桥臂各个子模块的工作状态，采用合适的调制算法，就可以得到所需的交流电压。

鉴于 a、b、c 三相的工作原理相同，为便于阐述，本文以 a 相为例对 MMC 的工作机理进行分析。图 4-40 为 MMC 的 a 相等效电路，i_{Za} 为因相间或与直流电源间电势不平衡而产生的环

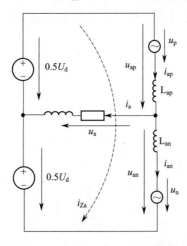

图 4-40　MMC 的单相等效电路图

流,即直流电源对上、下桥臂子模块电容的充电电流,u_p 和 u_n 为上、下桥臂的端口电压。

若定义状态变量 S_i,当 $S_i=0$ 时,子模块 i 切除,该模块输出电压为 0;$S_i=1$ 时,子模块 i 投入,输出电压为 u_C。若不考虑子模块电容电压波动情况,为便于控制以及能量在各相之间均衡分布,一般设定子模块电容电压的基准值为 $u_C=U_d/N=U_d/2$,此时上、下桥臂子模块电容电压之和,即端口电压为

$$\begin{cases} u_p = S_1 u_C + S_2 u_C = (S_1 + S_2)\dfrac{U_d}{2} \\ u_n = S_3 u_C + S_4 u_C = (S_3 + S_4)\dfrac{U_d}{2} \end{cases} \tag{4-23}$$

通过控制桥臂中处于投入状态的子模块的个数,即可使上、下桥臂输出三电平的端口电压 0、$U_d/2$ 和 U_d。

上、下桥臂结构相同、具有对称性,所以 a 相输出电流 i_a 被上、下桥臂均分。根据网孔电流法,可得上桥臂电流 i_{ap}、下桥臂电流 i_{an} 满足下述关系

$$\begin{cases} i_{ap} = i_{Za} + \dfrac{i_a}{2} \\ i_{an} = i_{Za} - \dfrac{i_a}{2} \end{cases} \tag{4-24}$$

忽略上、下桥臂电抗器之间的互感,根据 KVL 可得上桥臂电压 u_{ap} 和下桥臂电压 u_{an} 满足下式

$$\begin{cases} u_{ap} = \dfrac{U_d}{2} - u_a = u_p + u_{Lap} \\ u_{an} = \dfrac{U_d}{2} + u_a = u_n + u_{Lan} \end{cases} \tag{4-25}$$

联立式(4-24)和式(4-25)可得 a 相输出电压为

$$u_a = \frac{1}{2}(u_n - u_p) + \frac{1}{2}(u_{Lan} - u_{Lap}) = (S_3 + S_4 - S_1 - S_2)\frac{U_d}{4} - \frac{L}{2}\frac{di_a}{dt} \tag{4-26}$$

由式(4-26)可知,输出电压与下桥臂的端口电压同相。通过控制状态变量 S_1,即子模块的工作状态,便可在交流侧得到多电平阶梯波;又上式的第二项为上、下桥臂电抗器产生的电压差,该压降使得输出电压波形为电平台阶渐变的多电平阶梯波形,这也是区别于多电平箱位型变流器的一个特点。MMC 在设计时,桥臂电抗器取值较小,交流侧输出电流平滑,忽略式(4-23)的第二项,则每相的输出电压可近似为 $(u_n - u_p)/2$。

小　　结

本章讲述了逆变电路的基本结构及工作原理。在电力电子技术的应用中,逆变器的应用非常广泛,既有交流传动系统中的变压变频逆变器,也有新能源(风能、太阳能)电能变换中的恒压恒频逆变器,而逆变器的负载既可以是电机,也可以是电网。在本章内容中,并没有提及逆变器的控制方式,有关逆变器的 PWM 控制方式将在第 6 章讲解。

逆变器的分类有多种,可以按照电压型和电流型进行分类;也可以分为自然换流和强迫换流两类,强迫换流又包括了电网换流和负载换流两种;此外,还可以按照输出相数等进行分类。随着电力电子器件的发展,采用 IGBT 或 GTO 等全控型器件的逆变电路已成为应用主流,只有在开关频率不高的电流型逆变器中,仍使用晶闸管作为功率器件。

另外,随着电压型逆变电路输出电压的升高,对器件的耐压能力提出更高的要求,多电平逆变电路和多重逆变电路应运而生。它们利用特殊的结构,提高了输出电压,降低了器件对电压的要求,同时减小了开关损耗。采用三电平拓扑结构的逆变器,不但降低了器件的开关应力,并且输出电能的谐波更少,波形更好。随着控制策略的完善,这些逆变电路构成的逆变器已经在轨道交通、新能源电能变换等场合得以应用。

中英术语对照

逆变器——Inverter
变频器——Frequency Converter
直流环节——DC Link
电压型逆变器——Voltage Source Inverter-VSI
电流型逆变器——Current Source Inverter-CSI
续流二极管——Freewheeling Diode
变压变频——Variable Voltage Variable Frequency-VVVF
两电平逆变器——Two-level Inverter
三电平逆变器——Three-level Inverter
多电平逆变器——Muti-level Inverter
中点箝位式三电平逆变器——Neutral Point Clamped Three-level Inverter
并联谐振式逆变器——Parallel-resonant Inverter

Problems

Problem 4. 1：What are the differences between active inverter and passive inverter?

Problem 4. 2：How many kinds of commutation are there? Write down the features of each kind.

Problem 4. 3：What is the Voltage Source Inverter and what is the Current Source Inverter? Explain the main difference between them.

Problem 4. 4：How to adjust the output voltage in an adjustable inverter?

Problem 4. 5：A Three-phase Full-bridge Voltage Source Inverter is in a conduction mode of 180°. The DC voltage source is $U_d = 100$ V. Calculate the magnitude of the output phase voltage U_{UN1m} and the rms of the output phase voltage U_{UN1} at fundamental frequency. Also calculate the magnitude of the output line-to-line voltage U_{UV1m} and the rms of the output line-to-line voltage U_{UV1} at fundamental frequency.

Problem 4. 6：Write down the advantages of a Multi-level Inverter and its control method.

Problem 4. 7：Write down the advantages and disadvantages of a Current Source Inverter by comparing with the Voltage Source Inverter.

Problem 4. 8：Figure 1A shows the circuit diagram of a three-phase voltage source inverter (VSI). The switching devices (IGBTs and diodes) used in the inverter are ideal.

According to IGBT gate signals given in Fig.1B, draw the waveforms of line-to-neutral voltages V_{an} and V_{bn} and line-to-line voltage V_{ab} of the inverter with a resistive load. Indicate the peak value of the voltages assuming that the dc input voltage of the inverter is $V_{dc} = 240$ V.

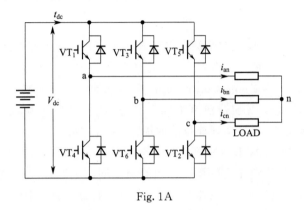

Fig. 1A

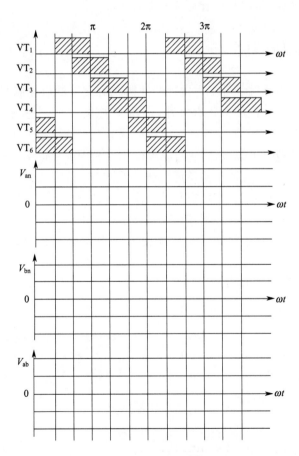

Fig. 1B

5 交-交变换电路

交-交变换电路是把一种形式的交流直接变成另一种形式交流的电路,可以改变相关的电压、电流、频率和相数。由这种电路构成的电力电子装置称为交-交变换器(AC/AC Converter),主要包括交流调压器(AC Voltage Controller)、交-交变频器(AC/AC Frequency Converter)和矩阵式变换器三种。交-交变换器没有中间储能环节,可以缩减电力电子装置的体积和重量;其能量可以双向流动,较容易实现能量的回馈;功率因数可调,可以实现单位功率因数。但是,由于交-交变换的电压、电流和频率都受到一定的限制,其应用范围没有交-直-交系统广泛。

本章5.1节和5.2节分别介绍单相和三相的交流调压电路;5.3节讲解一种应用较多的相控交-交变频电路。5.4节所介绍的矩阵变换器,是一种处于研究阶段的交-交变频电路,尽管它还没有取得广泛的应用,但其拥有良好的发展前景。

5.1 单相交流调压电路

交流调压电路是指由晶闸管等电力电子器件构成的交流电压控制装置,其调压功能通过控制来实现。交流调压器的调压方式有三种:1)通-断控制;2)相位控制;3)斩波控制。通-断控制是通过改变通断时间的比例,实现输出电压的调节。相位控制中晶闸管和相控整流一样,在选定的控制角上使负载与电源接通,也可以通过相控和提前强迫换流实现扇形控制,控制角不同,其输出电压也不同。交流调压器还可以通过斩波调压的方法,把正弦波电压斩成若干个脉冲电压,改变导通比实现调压。相位控制是交流调压的基本形式,曾应用最多;斩波调压的功率因数高、低次谐波小,应用较多;通-断控制最简单,对电网有较大的负载脉动。交流调压器的应用场合有:调温的工频加热和感应加热;灯光调节;泵及风机的感应电动机软启动;变压器的初级调压等。

图5-1给出了单相调压器的几种基本电路以及相位控制下电阻负载的输出波形,其控制角的调节范围为$0°\sim180°$。

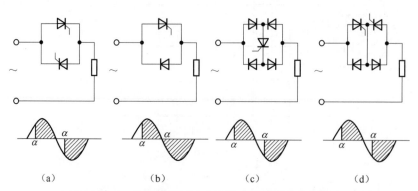

图 5-1 单相调压器基本电路及其电阻负载波形

(a)反并联电路;(b)混合反并联电路;(c)二极管桥式电路;(d)混合桥式电路

在图 5-1 的 4 种电路中,以图 5-1(a)反并联电路应用最广,这是因为它的输出波形对称,并可由一个双向晶闸管代替两只反并晶闸管。图 5-1(b)为混合反并联电路,它只用一个晶闸管,且不承受反向电压,但其波形正、负半周不对称。因其用于单相电路存在着直流分量,仅适用于无变压器的小容量场合,但可用来构成三相调压电路。图 5-1(c)、(d)是桥式电路和混合桥式电路。它们的输出波形对称,晶闸管也不承受反向电压,但由于使用的器件较多,且电路中多串入了二极管,增加了管压降的损耗,因此很少应用。

5.1.1　电阻性负载

反并联交流调压电路是应用最广的一种电路,因此以这种电路为代表,分析交流调压电路带不同性质负载时的工作情况。

反并联交流调压电路和波形如图 5-1(a)所示。其输出波形是对称的,设正、负半波的控制角均为 α,负载电阻为 R,输入的电源电压有效值为 U_1,则此电路的基本电气参数如下:

(1)负载电阻 R 上的交流电压有效值 U_R

$$U_R = \sqrt{\frac{1}{\pi} \int_{\alpha}^{\pi} (\sqrt{2} U_1 \sin\omega t)^2 \,\mathrm{d}\omega t} = U_1 \sqrt{\frac{2(\pi - \alpha) + \sin 2\alpha}{2\pi}} \tag{5-1}$$

当 $\alpha = 0°$ 时, $U_R = U_1$; $\alpha = 180°$ 时 $U_R = 0$。

(2)负载电阻 R 上的电流有效值 I_R

$$I_R = \frac{U_R}{R} = \frac{U_1}{R} \sqrt{\frac{2(\pi - \alpha) + \sin 2\alpha}{2\pi}} = I_0 \sqrt{\frac{2(\pi - \alpha) + \sin 2\alpha}{2\pi}} \tag{5-2}$$

式中　I_0——控制角 $\alpha = 0°$ 时的负载电流有效值, $I_0 = U_1 / R$。

(3)功率因数 λ

在调压过程中不仅电流的基波后移,而且也出现了不同成分的谐波。按照非正弦电路中功率因数的 λ 定义,并考虑式(5-1)后,可得

$$\lambda = \frac{\text{有功功率} U_R I_R}{\text{视在功率} U_1 I_R} = \frac{U_R}{U_1} = \sqrt{\frac{2(\pi - \alpha) + \sin 2\alpha}{2\pi}} \tag{5-3}$$

(4)晶闸管的电流平均值 I_{dVT}

任何一个晶闸管在电阻负载时,一个周期中仅在 $\alpha \sim \pi$ 期间导通,故晶闸管一个周期中的电流平均值为

$$I_{dVT} = \frac{1}{R} \left(\frac{1}{2\pi} \int_{\alpha}^{\pi} \sqrt{2} U_1 \sin\omega t \,\mathrm{d}\omega t \right)$$

$$= \frac{\sqrt{2} U_1}{2\pi R} (1 + \cos\alpha) = \frac{\sqrt{2}}{2\pi} I_0 (1 + \cos\alpha) \tag{5-4}$$

(5)晶闸管电流有效值 I 及其通态平均电流 I_{VTAV}

$$I = \sqrt{\frac{1}{2\pi} \int_{\alpha}^{\pi} \left(\frac{\sqrt{2} U_1}{R} \sin\omega t \right)^2 \,\mathrm{d}\omega t}$$

$$= \frac{U_1}{R} \sqrt{\frac{2(\pi - \alpha) + \sin 2\alpha}{4\pi}} = I_0 \sqrt{\frac{2(\pi - \alpha) + \sin 2\alpha}{4\pi}} \tag{5-5a}$$

由上式可得 $\alpha = 0°$ 时晶闸管最大的电流有效值 $I_{max} = 0.707 I_0$,由此确定应选用的晶闸管通态平均电流的定额为

$$I_{VTAV} = \frac{I_{max}}{1.57} = 0.45\frac{U_1}{R} \tag{5-5b}$$

图 5-2 为单相交流调压器在电阻负载时的参数与控制角 α 的关系,其中 U_R/U_1、I_R/I_0 及功率因数 λ 三者与 α 的关系可用同一条曲线表示。

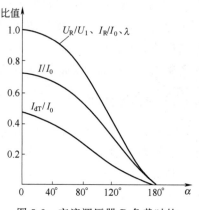

图 5-2　交流调压器 R 负载时的参数与 α 关系

5.1.2　电感性负载

交流调压器在电感性负载下(如感应电动机负载)工作和整流器在电感性负载下工作类似,电流的波形也滞后于电压的波形。因此电压过零变为负值后,还要经过一个延滞角,电流才会降到零,所以已经导通的晶闸管也要经过一个延迟角才会关断。延滞角的大小与控制角 α、负载功率因数角 φ 都有关系。图 5-3(a)和(b)为单相交流调压器在电感性负载时的电路和电压、电流的波形。

图 5-3(b)中 θ 为晶闸管的导通角,虚线所示的电流 i_{L0} 为 $\alpha = \varphi$ 时的负载电流,其滞后于电压的相角即为功率因数角 φ。下面分析 θ、α、φ 间的关系并求负载电流的表达式。

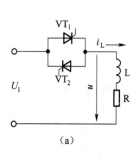
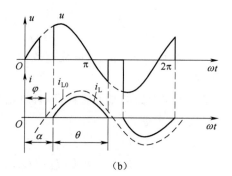

图 5-3　单相交流调压器电感负载时的电路和波形
(a)电路;(b)电压与电流波形

1. 负载电流方程

为了方便分析,取晶闸管开始导通瞬间为时间坐标的原点(图 5-4),这时晶闸管中的负载电流 i_L,相当于 $\omega t = 0$ 瞬间 RL 电路突然与交流电源接通的电流,电压的初相角为 α。负载电流 i_L 可以分为稳态分量 i_{L1} 与暂态分量 i_{L2} 两部分。

如图 5-4 所示的坐标轴,电源电压为 $u_1 = \sqrt{2}U_1\sin(\omega t + \alpha)$,因此电流的稳态分量为

$$i_{L1} = \frac{\sqrt{2}U_1}{Z}\sin(\omega t + \alpha - \varphi) \tag{5-6}$$

式中 $\varphi = \arctan(\omega L/R)$;$Z = \sqrt{R^2 + (\omega L)^2}$

令 $I_0 = U_1/Z$,则稳态分量为

$$i_{L1} = \sqrt{2}I_0\sin(\omega t + \alpha - \varphi) \tag{5-7}$$

暂态分量为一个衰减分量,其初始值与 α 有关,在 $\omega t = 0$ 时,晶闸管刚开始导通,其电流为零,故有 $i_{L1} + i_{L2} = 0$ 的条件,因此

$$i_{L2}(0) = -i_{L1}(0) = -\sqrt{2}\,I_0\sin(\alpha - \varphi) \qquad (5\text{-}8)$$

随后 i_{L2} 按指数规律衰减并趋于零,衰减时间常数为 $T = L/R = \tan\varphi/\omega$,所以

$$i_{L2} = -\sqrt{2}\,I_0\sin(\alpha - \varphi)e^{-\omega t/\tan\varphi} \qquad (5\text{-}9)$$

最后得出 $\qquad i_L = i_{L1} + i_{L2} = \sqrt{2}\,I_0\left[\sin(\omega t + \alpha - \varphi) - \sin(\alpha - \varphi)e^{-\omega t/\tan\varphi}\right] \qquad (5\text{-}10)$

由 i_{L1} 和 i_{L2} 合成的 i_L 图形如图 5-4 所示。

2. 控制角 α、功率因数角 φ 与导通角间的关系

设晶闸管导通角为 θ,故当 $\omega t = \theta$ 时,$i_L = 0$,由式(5-10)得

$$\sin(\theta + \alpha - \varphi) = \sin(\alpha - \varphi)e^{-\theta/\tan\varphi} \qquad (5\text{-}11)$$

由此解得

$$\tan\alpha = \frac{\sin(\theta - \varphi) + (\sin\varphi)e^{-\theta/\tan\varphi}}{\cos(\theta - \varphi) + (\cos\varphi)e^{-\theta/\tan\varphi}} \qquad (5\text{-}12)$$

这是超越方程式,表示了 $\theta = f(\alpha、\varphi)$ 的关系。

在 $\alpha > \varphi$ 的前提下,对于某一固定的功率因数角 φ,例如 $\varphi = 0°、10°、\cdots、90°$,由式(5-11)可求得一组 $\theta = f(\alpha)$ 的曲线关系,如图 5-5 所示。

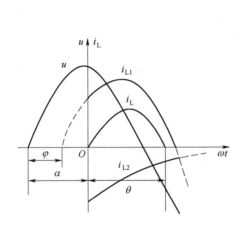

图 5-4　感性负载电流 i_L 的两个分量 i_{L1}、i_{L2}

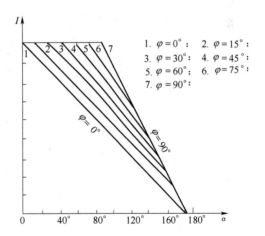

1. $\varphi = 0°$；　2. $\varphi = 15°$；
3. $\varphi = 30°$；　4. $\varphi = 45°$；
5. $\varphi = 60°$；　6. $\varphi = 75°$；
7. $\varphi = 90°$；

图 5-5　单相交流调压器 $\alpha > \varphi$ 时的 $\theta = f(\alpha,\varphi)$ 曲线

由以上分析和图 5-5 可以看出以下几种典型情况:

(1)$\varphi = 0°$:此时式(5-11)右端为零,故有 $\alpha + \varphi = \pi$ 的条件,即为纯电阻工况,在图 5-5 中为直线 1,其波形如图 5-6(a)所示,电流断续。

(2)$\varphi \neq 0°$:$\alpha > \varphi$、$\theta < 180°$:此时 $\theta = f(\alpha、\varphi)$ 如图 5-5 中曲线 2~7 所示,波形如图 5-6(b)所示,电流也是断续的。

(3)$\alpha = \varphi$:此时由式(5-9)可见,电流的暂态分量 $i_{L2} = 0$;由式(5-11)可得 $\theta = 180°$,这表明两个反并联的晶闸管相当于两个二极管,不起调压作用,其波形如图 5-6(c)所示。

(4)$\alpha < \varphi$:此时负载的电感作用很强,电流严重滞后,当晶闸管有触发脉冲时而负载电流还未反向,所以如用单脉冲触发,应该导通的晶闸管就不可能导通,原来导通的晶闸管将继续导通到负载电流降到零为止。波形如图 5-6(d)所示。到下一个周波,原来导通的晶闸管在 α 角时再度被触发导通,这样就形成只有一个晶闸管反复通、断的不正常情况,引起电路中很大的直流分量。为此应采用宽脉冲或脉冲列触发。此时电流、电压的波形如图 5-6(e)所示。由于 $\alpha < \varphi$,所以此电路已丧失调压功能,电流波形为正弦波。

综上所述,当交流调压器带电感负载时,为了可靠、有效地工作,应使 $\varphi \leqslant \alpha \leqslant 180°$;为了避免出现直流分量应采用宽脉冲或脉冲列触发晶闸管。

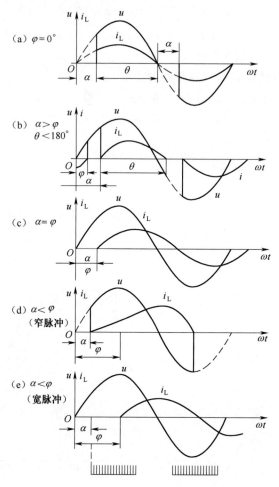

图 5-6 不同 α,φ 时输出电压和电流波形

3. 晶闸管电流和负载电流的有效值

感性负载时,流过晶闸管或其他电力电子器件的电流有效值 I 可由式(5-10)求得(图5-4)

$$I = \sqrt{2}\, I_0 \left\{ \frac{1}{2\pi} \int_0^\theta \left[\sin(\omega t + \alpha - \varphi) - \sin(\alpha - \varphi) e^{-\omega t/\tan\varphi} \right]^2 \mathrm{d}\omega t \right\}^{\frac{1}{2}}$$

$$= \sqrt{2}\, I_0 I^* \tag{5-13}$$

式中 I^*——晶闸管的标幺电流有效值,其值为

$$I^* = \left\{ \frac{1}{2\pi} \int_0^\theta \left[\sin(\omega t + \alpha - \varphi) - \sin(\alpha - \varphi) e^{-\omega t/\tan\varphi} \right]^2 \mathrm{d}\omega t \right\}^{\frac{1}{2}} = \frac{1}{\sqrt{2}\, I_0} \tag{5-14}$$

其中 I_0——$\alpha = 0°$时的电流有效值,$I_0 = U_1/Z$。

负载电流有效值 I_L 也可由式(5-10)求出

$$I_L = \sqrt{2}\, I_0 \left\{ \frac{2}{2\pi} \int_0^\theta \left[\sin(\omega t + \alpha - \varphi) - \sin(\alpha - \varphi) e^{-\omega t/\tan\varphi} \right]^2 \mathrm{d}\omega t \right\}^{\frac{1}{2}}$$

$$= \sqrt{2}\, I_0 \cdot \sqrt{2}\, I^* = 2 I_0 I^* \tag{5-15}$$

由式(5-13)可知,I^*为α和φ的函数,由式(5-15)可绘出φ为定值时的$I^* = f(\alpha)$曲线,如图5-7所示。因此利用此图,在已知α及φ时就可由曲线查得相应的I^*,由此用公式(5-13)和式(5-15)得出晶闸管电流有效值I和负载电流有效值I_L。

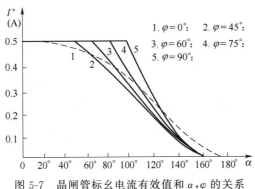

图5-7 晶闸管标幺电流有效值和α, φ的关系

5.2 三相交流调压电路

三相交流调压器可由三个相位互差120°的单相交流调压器组成,所以无论负载△连接还是Y连接,都可以有如图5-8所示的数种三相交流调压电路。各电路中晶闸管的移相范围都是180°。和单相调压器一样,应用最多的是图5-8(a)所示的反并联电路,由此图可见,在不同的控制角时,其负载电压波形对称,但由于调压,输出不是正弦波,电路中有较大的奇次谐波(波形为奇函数),如负载有中心线,则其中有较大的三次谐波电流流过。图5-8(b)为三相混合反并联电路,由于是三相负载,在任何一条负载通路中,都串有一个可控器件(图中为晶闸管),故正负半波都可以得到控制,使输出波形正、负面积相等,所以不存在直流分量,但波形还是不对称,不同控制角时的输出电压波形如图5-8(b)所示。不对称控制会产生奇次谐波和偶次谐波,若负载为电动机,则偶次谐波,特别是二次谐波,将产生与基波转矩相反的负转矩,使输出转矩脉动减少,效率也随之降低。

三相负载的每一相若可单独引出接线,则调压器不仅可以接在三相电源的输入端,还可以接在负载的内部,图5-8(c)、(d)、(e)是这种接法的几种典型电路。

负载△形连接、晶闸管反并联的内部调压电路如图5-8(c)所示。晶闸管中仅流过相电流,故其电流较接在外部线路上小$\sqrt{3}$,但所承受的是线电压,所以对晶闸管的耐压要求加大$\sqrt{3}$倍。器件接在负载内部,对三相电动机而言是不够方便的。

图5-8(d)是把△形连接的反并联晶闸管接入Y形连接的负载中心点,它和(a)电路相同,输出波形正、负半周也是对称的。由于晶闸管为△形连接,晶闸管的电流、电压容量和图(a)电路接近。在这种电路里由于电力电子器件接在负载后部,若线路中有过电压进入,能起一定的缓冲作用。

图5-8(e)电路只用三个△形接的晶闸管,最为简单。由于△形接的晶闸管都朝一个方向,其中电流仅有一个方向,故为不对称控制,不过输出波形正、负面积相等,不存在直流分量,对小容量三相负载仍可使用。

相位控制的三相交流调压电路可以有多种电路。其中以对称控制的反并联电路性能较好,晶闸管接在负载后部的调压电路,使用并不方便,但对减小电网过电压的冲击有缓冲作用。

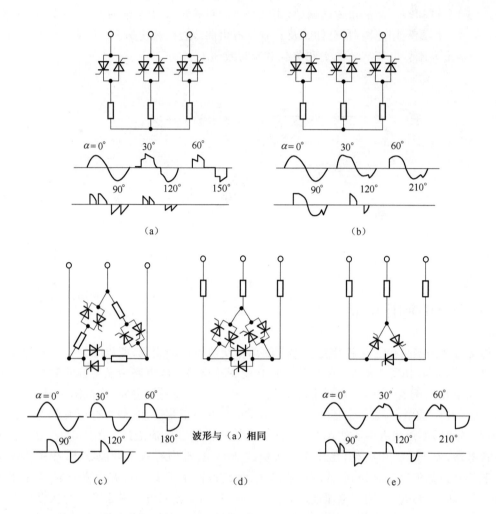

图 5-8　三相调压器及电阻负载时波形
(a)反并联电路；(b)混合反并联电路；(c)三角形负载内接反并联电路；
(d)Y形负载内接三角形反并联电路；(e)Y形负载内接三个可控器件电路

晶闸管交流斩波调压器（或脉冲调压）需要强迫换流，电路复杂。由全控型器件构成的交流斩波调压器，价格较贵，主要用 PWM 整流器。

5.2.1　工作基本条件

图 5-9 是三相反并联交流调压电路，以负载为 Y 形连接、无中心线、反并联的晶闸管接在电源与负载之间。为了方便分析，设负载为三相对称电阻性负载。

为了保证三相交流调压电路的正常工作，其晶闸管的触发系统应满足下列要求：

1)在三相电路中至少有一相正向晶闸管与另一相反向晶闸管同时导通。这对无中线的 Y

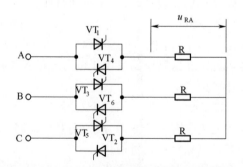

图 5-9　三相反并联电阻负载交流调压电路

形和△形电路尤为重要,否则不能构成电流的通路。

2)为了保证电路起始工作时两个晶闸管能同时导通,并且在感性负载和控制角较大时,也能使不同相的正、反两个晶闸管同时导通,要求采用宽脉冲(宽度>60°),或者双窄脉冲触发电路。

3)各触发信号应与相应的交流电源电压相序一致,并且与电源同步。如图 5-9 中,要求以 A、B、C 三相电路中的正向晶闸管 VT$_1$、VT$_3$、VT$_5$ 的触发信号互差 120°,三相电路中反向晶闸管 VT$_4$、VT$_6$、VT$_2$ 的触发信号也互差 120°,即同一相中反并联的两个晶闸管触发脉冲相位互差 180°。因此从 VT$_1$~VT$_6$ 各晶闸管的触发脉冲依次各差 60°其次序是 VT$_1$、VT$_2$、VT$_3$;VT$_2$、VT$_3$、VT$_4$;VT$_3$、VT$_4$、VT$_5$……各管的编号应与图 5-9 相符。

5.2.2 电阻性负载

1. 输出电压、电流波形

以图 5-9 所示的三相交流调压电路,在电阻性负载下,$\alpha = 30°$时触发脉冲位置和各晶闸管的导通情况如图 5-10 所示。由于各脉冲后移了 30°,因此在 0~π/6 区间内 VT$_1$ 不能触发,故图中此区间内的 A 相电流 $i_A = 0$。根据触发规则,在 VT$_1$ 导通前 VT$_5$、VT$_6$ 已经导通,由图 5-10 可见在 0~π/6 区间内 C 相电压 u_C 仍为正半波,故 VT$_5$ 继续导通。同时反并联的 VT$_6$ 在 u_B 的负半波下,也仍继续导通。因此在此区间内仅有 B、C 两相工作,直到 $\alpha = \pi/6$ 瞬间,VT$_1$ 被触发,在正的 u_A 下 VT$_1$ 也开始导通。

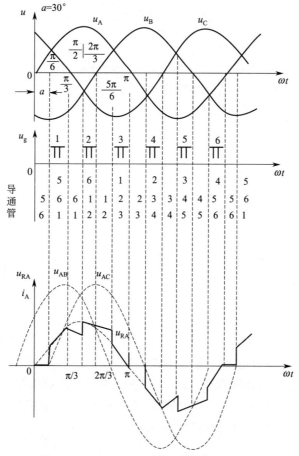

图 5-10 $\alpha = 30°$,$\varphi = 0°$时交流调压电路波形

在 $\omega t = \pi/6 \sim \pi/3$ 区间，VT_5、VT_6、VT_1 都导通，三相都工作，输出正弦形相电压和相电流，$u_{AR} = u_A$。

在 $\omega t = \pi/3 \sim \pi/2$ 区间，因 u_C 在过零时 C 相中的 VT_5 已经自然关断，只剩 A、B 两相工作，负载电流仅流过 A、B 两相，在三相负载对称情况下，A 相中的负载电压 $u_{AR} = 0.5u_{AB}$，即波形为线电压 u_{AB} 的一半，如图 5-10 所示。

在 $\omega t = \pi/2 \sim 2\pi/3$ 区间，因 VT_2 触发，使 C 相接通，故 A、B、C 三相都工作，$u_{AR} = u_A$。

在 $\omega t = 2\pi/3 \sim 5\pi/6$ 区间，由于 u_B 过零时 VT_6 已自然关断，故仅有 A、C 两相导通，所以 $u_{RA} = 0.5u_{AC}$。

在 $\omega t = 5\pi/6 \sim \pi$ 区间，由于 VT_3 的触发导通，$VT_1 \sim VT_3$ 都导通，三相又正常工作，$u_{RA} = u_A$。

负半波情况相似，故正、负半波的波形相同，整个周期中二相与三相轮流工作。

同理可得 $\alpha = 60°$ 的波形，在 $\omega t = \pi/3 \sim \pi$ 期间仅两相工作。在 $\alpha = 90°$ 和 $\alpha = 120°$ 时，波形进一步畸变、幅值变小。各种 α 时的波形都对称，如图 5-8(a) 所示。

2. 参数计算

(1) 输出电压的有效值 U_a

设相控角为 α 时 A 相输出电压的瞬时值为 u_a，根据上述分析，u_a 的波形为已知，因此可按下式求出输出电压的有效值 U_a，它是相控角 α 的函数，即

$$U_a = \sqrt{\frac{1}{\pi} \int_{\alpha_i}^{\alpha_{i+1}} u_a^2 \, \mathrm{d}\omega t} \tag{5-16}$$

式中 $\quad \alpha_i$、α_{i+1} ——分别为 u_a 波形中各段曲线的起始角和终止角。

令 $\alpha = 0°$ 时输出电压的有效值为 U_0，这就是电源的相电压有效值。$U_a/U_0 = f(\alpha)$ 的函数关系如图 5-11(a)、(b) 曲线所示。其中图 5-11(a) 为晶闸管反并联电路的 $U_a/U_0 = f(\alpha)$，图 5-11(b) 为晶闸管与二极管反并联电路的 $U_a/U_0 = f(\alpha)$。所以 α 已知时，由图可查得 U_a/U_0。

(2) 晶闸管与二极管反并联电路的 $U_a/U_0 = f(\alpha)$

前述分析方法同样适用于晶闸管与二极管反并联调压电路，只要作出不同 α 时的输出电压波形，由此可算出输出电压有效值 $U_a/U_0 = f(\alpha)$ 曲线，如图 5-11(b) 曲线所示。它与晶闸管反并联电路不同的是正、负两半波波形不对称，在同一个 α 角时，U_a 值较大，因此它的 α 角调节范围也相应加大，当 $\alpha = 210°$ 时，$U_a = 0$。

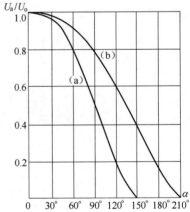

图 5-11　电阻负载三相调压电路输出电压
(a)晶闸管反并联电路；
(b)晶闸管与二极管反并联电路

5.2.3　电感性负载

在感性负载下，由于输出电压与电流有相位差，电压过零时晶闸管并未关断，同时还需考虑三相电路的特点和 α 角及 φ 角等因素，故电感负载下三相调压电路的分析变得很复杂，但可根据单相调压电路的计算方法，求得三相输出电流的有效值。

流过晶闸管的感性负载电流有效值仍可用式(5-13)表示

$$I = \frac{\sqrt{2}U_1}{Z} I^* = \sqrt{2} I_0 I^* \tag{5-17}$$

这时的晶闸管标幺电流有效值 I^* 与 α 角的关系如图 5-12 所示,这些曲线是用不同的角 φ 通过试验测得的。

输出到负载上的电流有效值与式(5-15)相同,其值为

$$I_L = \sqrt{2}I_0 \cdot \sqrt{2}I^* = 2I_0 I^*$$

同单相情况一样,当 $\alpha \leqslant \varphi$ 时,晶闸管用宽脉冲可在负载上得到全电压。当 $\alpha > \varphi$ 时,输出电压及电流随 α 角的增大而减小。

在感性负载下的三相调压电路,要定量分析加于晶闸管的电压也是复杂的,但是由于负载电路的性质不会影响加于晶

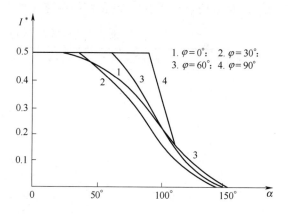

图 5-12 三相交流调压电路的标幺
电流有效值和 α,φ 的关系

闸管的最大电压值,因此在选用晶闸管时,其电压定额可按电阻负载的情况考虑。

三相调压电路中电感性负载电流的谐波分量小于电阻负载工况,这一现象可由图 5-13 的示波图上看出。由图 5-13(b)、(c)还可看出每个晶闸管关断后,线电流都出现轻微振荡,这是因为晶闸管不像理想开关,能在电流为零时立即关断,实际上是在一个瞬时反向电流下关断的缘故。所以在关断瞬间,储存在负载电路电感中的能量,将消耗在由负载电感及晶闸管阻容保护所形成的 LRC 电路中,并形成一定程度的衰减性振荡。

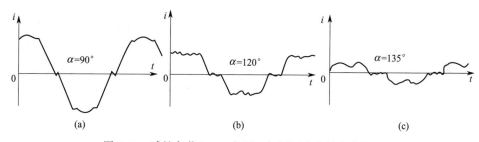

图 5-13 感性负载($\varphi = 45°$)下三相调压电路的电流波形

5.3 相控交-交变频

交-交变频器可以把一定频率的单相或三相电源变成频率可调、电压也能改变的单相或三相电源。例如把工频电源变成频率低于三分之一工频的低频交流电源,用以驱动交流电动机并加以调速。这种变频器称为周波变流器(Cycloconverter),或称循环变频器。除了获得低频交流电源外,交-交变频装置还能获得数倍于电源频率的交流电源,即构成倍频器。

周波变流器最早出现在 20 世纪的 30 年代。德国曾采用这项技术,把三相 50 Hz 电流变成铁路牵引用 $16\frac{2}{3}$ Hz 的交流电流。随着电力电子技术的发展,周波变流器重新获得了发展,并因为没有中间直流环节,少一次电流的转换。除欧洲的一些电牵引外,在冶金系统的大功率变频调速装置中(如轧机)也获得了应用,此外在矿山卷扬、船舶推进以及水泥、风洞等功率在 $500 \sim 1\,000$ kW 以上、转速在 600 r/min 以下的传动装置中,逐步取代传统的大功率直流调

速,取得了良好的经济效益。交-交变频调速典型应用场合如表 5-1 所示。

表 5-1 交-交变频调速典型应用场合

应用场合	矿石破碎机	水泥球磨机	卷扬机	风洞设备	轧机主传动
控制要求	一般	一般	一般	一般	高(响应时间 10 ms)
转速(r/min)	8~15	10~18	30~100	200~600	30~600
功率(MW)	5~12	3~8	2~8	5~40	1~10
电机极数	40~80	40~80	6~32	4~8	4~24

5.3.1 基本原理

交-交变频器由于功率大、电压较高,而且可用自然换流,因而通常由相位控制的晶闸管构成。三相-单相变频的基本电路如图 5-14 所示,图中正、反两组相控整流器反并联连接后向负载 Z 供电,可以用适当的相位控制,使两组整流器轮流导通。在正组整流器导通时,负载上得到正向输出电流;负组整流器导通时,负载上得到反向输出电流。如图 5-14(a)中的实线和虚线所示。图 5-14(a)中 L 为抑制环流的扼流电抗。此图中整流器为零式,实际上大容量变频器用桥式整流电路。

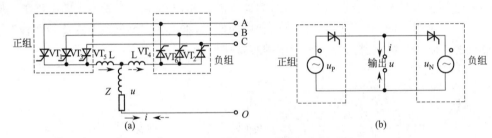

图 5-14 三相-单相交-交变频电路原理图
(a)原理电路图;(b)理想等值电路

由于每组整流器都可以实现相位控制,为了得到低频输出,可以在电源的若干周波内,先封锁负组整流器,使正组整流器的相控角连续地按一定规律逐渐由大变小,再由小变大。例如控制角 α 由 90°变为接近 0°,再由接近 0°变为 90°,这样就得到由低变高、再由高变低的输出电压,从而构成正半周的低频输出。然后在正半波输出后立即封锁正组整流器,再对负组整流器进行同样的控制,又可构成负半周的低频交流输出。因此只要电源频率相对输出频率高出很多倍,就可近似认为输出电压是平滑的正、负两半周对称的低频正弦波。显然这种电源频率相当高的理想变频器,其输出电流也是正弦波。其理想的正弦输出电压、电流的波形如图 5-15所示。

由图 5-14 表示的三相-单相变频器中,正、负两组相控整流器的结构是对称的,称为对偶整流器(有的文献上也称双整流器)。显然单相负载只需一对整流器,三相负载需要有三个单相输出,因而需用三对整流器供电。因此三相周波变流器中要用较多电力电子器件,如用三相零式电路,需 3×6=18 个器件,若用桥式电路,要用 3×12=36 个器件。以后我们将较详细地阐述如何获得正弦波输出的过程,那时将会看到每一周波中整流电路输出脉冲波数越高,输出波形就越接近正弦。因此用六脉冲波输出的桥式整流电路与用三脉冲波输出的零式整流电路相比,在一定的输入、输出频率比下,用桥式整流电路构成的交-交变频电路性能相对较好,但

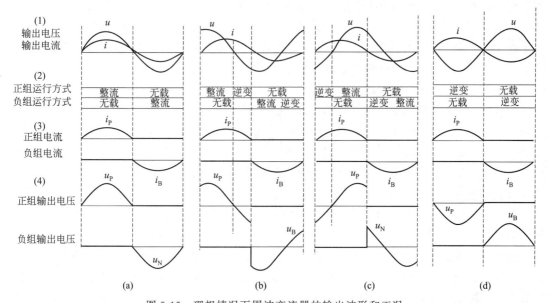

图 5-15　理想情况下周波变流器的输出波形和工况

(a)电阻负载($\varphi=0°$)；(b)感性负载($\varphi=-60°$)；(c)容性负载($\varphi=60°$)；(d)逆变工况($\varphi=180°$)

投资较大。

　　周波变流器的电源通常采用三相,因为在一定的输入、输出频率比下,单相供电的变频器性能较差,因此用得不多。由于正、负两组整流器的电源 u_P 和 u_N 是一个共用电源,因此在正、负两组整流器轮流导电时,还应注意两者的短路问题。为此从一组换流到另一组时,必须待前一组整流器中的晶闸管已经恢复阻断能力后,才使后一组晶闸管导通。即在换流时当负载电流过零后,应该有一个使晶闸管恢复阻断能力的时间。

　　图 5-14 所示的周波变流器,其电路结构很像一个直流可逆传动装置,不过这里输出的不是极性不变的直流电,而是一定频率的交流电。与直流可逆传动一样,这里正、负两组整流器既可以工作在整流状态,也可以工作在逆变状态,不论它是电感性的负载还是电容性的负载,从而使变频器可以带动任何性质的负载。因此它的整流器可通称为变流器。

　　由对偶变流器组成的周波变流器也类似直流可逆传动装置,存在着无环流运行方式和有环流运行方式。

5.3.2　理想情况下带不同性质负载时变频器的波形

　　在理想情况下,周波变流器的输出波形为正弦形,在不同性质负载(功率因数角为 $0°$、$-60°$、$60°$、$180°$)时,正、负组变流器的工作情况如图 5-15 所示。

　　图 5-15(a)是负载功率因数角 $\phi=0°$ 的情况,这时每一组整流器只有运行在整流区内才流过负载电流,而当其端电压处于逆变区的整个过程中,这组整流器始终处于空载的状态,这时由另一组整流器供给负载电流。由于图 5-15 假设工作状态是理想的,即电源频率与输出频率之比很大,且整流器的相控角按余弦规律均匀连续变化,此外也不考虑晶闸管的关断时间,因此图中输出电流 i 和输出电压 u 的波形在不同的 ϕ 角时都呈理想的正弦波形,如图 5-15 中(1)所示。图 5-15 中(2)是正、负两组变流器在不同 ϕ 角时运行方式的说明。图 5-15 中(3)是正、负两组变流器在不同 ϕ 角时的正组电流 i_P 和负组电流 i_N 的波形。图 5-15 中(4)是正、负

两组整流器在不同 ϕ 角时的输出电压 u_P 和 u_N 的波形。

上述这些正弦波形可以认为是输出波形中的基波分量，或者说它们的谐波被忽略了。实际上在工频电源下用来驱动电动机的周波变流器，其谐波分量还是不少的，特别是输出频率较高的情况下应该加以克服，以免对电网和电动机都产生不良影响。目前主要办法是加装谐波吸收装置，并对无功功率也加以补偿。

图 5-15(b)是负载功率因数 $\phi=60°$ 的情况，由图可见，在负载电流每半波的前 120°区间，导通的变流器处于整流工况，向负载供给功率。在负载电流每半波的后 60°区间，导通的变流器处于逆变工况，这时负载把功率反馈给电网。

图 5-15(c)是负载功率因数角 ϕ 超前 60°的工况，在负载电流每半波的前 60°区间，导通的变流器处于逆变状态，随后的 120°则为整流状态。

图 5-15(d)是负载功率因数角 $\phi=180°$ 的情况，负载属于完全再生性质，轮流导通的两组变流器始终处于逆变状态。

根据上述情况，可以得出无环流工况下两组整流器的工作规律：根据负载电流的方向决定由某一组变流器导通，而与该组变流器输出的电压极性无关；至于导通的变流器是处于整流工况还是逆变工况，则根据该导通组输出电压与电流的极性来判别，即同相为整流，反相为逆变。

交-交变频器除了构成周波变流器外，还可构成倍频器，其原理是在一个周波内，通过电网换流或负载换流的办法，使图 5-14 中的正、负两组变流器在一个电源周波内，多次轮流导通和关断。这样输出的电流频率就有电源频率的若干倍，从而构成倍频器。例如在一个电源周波内，通过负载换流的办法，完成正、负变流器的三次导通与关断，则为三倍增频器。倍频器大多用于感应加热炉等中频或高频负载。

通过上述简介，可以看出交-交变频器相对逆变器有下列优点：

1)省去中间直流环节，能量转换简捷，所以一般说来其效率较交-直-交变频系统略高。

2)周波变流器的电源为交流，因此可用电网换流，消除了晶闸管的强迫换流电路及换流损耗。

3)周波变流器能够使功率在电源与负载之间以任何一个方向输送，因此能够在整个调速范围内实现再生制动。这对于需要快速正、反转的大功率交流可逆传动装置特别有利(如大型轧机)。除了电流型逆变器外，电压型逆变器一般没有这种性能，或者还需额外增加一套反并联的可控整流器，用来反馈能量。

4)周波变流器换流失败时，会造成交流电源的短路，这一情况与有直流环节逆变器的贯穿短路类似。但周波变流器中如果有个别晶闸管烧坏，不必完全停机，因为周波变流器在输出频率略有畸变时，仍能继续工作。

5)周波变流器在输出低频交流电时的波形很好。因为低频波是由大量的电源波所组成，输出阶梯波的逆变器，在频率过低时会产生转矩的脉动，因而需要采用技术比较复杂的脉宽调制。

但是周波变流器虽然具有以上的优点，还具有下面的缺点：

1)周波变流器输出的最高频率必须小于输入频率的 1/3 左右。否则将会出现较大的谐波分量，从而降低了系统的效率和功率因数。因此若有高、中频电源，更能发挥这种系统的特长。

2)周波变流器需要更多的晶闸管，其控制电路往往也较复杂。所以小功率的传动装置用周波变流器通常是不经济的。在小功率情况下，为了减少晶闸管的数量和改善晶闸管的利用率，采用单相交流电动机可能是较为经济的。

3)对于电源侧用二极管整流桥的逆变器功率因数较高,但周波变流器的输入功率因数较低,当输出电压低时,由于各相控角处于相对较大的状态,其功率因数尤低。因此往往需要对输入端的功率因数进行补偿并采用吸收谐波的措施。

根据上述各点,可以慨括地说:周波变流器对于大功率低速可逆传动装置最有吸引力。对于一般大、中功率的交流驱动装置,周波变流器还可降低其机械传动比。例如低速回转的电动机,在机电一体化结构时,电动机的回转部分就可直接作为滚筒,进行研磨、卷扬、粉碎等工作。对于机车电传动而言,对于具有中频三相交流发电机的燃气轮机车,采用三相周波变流器的方案是可行的。

5.4 矩阵变换器*

矩阵式交-交变换器(Matrix Converter)是一种由全控型电力电子器件构成的排列组合,有以下几方面的显著特点:

1)输出电压幅值和频率可独立控制,输出频率可以高于、低于输入频率,理论上可以达到任意值;

2)功率因数可调整到 1,也可以控制为需要的功率因数;

3)采用四象限开关,容易实现能量双向流动;

4)没有中间储能环节,结构紧凑,效率高;

5)输入电流波形好,无低次谐波。

5.4.1 矩阵变换器的结构

1. 双向开关

矩阵变换器的关键部件是能流过双向电流且阻断双向电压的开关器件,必须具有双向导电性。这种双向开关具有自主关断能力,亦被称为四象限开关(Four-quadrant Switch)。目前双向开关的单元尚未市场化,实际应用的双向开关由单向开关组合而成,主要有二极管桥式结构、共发射极反并联结构、共集电极反并联结构,分别如图 5-16 所示。

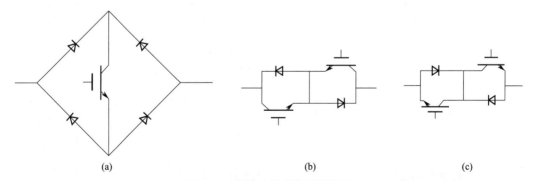

图 5-16　矩阵变换器的开关单元
(a)二极管桥式开关结构;(b)共发射极反并联结构;(c)共集电极反向并联结构

二极管桥式开关单元主要的好处是两个方向来的电流都可以由同一个开关器件所导通,每个开关单元只需要一个门极驱动。但由于每个导通通道上都有三个器件,所以损耗相对较高。并且通过开关单元的电流的方向不可控。

双向开关单元与二极管桥式开关单元相比有以下优点:1)可以独立控制电流方向;2)同时只有两个器件导通,使导通损耗降低。但每个双向开关单元的门极驱动都需要由一个独立的驱动电源。

不管是共射极还是共集电极结构,都可以省去公共节点,但公共节点有利于瞬时换向。并且在共射极结构,由于公共节点,两个门极驱动可共用一个隔离的电源。因此公共节点一般不省去。

目前对于双向开关的研究主要集中在功率器件和开关拓扑结构两方面。在器件方面,日本三菱公司提出基于薄晶片 LPT 技术的反向阻断型(Reverse Block)IGBT(RB-IGBT),适用于矩阵式变换器需要的双向开关。在开关拓扑结构方面,软开关技术的新型拓扑结构成为研究的热点,如:共发射极软开关结构和二极管桥式软开关结构,可以实现近于零损耗开关过程,但由于相应器件数量增多,还没有普遍应用。

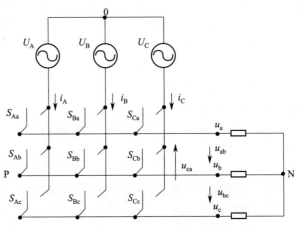

图 5-17　三相 AC/AC 矩阵变换器电路拓扑结构

2. 主电路的拓扑结构

典型的三相-三相矩阵变换器拓扑结构如图 5-17 所示。9 个双向开关排成 3 行 3 列矩阵,决定着矩阵变换器的变换关系。图 5-18 为基本开关时序图,表明在一个开关周期内开关的控制规律。

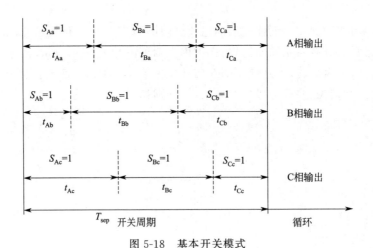

图 5-18　基本开关模式

5.4.2　矩阵变换器的控制规则

矩阵变换器的控制规则包括开关函数 S 的确定、实现和安全换流。对于图 5-17,开关公式被定义为

$$S_{jK} = \begin{cases} 1 & S_{jK} \quad 闭合 \\ 0 & S_{jK} \quad 断开 \end{cases} \quad j \in \{a,b,c\}, K \in \{A,B,C\} \tag{5-18}$$

矩阵变换器由电压源供电,因此输入相不能短路(相邻两相开关不能同时闭合)。并且由于负载常为电感性特性,输出相不能开路(相邻两相开关不能同时开路)。任何时间开关有且只有一个闭合,这个约束条件可以用表示为:

$$S_{ak} + S_{bk} + S_{ck} = 1 \quad k \in \{P, N\} \tag{5-19}$$

受到上述条件的约束,3×3 的矩阵变换器具有 27 种可行的开关状态。开关的组合模式可以被区分为三个组。第一组包括了 6 个组合,其中每个输出相分别单独接到一个不同的输入相,该组主要被用于在工频电压下进行调制,产生旋转矢量;第二组中,共有 $3 \times 6 = 18$ 种组合,其中每组都各有两个输出相接到同一个输入相,该组主要在需要进行变频调制的情况下,产生空间静止矢量;第三组只有三种组合,其中的三相输出全都短路了,主要被用来产生零矢量。全部的 27 种组合都是有效的,只是应用的条件不同。

输入端和输出端的电压以图 5-17 中的电源中线零为参考点,那么输入和输出电压可以矢量的形式表示如式(5-20)所示:

$$u_o = \begin{bmatrix} u_a(t) \\ u_b(t) \\ u_c(t) \end{bmatrix} \quad u_i = \begin{bmatrix} u_A(t) \\ u_B(t) \\ u_C(t) \end{bmatrix} \tag{5-20}$$

输入电压和输出电压之间的关系可以用式(5-21)来描述:

$$\left. \begin{bmatrix} u_a(t) \\ u_b(t) \\ u_c(t) \end{bmatrix} = \begin{bmatrix} S_{Aa}(t) & S_{Ba}(t) & S_{Ca}(t) \\ S_{Ab}(t) & S_{Bb}(t) & S_{Cb}(t) \\ S_{Ac}(t) & S_{Bc}(t) & S_{Cc}(t) \end{bmatrix} = \begin{bmatrix} u_A(t) \\ u_B(t) \\ u_C(t) \end{bmatrix} \\ u_o = T \cdot u_i \right\} \tag{5-21}$$

这里 T 是开关传输矩阵。

我们可以以同样的形式写出输入、输出电流的关系

$$\left. \begin{aligned} i_i = \begin{bmatrix} i_a(t) \\ i_b(t) \\ i_c(t) \end{bmatrix} \quad i_o = \begin{bmatrix} i_A(t) \\ i_B(t) \\ i_C(t) \end{bmatrix} \\ i_i = T^T \cdot i_o \end{aligned} \right\} \tag{5-22}$$

这里 T^T 是矩阵 T 的转秩矩阵。

式(5-21)和式(5-22)给出了电压、电流输入与输出之间的瞬时关系。

图 5-18 给出了典型的开关模式。考虑到双向开关的开关频率非常高,通过运用相应的开关函数来调制开关的占空比,可以产生可变压变频的低频输出电压。

假设开关 S_{KJ} 的占空比 $m_{Kj}(t) = t_{Kj} / T_s$,那么它遵循下列公式,即

$$m_{Aj} + m_{Bj} + m_{Cj} = 1 \quad 0 < m_{Kj} < 1, K \in \{A, B, C\}, j = \{a, b, c\} \tag{5-23}$$

此时传输矩阵可以定义为

$$M(t) = \begin{bmatrix} m_{Aa}(t) & m_{Ba}(t) & m_{Ca}(t) \\ m_{Ab}(t) & m_{Bb}(t) & m_{Cb}(t) \\ m_{Ac}(t) & m_{Bc}(t) & m_{Cc}(t) \end{bmatrix} \tag{5-24}$$

那么输出相电压低频分量为

$$\overline{u_o}(t) = M(t) \cdot u_i(t) \tag{5-25}$$

而输入相电流的低频分量为

$$\overline{i_i} = M(t)^{\mathrm{T}} \cdot i_。$$

(5-26)

矩阵转换器的控制策略分为电压控制法和电流控制法。电压控制法以变换器输出电压（通常要求电压为对称正弦量，但也可以为直流量甚至其他如矩形波等）为控制目标。根据变换器合成输出电压时有无中间直流环节又可以分为间接控制法和直接控制法。间接控制法通过虚构一个中间直流环节分两步合成输出电压，而直接控制法则由输入电压直接合成输出电压。

电流控制法以变换器输出电流作为控制目标。一般要求电流为对称正弦量，因此变换器输出电流要能跟踪给定电流呈正弦变化。它有两种基本实现方法：滞环电流控制法和预测电流控制法。电流控制法具有开关函数求解简便，控制简单，对控制器硬件要求较低，输出电流波形谐波分量小，抗干扰性好，动态响应快，能限流等特点。但也有开关频率不能固定；输出电压谐波分量大；输入滤波器难以设计等缺点，它主要应用于高性能电机驱动场合。

目前来看，矩阵变换器所用开关器件较多，电路结构复杂，控制算法还不成熟，但容易实现集成化和模块化。随着功率器件的集成技术的进步，矩阵变换器将有很好的应用前景。

<h2 align="center">小　　结</h2>

本章主要讲述三种交-交变换电路的基本结构：交流调压器、交-交变频器和矩阵式变换器。

采用半控型的晶闸管作为开关器件构成的交-交变换电路分为交流调压器和交-交变频器两种。交流调压器实际上是利用晶闸管的相移导通，将正弦交流电源电压波形中的一部分送至交流负载；另一部分由于晶闸管的作用，处于截止状态，并未送入负载。通过改变晶闸管导通角的大小，可以调节输出电压的大小。采用这种控制方式，输出的电压不大于输入电压，并且输出的电压中含有较大成分的谐波，应用受到局限。单相调压器常用在小功率单相电机、照明灯光控制和电加热温度控制中；三相调压器用于三相交流异步电动机的变压调速和电机启动中。

相控交-交变频器也称周波变流器，它通过电源电压过零、反向的过程换相，开关器件也使用半控型晶闸管。这种直接变频方式与第4章介绍的交-直-交变频相比，优点在于只有一次功率变换，晶闸管依靠交流电源换相，可方便的实现四象限运行，低频时输出正弦波质量较高，并且由于省去了中间直流储能环节，大大缩减了电力电子装置的体积。其缺点为频率变化范围受到限制，交流输入端电流谐波较大，输入功率因数低且控制复杂。因此，这种交-交变频器仅用于高压、大容量、低速的交流四象限传动系统中（如大功率轧机、球磨机、卷扬机等等）。

本章最后一节介绍了一种新型的交-交变换电路：矩阵变换器。它采用全控型电力电子器件构成矩阵式开关网络，具有如下优点：输出电压幅值和频率可独立控制，输出频率理论上可以达到任意值；功率因数可调整到1；容易实现能量双向流动；没有中间储能环节；输入电流波形好，无低次谐波。这种变换电路的控制策略复杂，尚处于研究阶段，但由于其良好的性能，未来必将得到广泛的应用。

<h2 align="center">中英术语对照</h2>

交-交变换器——AC/AC Converter

交流调功电路——AC Power Controller

交流调压电路——AC Voltage Controller

交-交变频电路——AC/AC Frequency Converter

周波变流器——Cycloconverter

矩阵变换器——Matrix Converter

四象限开关——Four-quadrant Switch

Problems

Problem 5.1: A lamp is controlled by AC Voltage Controller (The lamp is a resistive load). The lamp gets its maximum output power at $\alpha=0°$. Calculate the α, when the output power gets 80% and 50% of its maximum.

Problem 5.2: A Single-phase AC Voltage Controller has an input voltage at 220 V, 50 Hz. The load is inductance obstruction in which the resistance is $R=0.5\ \Omega$ and the inductance is $L=2$ mH.

Answer the questions:

①What is the range of the turn-on angle?

②Calculate the maximum r/s current value in the load.

③Calculate the maximum output power and the power factor in this mean time.

④If $\alpha=\pi/2$, calculate the r/s current value and the turn-on angle of the SCR, then solve the power factor of the grid side.

Problem 5.3: What are the advantages of the Cycloconverter by comparing with the AC-DC-AC Frequency Converter?

Problem 5.4: What is the maximum frequency of a Cycloconverter? What factors constrain the operating speed of a Cycloconverter?

Problem 5.5: Collect the features of a Cycloconverter and comprehend the main purpose of it.

Problem 5.6: List the advantages and disadvantages of the matrix converter. Discuss why this kind of converter has such good prospects in the future.

6　PWM 控制技术

PWM(Pulse Width Modulation)技术是通过对一系列脉冲宽度进行调制来等效地获得所需波形(包括形状和幅值)的控制技术,其在现代电力电子中应用非常广泛。高速电力电子器件出现以前,由于器件开关的限制形成瓶颈,难以实现 PWM 控制,随着电力 MOSFET 和IGBT 等高频器件的发展,PWM 技术也随之得到了广泛的发展和应用。

现在的逆变电路中,绝大多数都为 PWM 逆变电路。本章以 PWM 技术在逆变器中的应用来阐述这种控制技术的原理、调制方式以及实用技术。

6.1　PWM 基本原理

PWM 控制技术最早应用于通信系统,1964 年,德国的 A. Schonung 等人将此技术率先推广到变频调制系统中。PWM 控制技术的工作原理基于采样控制理论,即冲量相等而形状不同的窄脉冲作用于惯性系统上时,其输出响应基本相同,且窄脉冲越窄,输出的差异越小。如果把各输出波形用傅立叶变换分析,仅在高频段略有差异,但低频段特性非常接近。此结论表明惯性系统的输出响应主要取决于系统的冲量,即窄脉冲的面积,而与窄脉冲的形状无关。图6-1 给出了几种典型的形状不同而冲量相同的窄脉冲,图 6-1(a)为矩形脉冲,图 6-1(b)为三角形脉冲,图 6-1(c)为正弦半波脉冲,它们的面积(冲量)均相同。当它们分别作用在同一个惯性系统上时,其输出响应波形基本相同。当窄脉冲变为图 6-1(d)所示的单位脉冲函数 $\delta(t)$ 时,系统的响应则变为脉冲过渡函数。

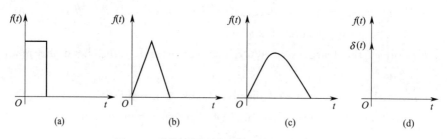

图 6-1　形状不同而冲量相同的各种窄脉冲

(a)矩形脉冲;(b)三角形脉冲;(c)正弦半波脉冲;(d)单位脉冲函数

依据上述原理,可将任意波形用一系列冲量相同的窄脉冲进行等效。如图 6-2 所示,为正弦波的正半波,可将其 k 等分(图中 $k=7$),将每一等分中的正弦曲线与横轴所包围的面积都用一个与此面积相等的等幅不等宽的矩形脉冲波替代,且使矩形脉冲的对称线和相对应的正弦等分的中线重合。显然,各个矩形波的宽度是不同的,它们的宽度大小将按照正弦规律变化。这就是正弦波脉宽调制(Sinusoidal PWM-SPWM)的理论依据,由此得到的矩形脉冲序列称为 SPWM 波形。正弦波的负半周也可用相同的方法,用一组等幅不等宽的矩形负脉冲来代替。

在三相电压型逆变器(图 4-8)中,PWM 控制实际上是通过调节开关器件的脉冲宽度来调节三相逆变器的输出。图 6-3(a)是 180°导电型下逆变器的输出波形,即 A、B 输出对 O 的电压波形,A、B 两相的线电压波形和各自对应的基波分量。开关器件在一个周期内开关一次,开关频率与正弦基波频率相同。将图 6-3(b)与图 6-3(a)相比较可以发现,A 相由 VT$_1$ 通 VT$_4$ 断的 180°内存在对应 VT$_4$ 通 VT$_1$ 断的区间,而 VT$_4$ 通 VT$_1$ 断的 180°内插入了对应 VT$_1$ 通 VT$_4$ 断的区间。A、B、C 三相对应器件按相序互差 120°。各相对应器件的开关频率是正弦基波频率的整数倍。按这种方法控制各相器件,图 6-3(b)中各输出端 A、B、C 对 O 电压的基波分量和线电压基波分量与图 6-3(a)中的频率相同。这就是 SPWM 在逆变器中的实际应用方法。

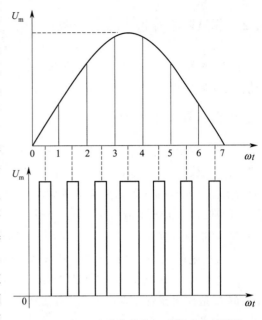

图 6-2 与正弦波等效的矩形脉冲序列波形

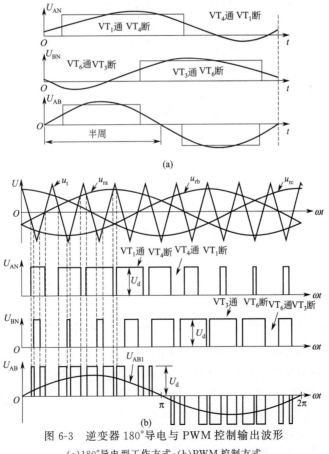

(a)

(b)

图 6-3 逆变器 180°导电与 PWM 控制输出波形

(a)180°导电型工作方式;(b)PWM 控制方式

6.2 SPWM 控制技术

SPWM 控制技术使得逆变器输出的电压或电流波形更接近于正弦波,有效地抑制了谐波分量,在实际中得到广泛应用。

6.2.1 SPWM 的模拟控制方法

电压型逆变器正弦脉宽调制(SPWM)的模拟控制原理图如图 6-4 所示,采用正弦波与三角波相交比较的方法来确定开关脉冲的宽度,正弦波称为调制波,三角波称为载波,如图 6-3(b)所示。三相对称的正弦参考电压调制信号 u_{ra}、u_{rb}、u_{rc} 由参考信号发生器提供,其频率和幅值是可调的,三角载波信号 u_t 由三角波发生器提供,它分别与每相调制信号比较,产生 SPWM 脉冲序列波 u_a^*、u_b^*、u_c^*,并作为逆变器的主开关管驱动信号,以 A 相为例,当 $u_{ra} > u_t$ 时,u_a^* 为高电平(控制 VT_1 导通,VT_4 关断);当 $u_{ra} < u_t$ 时 u_a^* 为低电平(控制 VT_1 关断,VT_4 导通)。图 6-3 画出了产生 SPWM 波形的三角波和正弦调制波。这样,由图 6-4 所示的 SPWM 模型控制器就可以产生图 6-3(b)中开关管触发信号与相应的电压波形。

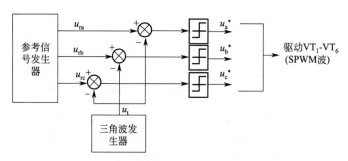

图 6-4 SPWM 控制原理模拟控制原理图

在 SPWM 控制中,定义载波比

$$m_f = \frac{f_t}{f_r} \tag{6-1}$$

和调制比(或称调制深度)

$$m_a = \frac{U_{r\,max}}{U_{t\,max}} \tag{6-2}$$

其中,f_t、$U_{t\,max}$ 分别为三角波的频率和幅值,f_r、$U_{r\,max}$ 分别为正弦参考波的频率和幅值。

在 SPWM 控制的逆变器中,输出电压的基波分量的频率与正弦参考波的频率相同,输出电压基波幅值与调制比 m_a 有关。

假设 m_f 足够大,则在图 6-3(b)所示的三角波周期内,正弦参考波的数值近似恒定,将图 6-3(b)局部放大,得到逆变器 A-N 之间的电压(A 相输出端对地电压)波形如图 6-5 所示,设三角波最大值为 1,A 相正弦参考波可写为

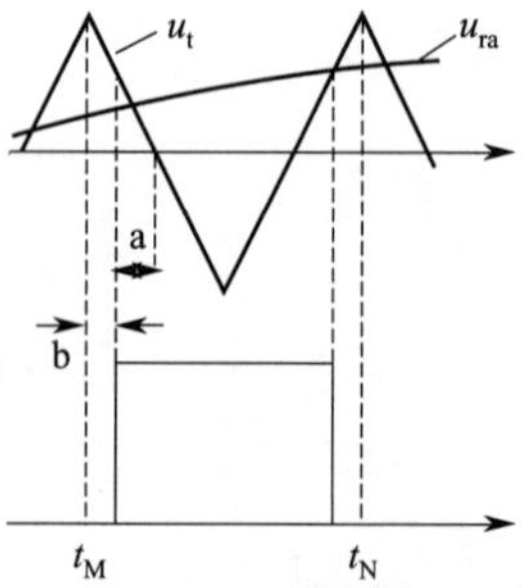

$$u_{ra} = m_a \sin\omega t \tag{6-3}$$

图 6-5 SPWM 波形生成局部放大图

在任意三角波周期(三角波周期为 T_t)内,设正弦参考波在该三角波周期内的平均值为 u_{ra},在图 6-5 中,有

$$\frac{u_{ra}}{2} = \frac{a}{T_t/2} \tag{6-4}$$

即

$$a = \frac{T_t}{4} u_{ra} \tag{6-5}$$

故

$$b = \frac{T_t}{4} (1 - u_{ra}) \tag{6-6}$$

设逆变器中间环节直流电压为 U_d,在三角波周期 $[t_M, t_N]$ 内,A-N 之间电压平均值为

$$U_{M-N} = \frac{T_t - 2b}{T_t} U_d \tag{6-7}$$

故有

$$U_{M-N} = \frac{U_d}{2} (1 + u_{ra}) \tag{6-8}$$

在整个正弦参考波周期内,A-N 之间电压 U_{AN} 近似为

$$U_{AN} = \frac{1}{2} U_d (1 + m_a \sin\omega t) \tag{6-9}$$

由于 A-N 之间电压为脉冲波形,在一周内平均电压为 $U_d/2$,故 A-N 之间的电压的基波分量为

$$U_{AN}^{(1)} = \frac{U_d}{2} m_a \sin\omega t \tag{6-10}$$

同理,B-N 之间电压 U_{BN} 的基波分量为

$$U_{BN}^{(1)} = \frac{U_d}{2} m_a \sin(\omega t - 120°) \tag{6-11}$$

A-B 之间的电压基波分量为

$$U_{AB}^{(1)} = U_{AB}^{(1)} - U_{BN}^{(1)} = \frac{U_d}{2} \sqrt{3} m_a \sin(\omega t + 30°) \tag{6-12}$$

A-B 之间的线电压有效值为

$$U_{AB}^{(1)} = \frac{U_d}{2} \sqrt{3} m_a = 0.612 m_a U_d \tag{6-13}$$

值得指出的是,式(6-13)适用于调制深度 $m_a \leqslant 1$ 的情况(且载波比 m_f 足够大),此时逆变器输出线电压有效值与调制深度 m_a 成正比,故称为线性调制。

当调制深度 $m_a > 1$ 时如图 6-6 所示,逆变器输出线电压有效值(U_{AB})与 m_a 已不成线性关系,常常称 $m_a > 1$ 为过调制。当 m_a 进一步增大,而 m_f 减小到一定的值时($m_f = 1$),输出相电压转为六阶梯波(即 180°导电型逆变器运行状态)。即使再增大 m_a,输出电压有效值将不再变化。六阶梯波运行时的逆变器输出线电压有效值为

$$U_{AB} = \frac{\sqrt{6}}{\pi} U_d \tag{6-14}$$

在三相 SPWM 控制技术中,为了增加逆变器基波电压 U_{AB1},通常加入一定比例的三次谐

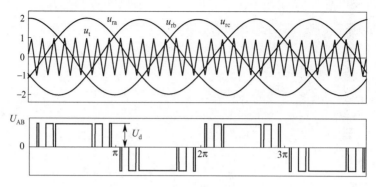

图 6-6　过调制时 SPWM 波形

波分量,并不会造成非线性或低次谐波的出现。这种调制技术称为三次谐波注入 SPWM。如图 6-7 介绍了三次谐波注入 SPWM 的原理,其中调制波 u_{ra} 是由基波 u_{r1} 和三次谐波 u_{r3} 叠加而成,使得 u_{ra} 的峰值变得平缓。由于基波 u_{r1} 的峰值比三角载波 u_t 高,从而提高了基波电压 U_{AB1} 的值。同时,调制波 u_{ra} 的峰值低于三角载波 u_t,避免了过调制所带来的问题。

注入的三次谐波 U_{m3},并不会增加 U_{AB} 的谐波含量。虽然逆变器的相电压 U_{AN}、U_{BN} 和 U_{CN} 中含有三次谐波,但它不存在于线电压 U_{AB} 中。例如,线电压 $U_{AB}=U_{AN}-U_{BN}$,其中三次谐波 U_{AN} 和 U_{BN} 的幅值和相位相同,两者相减便相互抵消了。通过三次谐波注入 SPWM 的方法,基波线电压 U_{AB1} 最高可增加 15.5%,且不会增加额外的谐波失真。

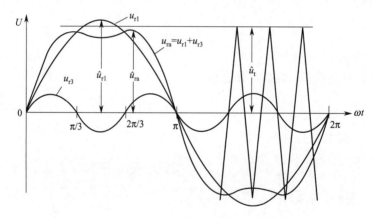

图 6-7　三次谐波注入 SPWM 波形

6.2.2　SPWM 的数字控制方法

目前,通常采用数字控制的方法实现逆变器的 SPWM 控制,具体方法可采用微机存储预先计算好的 SPWM 数据表格,在实时控制时根据指令调用数据产生 SPWM 信号,亦可以在实时控制中直接通过软件实时计算产生 SPWM 信号,还可采用大规模集成电路专用芯片产生 SPWM 信号。下面介绍 SPWM 几种典型的数字生成方法。

1. 自然采样法(Natural Sampling Method)

它是模拟控制方法的推广应用,通过计算正弦调制波与三角载波的交点,从而求得相应的开关切换点时刻。如图 6-8 所示表示了任意一段正弦调制波与三角载波相交的情况。

t_A、t_B 分别是脉冲开始和结束的时刻,T_t 为三角波载波的周期,t_2 为脉冲宽度($t_2 = t_2' + t_2''$)。按直角三角形内的几何相似关系,设三角波幅值为 1,正弦调制波为

$$u_r = m_a \sin\omega_1 t \qquad (6-15)$$

则有

$$\frac{2}{T_t/2} = \frac{1 + m_a \sin\omega_1 t_A}{t_2'} \qquad (6-16)$$

$$\frac{2}{T_t/2} = \frac{1 + m_a \sin\omega_1 t_B}{t_2''} \qquad (6-17)$$

从而有

$$t_2 = t_2' + t_2'' = \frac{T_t}{2}\left[1 + \frac{m_a}{2}(\sin\omega_1 t_A + \sin\omega_1 t_B)\right] \qquad (6-18)$$

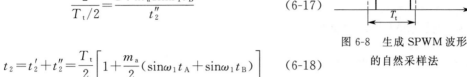

图 6-8 生成 SPWM 波形
的自然采样法

此式为一个超越方程,其中 t_A、t_B 与载波比 m_f 和调制深度 m_a 有关,而且 $t_1 \neq t_3$,求解十分复杂,一般不适用于微机实时控制。

2. 规则采样法(Uniform Sampling Method)

自然采样法是最基本的 SPWM 波形生成法,它以 SPWM 控制的基本原理为出发点,可以准确地计算出个功率器件的通断时刻,所得的波形接近于正弦波,但是这种方法计算量过大,因而在工程上实际应用不多。规则采样法是一种应用较广的工程实用方法,它效果接近于自然采样法,但计算量却远小于自然采样法。

在自然采样法中,每个脉冲的中点并不和三角波的中点(负峰点)重合,规则采样法使两者重合,使每个脉冲的中点都以相应的三角波中点对称,这样就使计算简化。这种方法的示意图,如图 6-9 所示,在三角波的负峰时刻 t_D 对正弦调制波采样而得 D 点,过 D 点作一水平直线和三角波分别交于 A 点和 B 点,在 A 点的时刻 t_A 和 B 点的时刻 t_B 控制功率开关的通断。可以看出,用这种规则采样法所得到的脉冲宽度 δ 和用自然采样法所得到的脉冲宽度非常接近。从图 6-9 可得到如下几何关系:

$$\frac{1 + m_a \sin\omega_r t_D}{\delta/2} = \frac{2}{T_t/2} \qquad (6-19)$$

因此得到

$$\delta = \frac{T_t}{2}(1 + m_a \sin\omega_r T_D) \qquad (6-20)$$

在三角波一个周期内,脉冲两边的间隙宽度 δ' 为

$$\delta' = \frac{1}{2}(T_t - \delta) = \frac{T_t}{4}(1 - m_a \sin\omega_r t_D) \qquad (6-21)$$

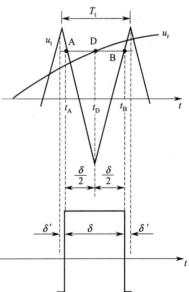

图 6-9 采用三角波做载
波的规则采样法

对于三相桥式逆变电路,应该形成三相 SPWM 波形,通常三角载波是三相共用的,三相正弦调制依次差 120° 相位。设在同一个三角波周期内三相的脉冲宽度分别为 δ_A,δ_B,δ_C,其间隙宽度分别为 δ_A',δ_B',δ_C',由于在同一时刻三相正弦调制波电压之和为 0,故由式(6-20)可得

$$\delta_A + \delta_B + \delta_C = \frac{3}{2} T_t \tag{6-22}$$

同理,由式(6-21)可得

$$\delta'_A + \delta'_B + \delta'_C = \frac{3}{4} T_t \tag{6-23}$$

利用式(6-22)和式(6-23),可简化生成三相 SPWM 的计算量。实际上,三相 SPWM 波形之间有严格的互差 120°的相位关系,只需计算出一相波形或调制波 1/2 个周期的波形,采用移相的方法,可得到所有三相 SPWM 波。

6.3　SPWM 的调制方式

6.3.1　SPWM 的调制方式

在 SPWM 变频调速系统中,载波比 m_f 对系统的工作性能有很大的影响,按载波比 m_f 的特点,SPWM 逆变器有以下两种工作方式。

1. 同步调制方式(Synchronous Modulation)

在这种控制方式中,载波比 m_f=常数,逆变器输出电压半波内的矩形调制脉冲数是固定的。在取 m_f 等于 3 的倍数值时,能保证逆变器输出波形的正、负半波始终保持完全对称,并能严格保持三相输出波形间具有 120°的对称关系。然而,在逆变器低频输出时,由于在半周期内脉冲的数目是固定的,相应两脉冲的间距加大,其谐波会显著增大,使负载电动机产生较大的转矩脉动与较强的噪声,这是同步控制方式的主要缺点。

2. 异步调制方式(Asynchronous Modulation)

为了克服同步调制的缺点,人们提出了异步调制方式的脉宽调制技术。即在逆变器的整个工作频率范围内,载波比 m_f 不等于常数,以改善电动机在低频工作时的谐波影响。一般在改变 f_r 时保持 f_t 不变,即提高低频时的载波比 m_f,这样逆变器输出电压半波内的矩形脉冲数可随输出频率的降低而增加,提高逆变器输出波形质量,改善低频工作特性。但是,如果在逆变器输出的整个频率范围内使载波比随频率的降低而连续变化,势必使逆变器的输出电压波形与其相位都会产生变化,很难保持三相输出间的对称关系。

3. 分段同步调制

在实际应用中,多采用分段同步控制法,即使得载波比随逆变器输出频率的降低而分段有级地增加。具体地说,把逆变器工作频率划分为若干个频段,对各频段采用不同的 m_f 值(一般按等比级数安排),频率高时 m_f 取小值,并在某一频段内维持载波比为一定。这样既可消除同步控制方法存在的固有缺陷,也不会引起由于相位变化而使电机工作不稳定。

在微电子技术发展的今天,这种分段有级同步控制方法是很易实现的,m_f 值的取值与逆变器的输出频率、功率开关元件的允许工作频率以及所用控制手段都有关。为使逆变器的输出尽量接近正弦波,应尽可能增大载波比。从有效减少电机噪声角度看,国外文献推荐载波频率以 8~15 kHz 为宜。但若从逆变器本身看,载波比应满足下列关系,即

$$m_f \leqslant \frac{逆变器功率元件允许开关频率}{频段内最高的正弦频率} \tag{6-24}$$

若利用微机生成 SPWM 脉冲波形，为保证能正常工作，三角载波的周期应大于微机最小的采样计算周期。表 6-1 给出了用于一般工业变频调速的实际系统的 m_f 值，供参考。

表 6-1　一个实际系统的 SPWM 载波比选择例子

逆变器输出频率 f_1（Hz）	载波比 m_f	开关频率 f_t（Hz）
32～62	18	576～1 116
16～31	36	576～1 116
8～15	72	576～1 080
4～7.5	144	576～1 080

图 6-10 为相应的关系曲线，可以看出在逆变器输出频率 f_1 的不同频段内，以不同 m_f 值进行同步控制，而载波频率 f_t 的变化范围基本一致，以满足功率元件的开关频率限制。在实际应用中，m_f 在切换的各个临界点处应设置一个滞环区域，以免在输出频率恰好落在切换点附近时造成载波频率反复变换不定的振荡现象。

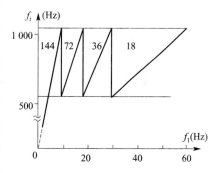

图 6-10　分段同步控制时的 f_1 与 f_t 关系曲线

4. 牵引控制系统中的载波比

在牵引控制系统中，异步牵引电机需要从零赫兹到最高频率范围运行，并实现恒磁通启动、中速恒功和高速降功（自然特性）运行。从低频到基频（指电机最大磁通对应的最高供电基波频率），逆变器采用脉宽调制控制方式，在基频以上，则采用 180°导电型的六拍工作方式。图 6-11 表示逆变器 PWM 控制方式及其相应的电压波形，其特点是：

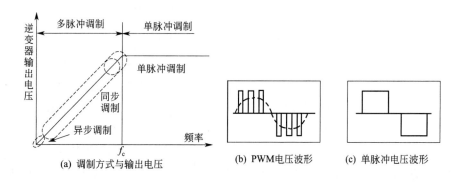

图 6-11　逆变器开关频率与输出电压基波频率的关系

1）低频区域为异步脉冲调制控制；

2）中间频率区域为高精度同步脉宽调制控制；

3）高于基频区域为单脉冲调制控制。

图 6-12 所示为用于牵引逆变器控制的一种典型 PWM 调制方式，为减低逆变器的开关损耗，提高牵引动力系统的效率，牵引逆变器的开关频率取得比较小，为此，载波比取得亦较小。

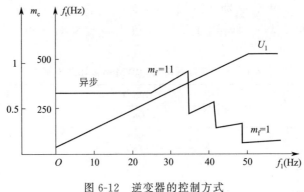

图 6-12 逆变器的控制方式

6.3.2 SPWM 不同的调制极性

1. 单极性 SPWM(Unipolar SPWM)

图 6-13 所示为单相桥式 PWM 逆变电路,负载为感性,IGBT 作为开关器件。

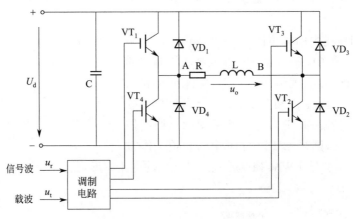

图 6-13 单相桥式 PWM 逆变电路图

图中,调制信号波 u_r 为正弦波,载波信号 u_t 为三角波。u_t 在 u_r 的正半周为正极性的三角波,在 u_r 负半周为负极性三角波。在 u_r 和 u_t 的交点时刻,控制 IGBT 管 VT_2 或 VT_3 的通断。在 u_r 的正半周,VT_1 保持导通,VT_4 保持关断,当 $u_r > u_t$ 时,使 VT_2 导通,VT_3 关断,负载电压 $u_o = U_d$;当 $u_r < u_t$ 时,使 VT_2 关断,VT_3 导通,$u_o = -U_d$;当 $u_r > u_t$ 时,使 VT_3 关断,VT_2 导通,$u_o = 0$。这样,就得到了输出电压波形 u_o,如图 6-14 所示。图中虚线 u_{o1} 表示 u_o 中的基波分量。像这种在 u_r 的 1/2 个周期内三角波载波只在一个方向上变化,所得到的输出电压的 PWM 波形也只在一个方向变化的控制方式,称为单极性 SPWM 控制方式。这种控制方式下,在负载上可得到三种电平:$\pm U_d$ 和 0。

2. 双极性 SPWM(Bipolar SPWM)

与单极性 SPWM 控制方式不同的是双极型 SPWM 控制方式。图 6-13 所示的单相桥式 PWM 逆变电路,在采用双极性控制方式时的波形,如图 6-15 所示。在双极性方式中 u_r 的 1/2 个周期内,三角载波是在正、负两个方向变化的,所得到的 SPWM 波形也是正负变化的。在 u_t 的一个周期内,输出的 SPWM 波形只有 $\pm U_d$ 两种电平,仍然在调制信号 u_r 和载波信号 u_t 的交点时刻控制各开关器件的通断。

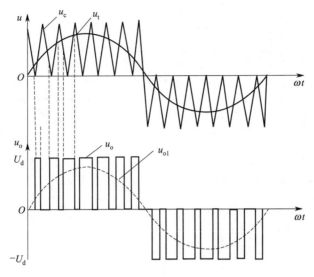

图 6-14　单极性 SPWM 控制原理

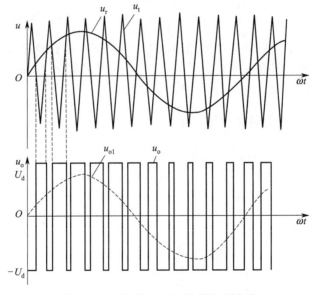

图 6-15　双极性 SPWM 控制方式波形

6.3.3　SPWM 的谐波分析

SPWM 控制过程中,输出电压波形为奇函数时,波形对称于 $\pi/2$,所以输出电压的傅里叶级数表达式中无常数项和余弦项,并且无偶次谐波。图 6-16 给出双极性 SPWM 的频谱,m_f 越大,谐波越少。谐波以旁频带(Sideband)的形式集中在 m_f 及其倍数 $2m_f$ 和 $3m_f$ 周围,低于 m_f-2 的电压谐波被消除。

这种调制方式适合于两电平逆变器。为防止上下桥臂的两个互补管的贯穿短路,必须先关断后开通。在实际应用中,由于所采用的开关管的最高工作频率是客观存在的,不能超出,所以在输出频率高的阶段,载波比应取较小值,但大功率逆变器的 m_f 不宜太高,以便降低开关损耗。

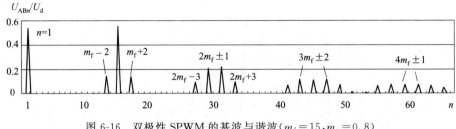

图 6-16　双极性 SPWM 的基波与谐波($m_f=15,m_a=0.8$)

单极性 SPWM 谐波分析如图 6-17 所示,输出电压谐波以旁频带形式集中在 $2m_f$ 和 $4m_f$ 周围。从图中可以看出,单极性 SPWM 消除了双极型中所含有的 m_f 和 $m_f\pm2$ 次谐波。

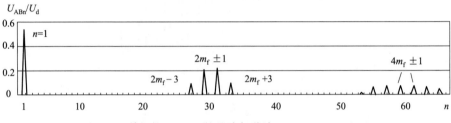

图 6-17　单极性 SPWM 的基波与谐波($m_f=15,m_a=0.8$)

综上所述,单极性的 SPWM 逆变器输出电压中的低次谐波分量很少,产生的谐波因其谐波次数较高又容易被电感性负载所抑制。另外,在双极性 SPWM 中,开关频率等于载波频率,而在单极性 SPWM 中,开关频率为载波频率的一半。

6.3.4　脉宽调制消除指定的谐波分量(Selected Harmonic Elimination PWM—SHEPWM)

控制脉宽调制的波形,可以消除逆变器输出电压中指定的谐波分量。例如为了消除 3 次和 5 次谐波,可以通过脉宽调制获得如图 6-18 所示的电压波形,其幅值为 $\pm U_d$,图中 $0\sim\pi$ 区间有 1 和 2 两个反向的负电压脉冲。这是一个奇函数,且与 $\pi/2$ 轴对称。用傅里叶级数表示为

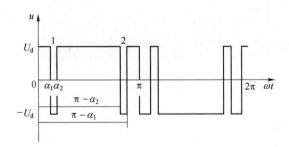

图 6-18　消除 3 次和 5 次两种谐波的电压波形

$$u(t)=\sum_{n}^{\infty}U_{nM}\sin n\omega t\qquad n=1、3、5\cdots \tag{6-25}$$

$$U_{nM}=\frac{2}{\pi}U_d\left[\int_0^{\alpha_1}\sin n\omega t\,\mathrm{d}(\omega t)-\int_{\alpha_1}^{\alpha_2}\sin n\omega t\,\mathrm{d}(\omega t)+\int_{\alpha_2}^{\pi-\alpha_2}\sin n\omega t\,\mathrm{d}(\omega t)-\right.$$

$$\left.\int_{\pi-\alpha_2}^{\pi-\alpha_1}\sin n\omega t\,\mathrm{d}(\omega t)+\int_{\pi-\alpha_1}^{\pi}\sin n\omega t\,\mathrm{d}(\omega t)\right]$$

$$=\frac{4}{\pi}U_d\left[\frac{1-2\cos n\alpha_1+2\cos n\alpha_2}{n}\right] \tag{6-26}$$

为了消除 3 次和 5 次谐波,可令 $U_{3M}=0$ 和 $U_{5M}=0$ 联立方程,故有

$$\left.\begin{array}{l} 1-2\cos3\alpha_1+2\cos3\alpha_2=0 \\ 1-2\cos5\alpha_1+2\cos5\alpha_2=0 \end{array}\right\} \qquad (6\text{-}27)$$

解式(6-27)方程,可求得图 6-18 中特定的 α_1 与 α_2,其值为

$$\alpha_1=23.62° \qquad \alpha_2=33.30°$$

由此可见,为了消除两种谐波(3 次和 5 次),可以使两个负电压脉冲的控制角(α_1 和 α_2)为定值。同理,为了消除 x 种谐波,则使输出电压的半周中有 x 个负脉冲。解 x 元方程组,可求得 x 个控制角、α_1、$\alpha_2\cdots\alpha_x$ 的数值,其值与 U_d 大小无关。

对于三相调速电动机,由于不存在零序分量,所以只需消除 5、7、11、13、17 次谐波。则相应的控制角为

$$\alpha_1=6.80° \qquad \alpha_2=17.27° \qquad \alpha_3=21.03° \qquad \alpha_4=34.66° \qquad \alpha_5=35.98°$$

6.4 追踪型 PWM 控制技术

追踪型 PWM 控制技术不是用信号波与载波进行调制,而是把给定的指令值与反馈的实际值相比较,适当变换功率器件开关模式,使实际的输出跟随指令值变化,所以又称为瞬时值 PWM 滞环控制技术。常用的给定信号取电流、电压或磁通(交流电机)信号。

1. 电流追踪型 PWM 控制技术

图 6-19 所示为使用滞环比较器(Hysteresis Comparison Device)的单相逆变器电流追踪型的控制原理,由于这种控制方式具有普遍性,应用也十分广泛。其工作过程为:电流指令 i^* 和输出电流 i 的差值输入到具有滞环特性的比较器输入端,比较器的输出端控制功率器件 IGBT VT_1、VT_2 的通断,来实现电流的闭环控制。比如 VT_1 导通使电流 i 增加,VT_2 导通使电流 i 减少,如图 6-19(b)所示,i 追踪着 i^*,在 i^*+I_T 和 i^*-I_T 之间摆动。使电流实际值与给定值的误差控制在 $\pm I_T$。所以滞环宽度的减小使电流的误差值下降,但使功率器件的开关频率增加。

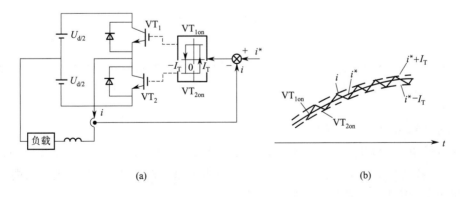

图 6-19　利用滞环比较的电流追踪型控制

(a)电流追踪控制电路;(b)输出电流波形

三相电流追踪型 PWM 逆变器控制原理如图 6-20(a)所示,相当于三个图 6-19(a)所示电

路构成。三相的电流指令为 i_a^*、i_b^* 和 i_c^*，其输出线电压和电流波形如图 6-20(b)所示。可见这种控制方式中，线电压波形的前后半周期里都有相反极性的电压脉冲存在，这将使负载的谐波含量增加。

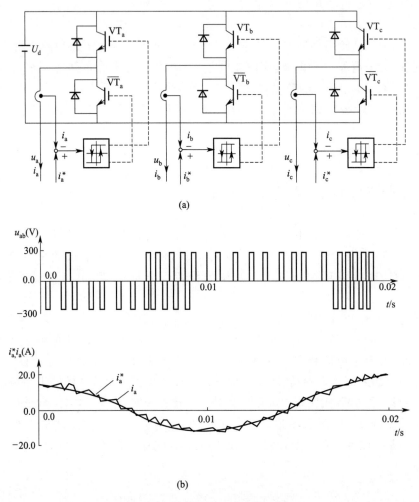

(a)

(b)

图 6-20 三相电流追踪型逆变器的控制

(a)三相电流型追踪控制电路;(b)输出线电压和电流波形

电流追踪型 PWM 控制的优点是：硬件非常简单；电流控制的响应很快。但其缺点为：增加了输出电压谐波含量，其频谱与之前的 SPWM 不同，不含特定的频率部分；并且增加了功率器件的开关次数。

2. 电压追踪型 PWM 控制技术

电压追踪型 PWM 的控制原理框图如图 6-21 所示。让输出电压的基波分量 u_1 追踪电压指令 u_1^*。两者之差 $u_1^* - u_1$ 经过积分器或一次延迟电路后送到滞环比较器的输入端，其输出用于控制逆变器桥上功率器件的开关状态。

当 $u_1^* = 0$ 时，该电路进入自激振荡，输出波形为方波。所以，另加直流电压使 u_1^* 产生一个偏移，即正负脉冲宽度不同。即使 u_1^* 变化，其变化频率比自激振荡的频率低得多的情况下，u_1 的基波也能追踪 u_1^*，并与之大致相同。

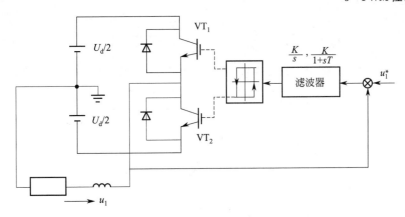

图 6-21 电压追踪型控制

3. 磁通追踪型 PWM 控制技术

图 6-22 所示为磁通追踪型逆变器的控制电路,即电压积分值的电路。输出电压 u_1 经积分器 K/s 后变为磁通 Φ_1。Φ_1 追踪 Φ_1^*,道理与前两种一样。这种电路磁通为恒定值,即 U/F 恒定控制,常用于交流电机。

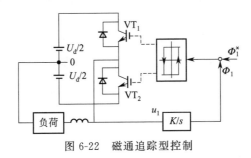

图 6-22 磁通追踪型控制

电压追踪和磁通追踪都可以像图 6-22 一样构成三相桥,在此不一一列举。

6.5 SVPWM 控制技术

电压空间矢量 PWM 与传统的正弦 PWM 不同,它是从输出电压的整体效果出发,下面将对该算法进行详细分析阐述。

6.5.1 SVPWM 基本原理

SVPWM 的理论基础是平均值等效原理,即在一个开关周期内通过对基本电压矢量加以组合,使其平均值与给定电压矢量相等。在某个时刻,电压矢量旋转到某个区域中,可由组成这个区域的两个相邻的非零矢量和零矢量在时间上的不同组合来得到。两个矢量的作用时间在一个采样周期内分多次施加,从而控制各个电压矢量的作用时间,使电压空间矢量接近按圆轨迹旋转,通过逆变器的不同开关状态所产生的实际磁通去逼近理想磁通圆,并由两者的比较结果来决定逆变器的开关状态,从而形成 PWM 波形。逆变电路如图 6-23 所示。

设直流母线侧电压为 U_{dc},逆变器输出的三相相电压为 U_A、U_B、U_C,其分别加在空间上互差 120°的三相平面静止坐标系上,可以定义三个电压空间矢量 $U_A(t)$、$U_B(t)$、$U_C(t)$,它们的方向始终在各相的轴线上,而大小则随时间按正弦规律做变化,时间相位互差 120°。假设 U_m

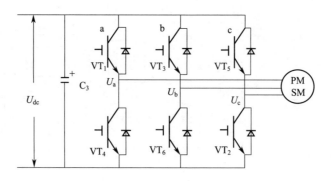

图 6-23　逆变电路

为相电压有效值,f 为电源频率,则有

$$\begin{cases} U_A(t)=U_m\cos(\theta) \\ U_B(t)=U_m\cos(\theta-2\pi/3) \\ U_C(t)=U_m\cos(\theta+2\pi/3) \end{cases} \qquad (6\text{-}28)$$

其中,$\theta=2\pi ft$,则三相电压空间矢量相加的合成空间矢量 $U(t)$ 就可以表示为

$$U(t)=U_A(t)+U_B(t)e^{j2\pi/3}+U_C(t)e^{j4\pi/3}=\frac{3}{2}U_m e^{j\theta} \qquad (6\text{-}29)$$

可见 $U(t)$ 是一个旋转的空间矢量,它的幅值为相电压峰值的 1.5 倍,U_m 为相电压峰值,且以角频率 $\omega=2\pi f$ 按逆时针方向匀速旋转的空间矢量,而空间矢量 $U(t)$ 在三相坐标轴(a,b,c)上的投影就是对称的三相正弦量。

由于逆变器三相桥臂共有 6 个开关管,为了研究各相上下桥臂不同开关组合时逆变器输出的电压空间矢量,特定义开关函数 $S_x(x=a,b,c)$ 为

$$s_x=\begin{cases} 1 & \text{上桥臂导通} \\ 0 & \text{下桥臂导通} \end{cases} \qquad (6\text{-}30)$$

$(S_a、S_b、S_c)$ 的全部可能组合共有 8 个,包括 6 个非零矢量 $U_1(001)$、$U_2(010)$、$U_3(011)$、$U_4(100)$、$U_5(101)$、$U_6(110)$、和两个零矢量 $U_0(000)$、$U_7(111)$,下面以其中一种开关组合为例分析,假设 $S_x(x=a,b,c)=(100)$,此时

$$\begin{cases} U_{ab}=U_{dc}, U_{bc}=0, U_{ca}=-U_{dc} \\ U_{aN}-U_{bN}=U_{dc}, U_{aN}-U_{cN}=U_{dc} \\ U_{aN}+U_{bN}+U_{cN}=0 \end{cases} \qquad (6\text{-}31)$$

求解上述方程可得:$U_{aN}=2U_d/3$、$U_{bN}=-U_d/3$、$U_{cN}=-U_d/3$。同理可计算出其他各种组合下的电压空间矢量,见表 6-2。图 6-24 给出了 8 个基本电压空间矢量的大小和位置。

表 6-2　开关状态与相电压和线电压的对应关系

S_a	S_b	S_c	矢量符号	线电压			相电压		
				U_{ab}	U_{bc}	U_{ca}	U_{aN}	U_{bN}	U_{cN}
0	0	0	U_0	0	0	0	0	0	0
1	0	0	U_4	U_{dc}	0	0	$\frac{2}{3}U_{dc}$	$-\frac{1}{3}U_{dc}$	$-\frac{1}{3}U_{dc}$
1	1	0	U_6	U_{dc}	U_{dc}	0	$\frac{1}{3}U_{dc}$	$\frac{1}{3}U_{dc}$	$-\frac{2}{3}U_{dc}$

续上表

S_a	S_b	S_c	矢量符号	线电压			相电压		
				U_{ab}	U_{bc}	U_{ca}	U_{aN}	U_{bN}	U_{cN}
0	1	0	U_2	0	U_{dc}	U_{dc}	$-\dfrac{1}{3}U_{dc}$	$\dfrac{2}{3}U_{dc}$	$-\dfrac{1}{3}U_{dc}$
0	1	1	U_3	0	U_{dc}	U_{dc}	$-\dfrac{2}{3}U_{dc}$	$\dfrac{1}{3}U_{dc}$	$\dfrac{1}{3}U_{dc}$
0	0	1	U_1	0	0	U_{dc}	$-\dfrac{1}{3}U_{dc}$	$-\dfrac{1}{3}U_{dc}$	$\dfrac{2}{3}U_{dc}$
1	0	1	U_5	U_{dc}	0	U_{dc}	$\dfrac{1}{3}U_{dc}$	$-\dfrac{2}{3}U_{dc}$	$\dfrac{1}{3}U_{dc}$
1	1	1	U_7	0	0	0	0	0	0

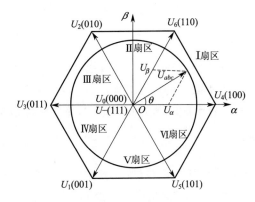

图 6-24 电压空间矢量的大小和位置

6.5.2 SVPWM 法则推导

三相电压给定所合成的电压矢量旋转角速度为 $\omega = 2\pi f$，旋转一周所需的时间为 $T = 1/f$；若载波频率是 f_s，则频率比为 $R = f_s/f$。这样将电压旋转平面等切割成 R 个小增量，亦即设定电压矢量每次增量的角度是

$$\mathrm{d}\theta = 2\pi/R = 2\pi f/f_s = 2\pi T_s/T \tag{6-32}$$

假设欲合成的电压矢量 U_{ref} 在第 I 区中第一个增量的位置，如图 6-25 所示，欲用 U_4、U_6、U_0 及 U_7 合成，用平均值等效可得

$$U_{ref} \cdot T_s = U_4 \cdot T_4 + U_6 \cdot T_6 \tag{6-33}$$

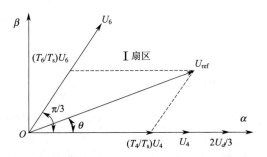

图 6-25 电压空间矢量在第 I 区的合成与分解

在两相静止参考坐标系 (α, β) 中，令 U_{ref} 和 U_4 间的夹角是 θ，由正弦定理可得

$$
\begin{cases}
|U_{\text{ref}}|\cos\theta = \dfrac{T_4}{T_s}|U_4| + \dfrac{T_6}{T_s}|U_6|\cos\dfrac{\pi}{3} & \alpha \text{ 轴} \\
|U_{\text{ref}}|\sin\theta = \dfrac{T_6}{T_s}|U_6|\sin\dfrac{\pi}{3} & \beta \text{ 轴}
\end{cases}
\tag{6-34}
$$

因为 $|U_4|=|U_6|=2U_{\text{dc}}/3$,所以可以得到各矢量的状态保持时间为

$$
\begin{cases}
T_4 = mT_s\sin\left(\dfrac{\pi}{3}-\theta\right) \\
T_6 = mT_s\sin\theta
\end{cases}
\tag{6-35}
$$

式中 m——SVPWM 调制系数,$m=\sqrt{3}\,|U_{\text{ref}}|/U_{\text{dc}}$(调制比=调制波基波峰值/载波基波峰值)。而零电压矢量所分配的时间为

$$
T_7 = T_0 = (T_s - T_4 - T_6)/2
\tag{6-36}
$$

或

$$
T_7 = (T_s - T_4 - T_6)
\tag{6-37}
$$

得到以 U_4、U_6、U_7 及 U_0 合成的 U_{ref} 的时间后,接下来就是如何产生实际的脉宽调制波形。在 SVPWM 调制方案中,零矢量的选择是最具灵活性的,适当选择零矢量,可最大限度地减少开关次数,尽可能避免在负载电流较大的时刻的开关动作,最大限度地减少开关损耗。

6.5.3   三电平逆变器空间矢量

由于三电平逆变器每相有三种开关状态,故三相共有 $3^3=27$ 种开关状态,对应着 27 个空间电压矢量,在 α、β 静止坐标系下的分布如图 6-26 所示。

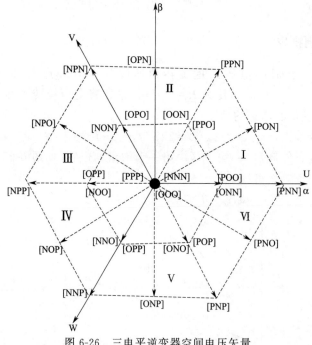

图 6-26   三电平逆变器空间电压矢量

在这 27 个空间电压矢量中,有效矢量为 19 个,其余为冗余矢量,按其幅值大小可分成 4 类:大矢量、中矢量、半矢量、零矢量。大矢量 6 个,幅值最大,为 $\dfrac{4}{3}\cdot\dfrac{U_d}{2}$,对应图中外层六边形

的顶点,其对应的输出只和 P 点、N 点连接;中矢量 6 个,长度略短,幅值为 $\frac{2}{\sqrt{3}}\cdot\frac{U_d}{2}$,位于每个 60°扇区的角平分线上,其对应的输出和 P 点、O 点、N 点都连接;半矢量有 6 个,其幅值为大矢量的一半,即 $\frac{2}{3}\cdot\frac{U_d}{2}$,位于内六边形的顶点,每个矢量对应两种开关状态,一种对应的输出只和 P 点、O 点连接,称为 P 型矢量,另一种的输出只和 N 点、O 点连接,称为 N 型矢量;零矢量三个,幅值为零,对应图中中心点,对应的输出端之间电位相等。表 6-3 列出了三电平逆变器所有开关状态对应的空间电压矢量类型。

表 6-3 三电平逆变器的空间电压矢量

电压矢量类型		开关状态	幅值	中点电压
大矢量		PNN,PPN,NPN,NPP,NNP,PNP	$\frac{4}{3}\cdot\frac{U_d}{2}$	不变
中矢量		PON,OPN,NPO,NOP,ONP,PNO	$\frac{2}{\sqrt{3}}\cdot\frac{U_d}{2}$	由相位决定
半矢量	P 型	POO,PPO,OPO,OPP,OOP,POP	$\frac{2}{3}\cdot\frac{U_d}{2}$	上升
	N 型	ONN,OON,NON,NOO,NNO,ONO		下降
零矢量		PPP,OOO,NNN	0	不变

若从图外侧向中心看,这些矢量在空间上可分三层,每进一层,矢量的冗余度就加 1,如最分布最外层的大矢量和中矢量,冗余度为 1,即只对应一种开关状态;而中心点的零矢量冗余度为 3,对应着三种开关状态。这种规律可适用于分析多电平逆变器的空间电压矢量。

小 结

PWM 技术在前面第 2 章至第 5 章的内容中都已提及。例如,第 2 章的直流斩波技术,其实就是一种典型的 PWM 控制。这种电路把直流电压斩波成一系列的脉冲,通过控制占空比对输出电压进行控制。调节占空比的过程,实质就是调节脉冲宽度。占空比固定之后,这些脉冲既等幅又等宽,是最简单的一种 PWM 控制。在 3.7 节中又对 PWM 整流进行了专门的介绍,PWM 整流是一种新型的整流方式,其改善了传统相控整流在深度相控时功率因数很低的缺点,并且纹波也远低于相控整流,有替代传统相控整流的趋势。在一些变频器、风力并网发电上已经开始使用 PWM 整流逆变电路(也称为背靠背电路)。第 5 章中的斩控式交流调压电路和矩阵变换器都应用到 PWM 控制技术。斩控式交流调压电路的输入电压和输出电压都是正弦交流电压,并且二者频率相同,只调节输出电压的幅值。斩控后得到的 PWM 脉冲的幅值也是按照正弦波规律变化的,而脉冲的宽度是相等的,脉冲的占空比根据输入和输出电压比进行调节。矩阵变换器的控制方式更加复杂,其输入电压和输出电压波形也都为正弦波,但由于二者频率不相同,输出电压是由不同的输入线电压组合而成的,因此 PWM 脉冲既不等幅也不等宽。在以上这些章节中,都没有涉及 PWM 的控制原理,读者通过学习本章以后,对这些电路的控制方法可以有一个更深刻的理解。

本章以 SPWM 为主,对 PWM 的原理、控制技术和调制方法进行介绍。学习时应重点学习 6.2 节中 SPWM 的两种生成方法,同时掌握 6.3 节中 SPWM 的不同的调制方法,了解不同方法的优缺点及其应用。另外,本章末简单介绍了追踪型 PWM 控制技术。追踪型 PWM 技术的 PWM 信号获得方式同 SPWM 有本质的不同,由于这种技术应用较为广泛,了解其工作原理也是有必要的。

中英术语对照

PWM 追踪控制——PWM Tracking control

自然采样法——Natural Sampling Method

脉冲宽度调制——Pulse Width Modulation-PWM

正弦波脉宽调制——Sinusoidal PWM-SPWM

同步调制——Synchronous Modulation

异步调制——Asynchronous Modulation

规则采样法——Uniform Sampling Method

载波——Carrier Wave

锯齿波——Sawtooth Wave

三角波——Triangle Wave

单极型 SPWM——Unipolar SPWM

双极型 SPWM——Bipolar SPWM

旁频带——Sideband

脉宽调制消除指定的谐波分量——Selected Harmonic Elimination PWM—SHEPWM

滞环比较器——Hysteresis Comparison Device

电流滞环控制——Current Hysteresis Control

电压滞环控制——Voltage Hysteresis Control

磁通滞环控制——Flux Hysteresis Control

Problems

Problem 6.1：Explain the main principle of the PWM control method.

Problem 6.2：What are the differences between the Uni-Polarity PWM and the Bi-Polarity PWM.

Problem 6.3：In a Three-Phase PWM Inverter，how many kinds of level are there in phase voltage output and line-to-line voltage output?

Problem 6.4：What is the Regular Sampling method? Find its advantages by comparing with the Natural Sampling method.

Problem 6.5：What is the Synchronous Modulation and what is the Asynchronous Modulation. Write down the main differences between them.

Problem 6.6：List the advantages and disadvantages of the Synchronous Modulation，Asynchronous Modulation and Subsection Synchronous Modulation.

Problem 6.7：Which frequency is the main harmonic frequency in Uni-Phase and Three-Phase SPWM wave forms?

Problem 6.8：How to increase the efficiency of the DC voltage source in a PWM inverter?

Problem 6.9：What is the fundamental of selected harmonic elimination PWM technique?

Problem 6.10：Write down the hysteresis current control procedure and sketch the block diagram.

7 软开关技术

现代电力电子装置的发展趋势是高频化和大功率化。大功率电力电子器件在开关时,电压和电流的波形发生剧变,开关损耗和应力都很大,并在装置的输入输出及周围产生高频电磁干扰(ElectroMagnetic Interference-EMI)。同时使电网输入电流波形严重失真,并含有大量谐波分量。软开关技术解决了电路中开关损耗与开关噪声等问题,使开关频率得以提高,并有效地抑制了谐波的产生。

7.1 软开关的原理

在前面所分析的 4 种电力电子基本变换电路中,开关器件都作为理想开关进行处理,认为开关在瞬间完成,并没有讨论开关过程对于器件和电路的影响。这样是为了便于理解主电路的工作原理,但是实际电路中开关过程是客观存在的,图 7-1 所示为开关器件在高电压、高电流的情况下进行开关的实际电压和电流波形。

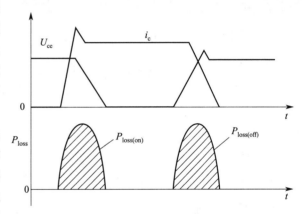

功率器件在开通时,电压下降与电流上升存在一个重叠区,产生的损耗称之为开通损耗(Turn-on Loss)。功率器件在关断时,其电压上升与电流下降也有一个重叠区,产生的损耗称之为关断损耗(Turn-off Loss)。这种开关过程成

图 7-1　开关器件开关时的电压和电流波形

为硬开关(Hard Switching)。因此在功率器件工作时,产生的开通损耗和关断损耗统称为开关损耗(Switching Loss)。在一定条件下,开关器件频率越高,总的开关损耗就越大,变换器的效率就越低。

功率器件工作在硬开关时还会产生高的 du/dt 和 di/dt,从而产生较大的电磁干扰。图 7-2 给出了感性负载时,开关器件工作在硬开关条件下的开关轨迹,图中虚线为功率器件的安全工作区(Safety Operation Area-SOA),如果不改善开关器件的开关条件,其开关轨迹很可能会超出安全工作区,导致开关器件的损坏。

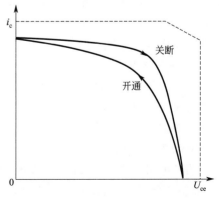

为了消除开关过程中电压与电流的重叠区,有两种方法:零电压开通和零电流关断。在功率器件开通

图 7-2　功率器件工作在硬开关
条件下的开关轨迹

时电压先降到零,称为零电压开通,此时开通损耗为零;关断时,电流先降到零,称为零电流关断。这种条件下,开关损耗为零。通常情况下,不再指出开通或关断,仅称为零电压开关(Zero Voltage Switching-ZVS)或零电流开关(Zero Current Switching-ZCS),如图 7-3 所示。

在零电流开关状态下,开通过程中限制电流的上升率;在零电压开关状态下,关断过程中限制电压的上升率。同样有效地减小了电压和电流的重叠区,开关损耗将大大减小。

上述减少功率器件的开关损耗、电压峰值和电流峰值、改善 du/dt、di/dt 等开关技术都统称为软开关(Soft Switching)技术。图 7-4 给出了功率器件在软开关条件下的开关轨迹,从图中可以看出,此时功率器件的工作条件很好,不会超出安全工作区。

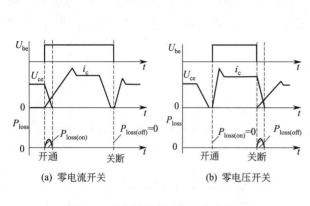

(a) 零电流开关 (b) 零电压开关

图 7-3　功率器件实现软开关波形图

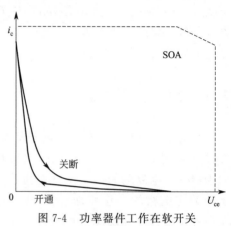

图 7-4　功率器件工作在软开关
条件下的开关轨迹

7.2　软开关技术

前面介绍了软开关的定义和基本原理,以下将对软开关的几种基本电路进行讲解。

7.2.1　软开关的基本电路

软开关的基本结构有三种:串联电感、并联电容和反并联二极管,三种结构如图 7-5 所示。

1. 串联电感

在开关器件线路中串联电感式 ZCS 的基本结构。开关导通时,抑制 di/dt,消除了 U、i 的重叠时间以防止发生开关损耗,这样可以在任意时刻以 ZCS 开通。但关断之前,串联电感上的能量要释放完全(电流为零),以保证器件安全关断。

2. 并联电容

在开关器件上并联电容式 ZVS 的基本结构。开关器件关断时,可以抑制 du/dt,消除 u、i 的重叠时间,以免发生关断损耗,任意时刻都可以 ZVS 关断。但器件开通之前,并联电容上的电荷要释放完全,以确保器件安全开通。

3. 反并联二极管

当外电路电流流经二极管时,开关器件处于零电压、零电流状态。此时开关或关断开关器件,都是 ZVS、ZCS 动作。外电路由 LC 无源器件、辅助开关等谐振电路和辅助电路构成,有的时候也与电容和电感一并使用。

另外,串联二极管也可以使功率器件在工作时达到零电压、零电流状态,但因为存在导通损耗,一般不予采用。

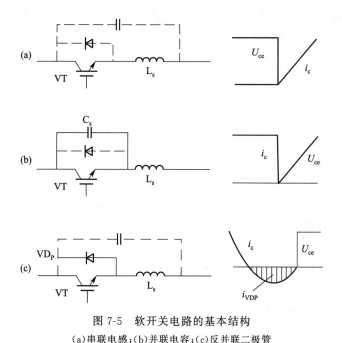

图 7-5 软开关电路的基本结构

(a)串联电感;(b)并联电容;(c)反并联二极管

7.2.2 ZCS 型准谐振变换器

ZCS 型准谐振变换器利用串联电感实现 ZCS 导通,谐振时电感放电,再利用反并联二极管进行关断,其基本结构如图 7-6 所示。在逆导型的功率器件上串联谐振电感 L_r,外侧并联谐振电容 C_r,形成零电流谐振开关。图 7-7 为其开关波形和开关轨迹。t_0 时刻开关器件导通,由于 L_r 的初始电流为零,开关动作属于 ZCS,t_0 时刻后有以下 4 个动作区间。

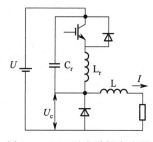

图 7-6 ZCS 型准谐振变流器

预备期间 $t_0 \sim t_1$:到 t_1 时刻,$i_{Lr}=I$,续流二极管的电流为零。

谐振期间 $t_1 \sim t_3$:谐振的后半期内,i_{Lr} 变负,反并联二极管导通,此期间关断开关。

恢复期间 $t_3 \sim t_4$:t_4 时刻,续流二极管的电压为零。

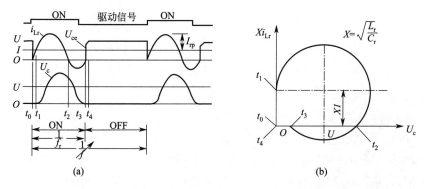

图 7-7 ZCS 准谐振变流器电压电流波形与轨迹

(a)ZCS 型准谐振变流器的电压电流波形;(b)ZCS 型准谐振变流器的电压电流轨迹

稳态期间 $t_4\sim$: I 流过续流二极管，谐振停止。该期间可以持续到任意时刻。

谐振开关 $t_0\sim t_4$ 期间的连续动作中途不能停止，输出电压为 U_c 的平均值，一固定导通时间控制。该变流器没有功率器件和续流二极管之间的短路状态，开通与关断都属于 ZCS 型。由于谐振电流的叠加，功率器件的有效值增大，导通损耗在最大输出功率时为硬开关的 1.5 倍以上，1/2 负载时达到三倍。

使用 ZCS 方式使器件导通时，器件的极间电容上积蓄的电荷都被短路掉，使这部分能量白白流失。因此，一般 ZCS 只用在 500 kHz 以下的场合。

7.2.3 ZVS 型准谐振变流器

ZVS 型准谐振变流器是利用并联电容使功率器件以 ZVS 形式关断。谐振电容放电是通过串联二极管导通来工作的，也有的电路把串联二极管改为并联二极管。其基本结构如图 7-8 所示，开关上并联谐振电容 C_r，其外侧串联谐振电感 L_r 构成零电压谐振开关。图 7-9 所示为其电压电流波形和电压电流轨迹，动作原理跟 ZCS 几乎是对偶的，也分为四个动作期间。在 t_0 时刻，C_r 初始电压为零，以零电压关断。

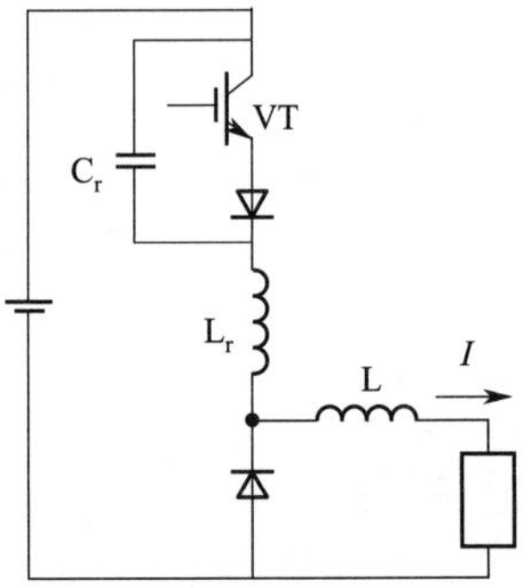

预备期间 $t_0\sim t_1$：C_r 以电流 I 充电，t_1 时刻续流二极管的电压为零。

谐振期间 $t_1\sim t_3$：续流二极管导通，$L_r C_r$ 谐振。在该期间的后半段 $t_2\sim t_3$ 内，U_c 为负，串联二极管阻断了电压，此期间以零电压开通。

图 7-8 ZVS 型准谐振
变流器的基本结构

恢复期间 $t_3\sim t_4$：i_L 增大，到 t_4 时刻 $i_L = I$，续流二极管的电流为零。

稳态期间 $t_4\sim$ ：开关导通，I 流经开关，谐振停止。该期间可任意持续。

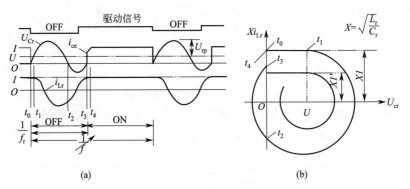

图 7-9 ZVS 准谐振变流器电压电流波形与轨迹

(a)ZVS 型准谐振变流器的电压电流波形；(b)ZVS 型准谐振变流器的电压电流轨迹

ZVS 型准谐振变流器的关断时间是固定的，通过控制频率可以控制输出电压 U_o。ZVS 型准谐振实现零电压开通时，谐振电压的峰值高于电源电压。由于峰值电压正比于 I，如果 I 太小[如图 7-9(b)中 I' 所示]，则 U_c 的最小值达不到零，满足不了零电压的导通条件。

谐振 ZVS 功率器件的极间电容是谐振电路的一部分，不会造成损耗，适用于 500 kHz 以上的高频动作，但是负载范围窄，只适用于固定负载或接近于固定的负载。使用谐振开关能比较容易得到 ZCS、ZVS，从而减小开关损耗。与传统的 PWM 比较，开关频率可提高 10～100 倍。但是，这种方式开关存在以下问题：功率器件的电流有效值增加；功率器件的电压峰值增大;频率和负载相对固定。

7.2.4 软开关应注意的问题

(1)部分谐振 PWM:为了使效率尽量和硬开关时接近,必须防止器件电流有效值的增加。因此,在一个开关周期内,仅在器件开通和关断时使电路谐振,称为部分谐振。

(2)无损耗缓冲电路:使串联电感或并联电容上的电能释放时不经过电阻或功率器件。

(3)IGBT 器件:IGBT 器件关断时有拖尾电流,对关断损耗有很大的影响。因此,关断时采用零电流时间比较长的 ZCS 更为合适。

(4)并联谐振:在构造部分谐振电路时,应避免主电路通过谐振电路,即谐振电感应与主电路并联。谐振型 PWM 除了导通损耗增加、器件的峰值电压增大等缺点外,其效率与硬开关 PWM 差不多。

7.3 软开关典型应用 *

由于软开关所涉及的器件和电路非常广,其电路形式也是多种多样,大多采用 LC 谐振的方式,吸收开关中的能量。但是软开关技术并不是本书的重点,因此,本小节只介绍几种简单的软开关电路,并不能涵盖所有的器件和电路。开关器件则以 IGBT 为代表,由于 IGBT 在关断时具有拖尾电流,不能立即关断,因此,在设计主电路时,有必要对其开关过程进行调整,使其工作在软开关状态。

7.3.1 DC-DC 变换

1. ZVS 准方波变流器

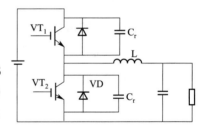

ZVS 准方波变流器中电压波形接近方波,称为 ZVS 准方波变流器(Quasi-Square-Wave Converter)。图 7-10 中开关 VT_1、VT_2 交互导通,滤波电感 L 值很小,使得电感电流的脉动振幅大于平均电流。VT_1 关断之前有正电流,利用并联电容 C_r 以 ZVS 关断。由于 C_r 放电,辅助器件的反并联二极管导通,辅助器件以 ZVS 导通。

图 7-10 ZVS 准方波变流器电路

优点:电路简单,器件的峰值电压小;缺点:器件的峰值电流和关断电流都很大,负载范围小。

2. ZVT PWM 变流器

ZVT PWM 变流器是部分谐振型 ZVS PWM 变流器的改进型,称 ZVT 变流器(Zero Voltage Transition Converter)。主电路电流不经过谐振电感,基本上没有谐振 ZVS 的缺点,即器件的峰值电压等与电源电压,不需要反向耐压,由于谐振,没有电感引起的导通损耗。

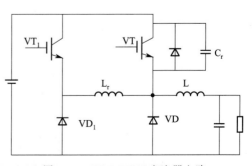

图 7-11 所示为 ZVT PWM 降压变流器的结构。主器件 VT 导通前,让辅助器件 VT_1 导通,用 L_r 的电流提供给 L。与此同时,L_r、C_r 共振,C_r 经 VT_1 向 L_r 放电。放电结束后,使 VT 以 ZVS 导通。此后,使 VT_1 关断,L_r 的电流通过 VD_1

图 7-11 ZVT PWM 变流器电路

返回电源。任意时刻即使 VT 关断,由于 C_r 存在,该关断仍然是以零电压动作的。

优点:VT、VD 都是软开关动作,耐压和电流有效值与硬开关 PWM 一样;缺点:VT_1 的导通是 ZCS,而关断是硬开关。因电流有效值小,使用高速器件更好。

3. ZVT PWM Boost 变流器

把 ZVT PWM 变换器的基本思路应用在 Boost 电路上就可以得到如图 7-12 所示的 ZVT PWM Boost 变换器及其主要电量波形图。

从图 7-12 可以看出,在主开关管 VT_1 开通之前,开通辅助开关管 VT_2,谐振电感 L_r 和谐振电容 C_r 开始谐振工作,电感电流 i_{Lr} 开始上升,电容 C_r 电压开始下降到零时,VT_1 的反并联二极管 VD_1 导通,把主管 VT_1 电压箝在零位,此时开通主管 VT_1 就是零电压开通。该变换器的优点是:1)实现了主开关管 VT_1 和升压二极管 VD 的软开关;2)辅助开关管是零电流开通,但有容性开通损耗;3)主开关管和升压二极管中的电流、电压应力与不加辅助电路一样;4)在任意负载和输入电压范围内均可实现 ZVS,辅助电路工作时间很短,其电流有效值很小,因此损耗很小;5)实现了恒定频率控制。该电路的缺点是辅助开关管的关断损耗比较大,比不加辅助电路时主开关的损耗还要大,因此有必要改善辅助开关管的关断条件。

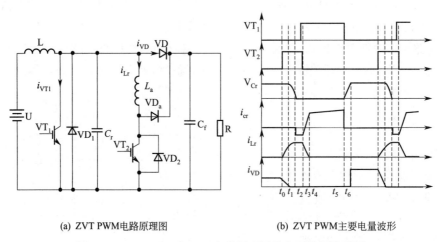

(a) ZVT PWM电路原理图   (b) ZVT PWM主要电量波形

图 7-12 ZVT PWM Boost 电路原理图及主要电量波形图

为了改善辅助开关管的关断条件,对 Boost ZVT PWM 变换器进行改进,如图 7-13 所示。

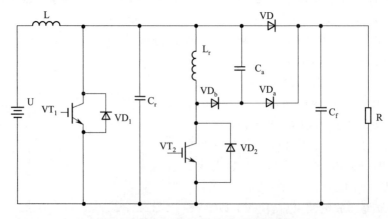

图 7-13 ZVT PWM 主电路改进原理图

主要电量波形同上,辅助开关管 VT_2 是在辅助电容 C_a 缓冲作用下关断的,能有效的缓冲辅助开关管 VT_2 关断时电压的上升率,基本实现了辅助开关管的软关断。

改进型 ZVT PWM 变换器保留了 ZVT PWM 变换器的所有优点,还带来了以下优点:1)辅助开关管是零电压关断的;2)辅助电容既作为主开关管的缓冲电容,又可作为辅助开关管的缓冲电容;3)辅助电感的峰值电流比 ZVT PWM 变换器的小。

ZCT/ZVT PWM 电路是软开关技术中较成功的一种,它简单、高效、容易实现,而且在很宽的输入电压变化范围和很大的负载变化范围内都能实现软开关,特别适用于大功率应用场合,是目前应用研究的最广泛的软开关电路。

7.3.2 AC/DC 变换

1. 单相高功率因数变流器

学习这部分内容之前,需要先介绍一下不连续模式控制的原理。不连续模式控制的高功率因数变流器可以看成是在整流电路上加斩波器构成的。因此,与斩波器的分类一样,有升压、降压、升降压三种类型,其中升压用的最广泛。图 7-14 所示为单相高功率因数变流器,假定串联电感 L_1 较小,用简单的占空比固定控制方法实现高频开关动作,利用 L_1 电流的不连续性使输入电流接近于正弦。

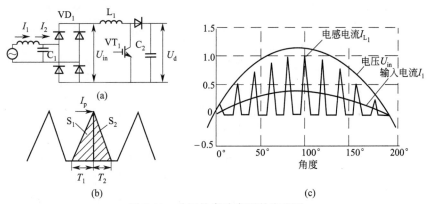

图 7-14 升压性高功率因数变流器
(a)电路结构;(b)、(c)电感电流波形

开关器件 VT_1 一导通,电感上就加有交流电源的整流电压 U_{in},电感电流上升。VT_1 一旦关断,电感电流按输出直流电压 U_{dc} 和电源电压 U_{in} 之差成正比减少。该电流为零后,再进行下一轮的触发导通、关断,这就是不连续模式控制。电感 L_1 的电流如图 7-14(b)所示,是三角波状的脉冲列。VT_1 导通时,L_1 电流的面积 S_1 与 U_{in} 成正比;但 VT_1 关断后,L_1 电流的面积 S_2 正比于 U_{in} 的二次方。

交流输入电流等于 L_1 的电流减去 LC 滤波器滤除的谐波电流,如图 7-14(c)所示,接近与正弦波。此时,U_{dc} 增大,S_2 将变小,S_1 的比例相对变大,输入电流更接近正弦波。U_{dc} 越小,S_2 的比例就越大,输入电流的失真就越严重。

在图 7-14 电路中,电感电流不连续,开关器件的开通是 ZCS 方式。但是,关断时电感电流从峰值关断,是硬开关动作,因此,关断时开关损耗和浪涌电流很大。图 7-15 是改进型电路,该电路上接有无损耗缓冲电路,两个开关器件 VT_1 和 VT_2 同时导通和关断。VT_1、VT_2 关断后,电流经 L_r、VD_{c1}、C_r、VD_{c2} 给电容 C_r 充电。C_r 充电的时间比 VT_1、VT_2 的关断时间长的多,因此,从原理上说,VT$_1$、VT$_2$ 是以 ZVS 方式关断的,从而开关损耗和浪涌电压很小。电容 C$_r$ 的电压能增加交流输入电压过零附近输入电流的数值,因此改善了电流波形。

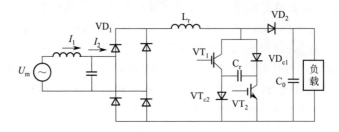

图 7-15　升压型高功率因数变流器

2. 三相高功率因数变流器

图 7-16 是升压型电感不连续模式的三相单开关高功率因数变流器的基本结构,三相一起用一个开关器件控制。其动作原理与单相高功率因数变流器基本一样。根据输出功率的需要,相应调整占空比,使开关器件 VT$_1$ 导通,可以得到输入高功率因数。

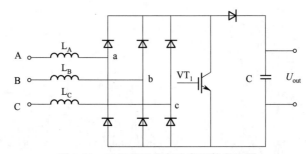

图 7-16　三相单开关高功率因数变流器

如图 7-16 所示,开关器件 VT$_1$ 导通,a、b、c 三个端子都被二极管整流桥短路。因此,各相升压电感 L$_A$、L$_B$、L$_C$ 的电流与各相输入电压的时间积分成比例增加。器件 VT$_1$ 关断,电感的电流按照各相电压和输出电压之差的时间积分成比例减少。设计时应在升压电感为零后,才进入下一周期。

由于是三相电路,3 的倍数次谐波电流形成环流与输入电流无关,功率因数比单相时还高。为了得到高功率因数,必须使输入直流电压比输入线电压峰值高得多。脉宽调制对减少单相不连续模式下的波形失真很有效。但在三相情况下则不然,对某相抑制谐波有效的调制方式反而增大其他相的谐波,因此综合失真率不会改善。

7.3.3　DC/AC 变换

逆变器的软开关电路根据谐振电路和辅助电路在逆变主电路上的不同位置可分为谐振 DC 环节方式、谐振极方式、负载谐振方式、辅助谐振缓冲电路方式等。

1. 谐振 DC 环节电路

在逆变器 DC 母线上设置 LC 并联谐振或串联谐振电路,利用谐振使 DC 母线上产生零电压或零电流期间,在此期间逆变器的开关进行切换,实现零电压或零电流动作。该方式是谐振 DC 环节的基本结构,母线上电流和电压的峰值是电源电流和电源电压的两倍以上,要注意器件的耐压和电流容量。

2. 部分谐振 DC 电路

与前面一样,该方式是在 DC 母线上加辅助开关器件和 LC 谐振电路。在逆变器开关模式切换之前启动该谐振电路,当谐振过程使 DC 母线电压或电流为零时才开始软开关切换,辅助器件的动作也是以软开关进行的。谐振动作仅在逆变器开关模式要切换时发生。图 7-17 是部分谐振电压型 DC 环节逆变器的实例,辅助开关器件仅用两个。图 7-18 是部分电流谐振 DC 环节逆变器的实例。

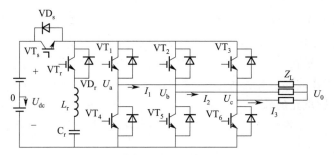

图 7-17　部分谐振电压型 DC 环节逆变器

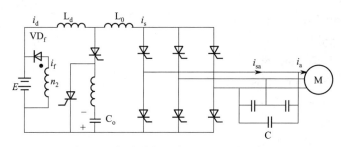

图 7-18　部分谐振电流型 DC 环节逆变器

7.3.4　AC/AC 变换

在 5.4 节介绍的矩阵式交-交变换器是一种新型的交-交变频器,在这里,给出三阶矩阵式交-交变换器的软开关电路图,如图 7-19 所示。在矩阵变换器的前端加入滤波环节,在其后端加入谐振与滤波环节,减少矩阵式变换器开关所受的应力。由于此过程十分复杂,并且零电压导通时与负载的关系以及稳定性方面尚有不少问题有待研究。在此不加以详细介绍。

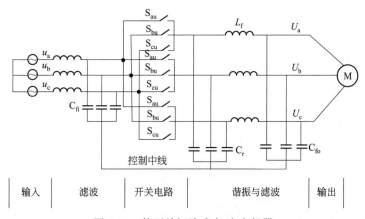

图 7-19　软开关矩阵式交-交变频器

小　　结

电力电子器件在直接开通和关断时,其电压、电流的重叠区造成开关过程中的损耗,这种开关称之为硬开关。随着开关频率的提高,硬开关存在较大的开关损耗和开关噪声,器件所承受的开关应力也很大,严重时甚至威胁整个电路的安全。因此,应用软开关技术来解决硬开关所遇到的这些问题。

本章介绍了软开关的基本概念、基本电路以及典型应用。软开关分为零电压和零电流两种,其主要通过 LC 谐振的方式,在电压、电流瞬时过零的时刻,开通或者关断电力电子器件,从而实现软开关。本章在 7.2 节中介绍了 ZCS 与 ZVS 基本谐振电路,并详细分析了它们的工作过程,给出了工作波形与开关轨迹,在学习时应着重掌握这方面内容。软开关的应用电路很多,不同场合、不同电路的软开关谐振部分都有所不同。在 7.3 节中,分别对 DC/DC 变换、AC/DC 变换、DC/AC 变换和 AC/AC 变换的应用电路分别进行举例分析。

中英术语对照

软开关——Soft Switching

硬开关——Hard Switching

开关应力——Switching Stress

开关损耗——Switching Loss

关断损耗——Turn-off Loss

开通损耗——Turn-on Loss

开关噪声——Switching Noise

零电压开关——Zero Voltage Switching-ZVS

零电流开关——Zero Current Switching-ZCS

谐振——Resonation

电磁干扰——ElectroMagnetic Interference-EMI

安全工作区——Safety Operation Area-SOA

谐振变换器——Resonant Converter

零电压过渡——Zero Voltage Transition-ZVT

串联谐振变换器——Series Resonant Converter-SRC

并联谐振变换器——Parallel Resonant Converter-PRC

准谐振变换器——Quasi-resonant Converter-QRC

多谐振变换器——Multi-resonant Converter-MRC

零开关 PWM 变换器——Zero Switching PWM Converter

ZVS 准方波变流器——Quasi-square-wave Converter

ZVT 变流器——Zero Voltage Transition Converter

Problems

Problem 7.1：Why the volume of the filters and transforms could be reduced by increasing the switching frequency?

Problem 7. 2 ：What are the defects of the hard switching in a PWM controller?

Problem 7. 3 ：What are the merits of the soft switching? How to achieve the soft switching?

Problem 7. 4 ：Write down the differences between the ZVS and ZCS in soft switching mode.

Problem 7. 5 ：Draw each one of the basic soft switching circuits of the DC/DC Converter， DC/AC Converter and AC/DC Converter.

8 电力电子器件的驱动和缓冲电路

电力电子器件的驱动电路是功率装置主电路与控制电路之间的桥梁,对整个装置的性能有很大的影响。性能良好的驱动电路,可使电力电子器件工作在比较理想的开关状态(缩短开关时间、减小开关损耗),对装置的效率、可靠性和安全性都有重要的意义。另外,主电路与控制电路之间是隔离的,通常采用光电式隔离(光耦)或电磁式隔离(脉冲变压器)两种方法。

本章主要对典型电力电子器件驱动电路进行分析,并且对电力电子器件的 缓冲电路进行介绍。

8.1 晶闸管触发电路

各种电力电子器件的驱动电路都要求一定的触发脉冲,晶闸管是半控型器件,管子导通后即失去控制作用,为了减少门极损耗,故门极输出不用直流而用单脉冲或双脉冲。

8.1.1 脉冲参数要求

(1)触发脉冲的幅值

晶闸管是电流控制型器件,在门极里应注入一定值的电流才能触发。通常,实际触发电流为 3~5 倍的额定触发电流,以保证晶闸管可靠地开通。

(2)触发脉冲宽度

由于晶闸管存在擎住电流,因此对触发脉冲的宽度有一定要求。它和整流装置的负载性质及主电路的形式有关,详见表 8-1。

表 8-1　脉冲宽度与负载性质和主电路形式的关系

整流电路形式	单相整流电路		三相全控桥式整流电路		三相半控桥式整流电路
	电阻负载	感性负载	单脉冲触发	双脉冲触发	
脉冲宽度 δ	$\delta > 10°$	$\delta > 10°$	$60° < \delta < 120°$	$\delta > 10°$	$10° < \delta < 120°$

(3)触发脉冲的前沿陡度

触发脉冲前沿越陡,越有利于并联或串联晶闸管的同时触发导通。因此在有并联或串联的晶闸管时,要求脉冲前沿陡度大于或等于 $10\ \text{V}/\mu\text{s}$。

(4)触发脉冲与主电路电源电压必须同步

触发脉冲与主电路电源电压保持固定的关系称为同步。在整流器及交流调压器的触发电路中,为了使每一周波重复在相同的相位上触发(控制角 α 不变),触发脉冲必须与电源电压同步。

(5)触发脉冲的移相范围应满足变流装置的要求

触发脉冲的移相范围和主电路形式、负载性质及变流装置的用途有关。例如单相全控桥式整流电路电阻负载时,脉冲移相范围为 $0° \sim 180°$;大电感负载整流时为 $0° \sim 90°$;电动机负载

要求再生制动时为 $0°\sim150°$。

(6)防止干扰与误触发

晶闸管的误导通往往是由于干扰信号进入门极电路而引起的。因此需在触发电路中采取屏蔽等抗干扰措施。

8.1.2　模拟式触发器

1. KC04 集成触发器

门控电路集成化(模块化)具有体积小、功耗低、调试方便、性能稳定可靠等优点,是当前电力电子器件驱动技术的主流。国内现有 KJ 系列和 KC 系列,适用于晶闸管拖动系统、整流供电装置、交流无触点开关以及交流和直流的调压、调速、调光等场合。本节以 KC04 型为例来介绍三相全控整流电路移相触发原理。

图 8-1 是 KC04 电路的原理图,其中虚线框内为集成电路,可分为同步、锯齿波形成、移相、脉冲形成、脉冲分选及功率放大等环节。

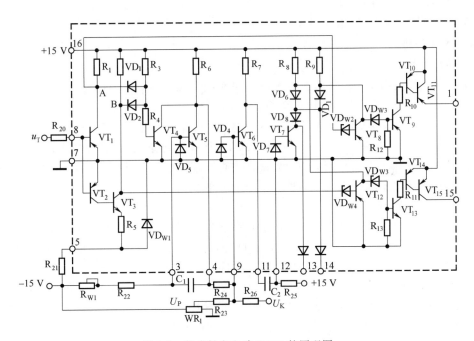

图 8-1　集成触发电路 KC04 的原理图

(1)同步环节

VT_1、VT_4 晶体管等元件构成同步环节,同步电压 u_T 经限流电阻 R_{20} 加到 VT_1、VT_2 基极。在 u_T 的正半波,VT_1 导通,电流从 $+15$ V 经 R_3、VD_1、VT_1 到地。在 u_T 的负半波,VT_2、VT_3 导通,电流从 $+15$V 经 R_3、VD_2、VT_3、R_5、R_{21} 到 -15 V,因此在正、负半周期间,VT_4 基本上处于截止状态。只有在同步电压 $|u_T|<0.7$ V 时,$VT_1\sim VT_3$ 截止,VT_4 从电源 $+15$ V 经 R_3、R_4 取得基极电流才能导通。

(2)锯齿波发生器

电容 C_1 接在 VT_5 的基极和集电极之间,组成负反馈的锯齿波发生器,又称密勒积分电路。在 VT_4 导通期间,C_1 经 VT_4、VD_3 迅速放电。当 VT_4 截止时,电流经 $+15$ V、R_6、C_1、

R_{22}、R_{w1}、-15 V 对 C_1 充电,因此在 4 号端子上形成线性增长的锯齿形波。锯齿波的斜率取决于流过 R_{22}、R_{w1} 的充电电流和 C_1 的大小。根据 VT_4 导通的情况可知,在同步电压正、负半周均有相同的锯齿波产生,并且两者有固定的频率关系,因此图8-5 中的此环节把正弦波的同步电压变换成锯齿波的同步电压。

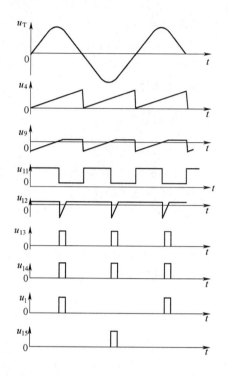

(3)移相环节

VT_6 及外接元件形成移相环节。由端子 4 引出的锯齿波电压 u_{C5}(在 VT_5 的集电极上)、偏移电压 U_P、移相控制电压 U_K,分别经 R_{24}、R_{23}、R_{26} 在 VT_6 的基极上叠加。当 VT_6 的 b-e 间电压 $u_{be6} >$ $+0.7$ V 时,VT_6 导通。设 u_{C5}、U_P 为定值,如改变 U_K,就可改变 VT_6 的导通时间,因此脉冲移相,脉冲由端子(管脚)1 和 15 输出。其他各端子的电压波形如图 8-2 所示。

图 8-2　KC04 的各端子(管脚)电压波形

(4)脉冲形成

平时 VT_7 经电阻 R_{25} 获得基极电流得以导通,而电容 C_2 由电源 $+15$ V 经电阻 R_7、VD_5,VT_7 的基极和发射极充电。当 VT_6 由截止转为导通时,C_2 所充电压通过 VT_6 成为 VT_7 基极的反向偏压,使 VT_7 截止。此后,C_2 经 $+15$ V、R_{25}、VT_6 及地反向充电,当其充电电压 u_{C2}(而 12 号端子电压)大于或等于 1.4 V 时,VT_7 又重新导通。这样在 VT_7 的集电极就得到固定宽度的移相脉冲,其脉冲宽度取决于充电时间常数 $R_{25}C_2$ 的大小。

(5)脉冲分选环节

VT_8、VT_{12} 为脉冲分选环节,在同步电压的一个周期内,VT_7 集电极输出两个脉冲,这两个脉冲相位差 $180°$。需要区分并检出这两个脉冲,分别去触发要求导通相位差 $180°$ 的两个晶闸管,为此要利用正、负半周同步电压来分选脉冲。例如在 u_T 的正半周 VT_1 导通时,图 8-1 中同步环节里的 A 点为低电位,而 B 点为高电位,于是 VT_8 截止而 VT_{12} 导通。VT_{12} 把来自 VT_7 的正脉冲箝位在零电位。另一方面,VT_7 正脉冲又通过二极管 VD_7,再经过由 $VT_9 \sim$ VT_{11} 组成的功率放大级放大,最后由端子 1 输出。在同步电压的负半周,情况相反,VT_8 导通,VT_{12} 截止,VT_7 的正脉冲经 $VT_{13} \sim VT_{15}$ 组成的功放级,由端子 15 输出负相脉冲。

KC04 中的稳压管 $VD_{W2} \sim VD_{W5}$ 可提高 VT_8、VT_9、VT_{12}、VT_{13} 的门极电压,从而增强电路的抗干扰能力。二极管 VD_1、VD_2、$VD_6 \sim VD_8$ 是隔离二极管。

2. KC04 集成电路构成的移相触发器

用 KC04 构成的单相触发电路如图 8-3 所示。KC04 各端子(管脚)的输出波形均已知(图8-2),从脉冲输出端子 1 和 15 分别接 5.1 kΩ 电阻,再接到外接晶体管 VT_1 和 VT_2 及脉冲变压器 MB_1 及 MB_2,分别触发正、负相的晶体管。端子 9 上接有电阻 $R_{24} = 10$ kΩ、$R_{23} = 20$ kΩ、$R_{26} = 10$ kΩ。调节电位器 WR_1 可以改变 U_P 的大小,调节脉冲的初始位置。

8.1.3　触发电路同步电源的选择

在三相相控整流电路中,正确的同步电源可以保证晶闸管依次准确地触发导通。同步电

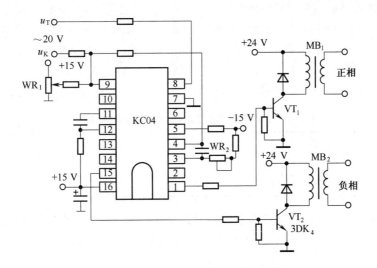

图 8-3 用 KC04 构成的单相触发电路

源的选择与三个因素有关:1)整流电路形式及整流变压器绕组的接法;2)同步变压器绕组的接法;3)触发电路中同步电源电压的相位与触发脉冲的相位之间的关系。今以三相全控桥式整流电路为例,阐述同步电源选择的方法。

1. 同步电源的选择

图 8-4(a)所示的三相桥式全控整流电路,当相控角 $\alpha = 0°$ 时,六只晶闸管 $VT_1 \sim VT_6$ 的触发脉冲相位必须按图 8-4(b)所示的顺序排列,才能使触发脉冲与主电路电源同步。由于触发电路不同,要求的同步电源相位也不同,采用 KC04 作为触发器时,同步电源的选择如下:

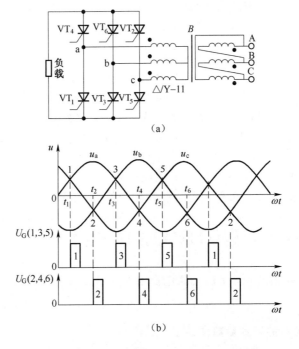

图 8-4 三相桥式全控整流电路触发脉冲的相位

若主变压器采用如图 8-4(a)所示的△/Y-11 接法,其电压矢量如图 8-5(a)所示,其中 U_a、U_b、U_c 为加在整流桥上的副边相电压,其瞬时值即为 u_a、u_b、u_c。如果同步变压器采用 Y/Y-12/6 接法,如图 8-5(b)所示,它的电压矢量如图 8-5(c)所示。根据整流变压器与同步变压器的电压矢量图,可以确定晶闸管 VT$_1$ 触发电路的同步电源电压为超前 u_a 为 150° 的 $-u_{VTa}$。VT$_3$ 触发电路的同步电源电压为滞后 $-u_{VTa}$ 为 120° 的 $-u_{VTb}$,其余依此类推,如表 8-2 所示。

表 8-2 三相全控桥式整流电路中各晶闸管的同步电源

被触发的晶闸管	VT$_1$	VT$_2$	VT$_3$	VT$_4$	VT$_5$	VT$_6$
主回路电源相电压	$+u_a$	$-u_c$	$+u_b$	$-u_a$	$+u_c$	$-u_b$
同步电压	$-u_{VTa}$	$+u_{VTc}$	$-u_{VTb}$	$+u_{VTa}$	$-u_{VTc}$	$+u_{VTb}$

若整流变压器的接法改变了或者触发电路改变了,则同步变压器的接法及各触发电路的同步电源也应作相应的改变,以保证触发电路在主电源相电压的自然换流点能开始产生脉冲。

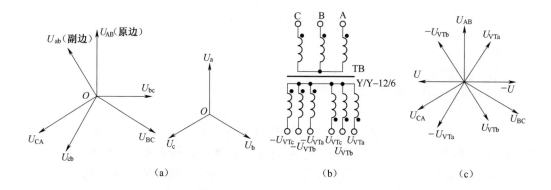

图 8-5 主变压器矢量及同步变压器的接法与矢量

(a)主变压器矢量;(b)、(c)同步变接法与矢量

2. 初始相位的确定

生产机械要求传动系统在主电路和控制电路接通电源时,当控制电压 $U_K = 0$,可控整流装置的输出电压 $U_d = 0$。整流电压 $U_d = 0$ 时的脉冲相位叫触发脉冲的初始相位,触发脉冲的初始相角和主电路形式及负载性质有关。如三相半控桥式整流电路,当 $\alpha = 180°$ 时,整流电压 $U_d = 0$;而三相全控桥式整流电路,电阻负载时 $\alpha = 120°$,整流电压 $U_d = 0$;在大电感负载使电流连续的条件下,$\alpha = 90°$ 整流电压 $U_d = 0$;若感性负载但电感量不够大时,初相角介于 90° 和 120° 之间。

为了达到控制电压 $U_K = 0$ 时,触发脉冲处于初始相位的目的,故在触发电路中加偏移电压 U_P,用改变 U_P 的大小来调节触发脉冲的初始相位,即在图 8-3 中改变可调电阻 WR$_1$。

8.2 门极可关断晶闸管(GTO)的门控电路

GTO 的门控电路由开通电路、关断电路和偏置电路三者组成,其难点在于关断电路的设计。

8.2.1 GTO 门控电路的基本参数和要求

GTO 门控电路基本参数可参照下列范围选取,若器件厂提供推荐值,则以推荐值为准。

（1）正向强触发电流，$I_{GM} \approx 10 I_{GT}$（门极最小可触发电流）。

（2）触发电流脉冲宽度，$t_W \geqslant (2 \sim 3) t_{on}$（导通时间），其值约为$(20 \sim 40) \mu s$。

（3）触发电流上升率。对于 200 A 以下较小器件 di_G/dt 取 $1 \sim 3 A/\mu s$，较大器件取 $5 \sim 10$ $A/\mu s$，有串、并联时取上限值。

（4）正向偏置电流，取$(2 \sim 3) I_{GT}$。

（5）门极反向电流幅值，$I_{GQM} = (0.2 \sim 0.33) I_{TGQM}$。

（6）门极反向电流上升率。较小器件 $di_{GQ}/dt = -(10 \sim 30) A/\mu s$，较大器件取 $-(40 \sim 60)$ $A/\mu s$，有串、并联时取上限值。

（7）门极反向电压。较小器件取 $U_{GQ} = 13 \sim 15$ V，较大器件取 15～20 V。此值应保持到尾部时间的后期。

（8）关断脉冲宽度。取 $t_{wQ} \geqslant (2 \sim 3)(t_{off} + t_t)$，即在有尾部电流期间，门极仍需加上关断电压。通常关断时间 t_{off} 与开通时间 t_{on} 大致接近，约为 $4 \sim 8 \mu s$，而尾部时间 t_t 远大于 t_{on}，故取 T_{wQ} 约为 $40 \sim 60 \mu s$。关断脉冲的后沿较为缓和。

8.2.2　GTO 的门控电路

图 8-6 是一种典型的门极驱动装置及触发脉冲发生器的基本电路。由电子控制电源提供的直流电压借助单元 A 先变换为高频方波电压，并通过隔离变压器 B 传送到单元 C。在单元 C 中进行整流、稳压后供门极电路之用。从控制器来的门极触发控制指令经由光缆和光电晶体管构成的信号隔离器（单元 E）送到门极驱动装置的控制逻辑电路（单元 F），生成触发脉冲发生器（单元 D）中功率场效应晶体管的控制信号。逻辑电路也包含了 GTO 开关与电源状态监视功能，并通过光耦反馈给控制器。

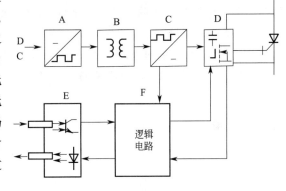

图 8-6　GTO 门极驱动电路框图

GTO 门控电路种类很多，有几种不同的分类方法，例如用门控电路电源的数量及形式来区分，也可以用门控电路输入或输出信号的耦合方式来区分等。按门控电路最后一个环节——输出级所采用的功率器件的性质来区分，这样更能反映门控电路的结构特点。

图 8-7 是用功率 MOSFET 关断 GTO 的门控电路原理图，此门控电路的功率小、工作频率高、电路结构也简单。触发环节由电容 C_1、功率 MOSFET 管 VT_1、复合管 VT_3 等构成。20 kHz 的脉冲电源经 VD_1、VD_2、VD_5、VD_6 整流后，使触发电容 C_1 储能（15 V）。在触发信号 on 加到 VT_1 基极上时，VT_1 导通，GTO 被触发导通。同时已充电的 C_2（电压为 5 V），经 R_3、功率 MOSFET 管 VT_1 为 GTO 提供稳定导通的正偏置。门极关断电路由功率 MOSFET 管 VT_2 及 C_3、R_5 等构成。当 VT_2 基极有关断信号 off 正脉冲信号时，VT_2 导通，C_3 为 GTO 提供负的脉冲电流，使 GTO 关断。C_3 的充电电压为 15 V，C_3 的电容量较大，有 2 000 μF，可以关断 300 A/1 200 V 的 GTO。此外 GTO 已有模块化的门控电路商品，应用方便可靠，但较贵。

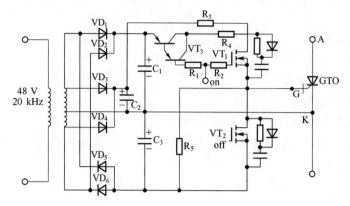

图 8-7 用功率 MOSFET 关断 GTO 的门控电路原理图

8.3 功率 MOSFET 驱动电路

功率 MOSFET 是场控型电力电子器件,它与前述 SCR 及 GTO 等电流控制型器件不同,门极为栅极,相当于一个电容性负载。器件开通时,需注入一定的电流;导通后由于电场已建立,就不再需要驱动电流了,驱动电路相对简单得多。功率 MOSFET 的门极驱动电路有多种形式,以驱动电路与门极的连接方式来分,有直接驱动与隔离驱动两种,简述如下:

1. 直接驱动电路

门极直接驱动是最简单的一种形式,适用于小功率的 MOSFET。由于其输入阻抗很高,所以可以用 TTL 器件或 CMOS 器件直接驱动。图 8-8 是两种直接驱动的门控电路。

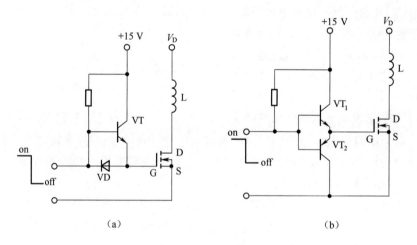

（a）　　　　　　　　　　　　（b）

图 8-8 门极直接驱动的电路原理图
(a)用一个晶体管直接驱动;(b)用推挽电路驱动

图 8-8(a)在输入信号为高电平时,晶体管 VT 导通,15 V 的驱动电源经过 VT 给功率 MOS-FET 本身的输入电容充电,建立栅控电场,使 MOSFET 快速导通。在输入信号变为低电平时VT 截止,功率 MOSFET 的输入电容通过二极管 VD 接地,保证 MOSFET 处于关断状态。由于晶体管 VT 的放大作用,使充电电流放大,加快了电场的建立。提高了 MOSFET 的导通速度。

图 8-8(b)是推挽式直接驱动电路。当信号为高电平时,VT_1 导通,功率 MOSFET 快速导

通。当信号为低电平时，VT_2 导通，输入电容放电，门极接地，功率 MOSFET 快速关断。两个晶体管 VT_1 和 VT_2 都使信号放大，提高了电路的工作速度，同时它们是作为射极输出器工作的，所以它们不会出现饱和状态，因此信号的传输无延迟。

2. 隔离式驱动电路

图 8-9 为电磁式隔离驱动电路和图 8-10 为光电式隔离驱动电路。

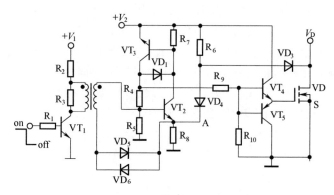

图 8-9　用脉冲变压器隔离的门极驱动电路

图 8-9 中的输入信号为高电平时，VT_1 导通，脉冲变压器的次边输出正脉冲，使 VT_2 导通，VT_3 也立刻导通。VT_3 的导通又保证 VT_2 在输入正脉冲时继续保持导通，所以 VT_4 也导通，从而 MOSFET 被可靠开通。当输入信号变为低电平时，VT_1 截止，脉冲变压器输出负脉冲，所以 VT_2、VT_3、VT_4 都相继截止。这时因 VT_5 的发射极上有 MOSFET 的输入电容电压，而 VT_5 的基极经 R_4 加有负脉冲，所以 VT_5 立即导通，从而使功率 MOSFET 关断。

图中 R_6、VD_3、VD_4 构成了功率 MOSFET 的过流保护部分。其原理如下：当功率 MOSFET 正常导通时，漏极 VD 的电位低于 VD_4 阴极 A 点的电位，即 $U_A > U_D$，此时电阻 R_6 中的电流经 VD_3 流入漏极。当发生短路和过载时，功率 MOSFET 的漏极电压会自动升高（即管压降加大），使 $U_D > U_A$，R_6 中的电流流向 VD_4 和 VR_8，使 A 点电位随之升高，以致 VT_2 截止，VT_3、VT_4 也随之截止，迫使功率 MOSFET 关断。

图 8-10 中，当光电管导通时，VT_1 导通，VT_3 导通，VT_2 截止，功率 MOSFET 导通。当光耦截止时，VT_1 和 VT_3 截止。VT_2 导通，功率 MOSFET 截止。由于此电路采用了

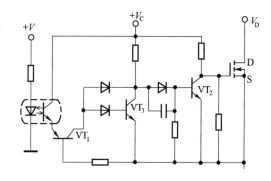

图 8-10　光电耦合的门极驱动电路

光电管的射极输出、VT_3 的贝克箝位（Baker Clamping Circuit）和 VT_2 的加速网络这三项措施，因而电路的开关速度相当高。

8.4　IGBT 驱动及有源箝位电路

8.4.1　IGBT 驱动电路的要求及基本电路

对 IGBT 驱动电路的基本要求可归纳为下列几点：

1）提供适当的正向和反向输出电压，使 IGBT 能可靠开通和关断；

2）提供足够大的瞬时功率或瞬时电流，使 IGBT 能及时迅速建立栅控电场而导通；

3）尽可能小的输入、输出延迟时间，以提高工作频率；

4）足够高的输入输出电气隔离性能，使信号电路与门极驱动电路绝缘；

5）具有灵敏的过电流保护能力。

IGBT 是 MOSFET 与 GTR 的复合结构，所以用于功率 MOSFET 的门极驱动电路原则上也能适用于 IGBT。IGBT 也是场控型器件，输入阻抗很高，但对于大功率 IGBT，由于有相当大的输入电容，数值上等于 C_{CG} 加 C_{GE}。在 IGBT 导通瞬间门极脉冲电流的峰值可达到数安培，因此驱动电路应有足够大的正向电压和电流输出能力。同时 IGBT 的门极正向电压 U_{GE}（正偏电压）还与它的通态电压 U_{CE} 有关。当 U_{GE} 增加时，通态电压 U_{CE} 下降，只有当 U_{GE} 大到一定值时，U_{CE} 才能达到较低的饱和值，如图 8-11 所示。使 IGBT 达到饱和的正偏压与该器件的容量有关，例如对于 50 A 的器件，选择正偏压 U_{GE} 为 15 V 较好，这时 U_{CE} 约为 4 V。通常对较大容量的 IGBT 正偏压取 15～20 V（图 8-11）。

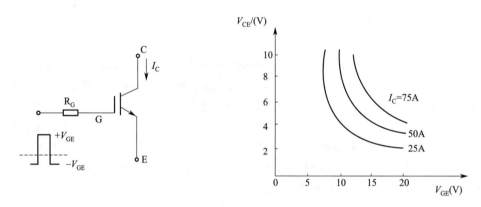

图 8-11　IGBT 通态电压与门极电压的关系

门极负偏压时 IGBT 的关断特性影响不大，但对于用在驱动电动机的逆变器电路中，为了使 IGBT 能稳定可靠的工作，还需要负偏压。同时门极负偏压还能够防止 IGBT 在过大的 du_{CE}/dt 下发生误触发，因此驱动电路中也引入 $-U_{GE}$。负偏压通常取 -5 V 或者稍大一些。

IGBT 驱动电路中的门极电阻 R_G 对它的工作性能影响很大，取较大的 R_G，对抑制 IGBT 的电流上升率 di_C/dt 及降低器件上有电压上升率 du/dt 都有好处。但若 R_G 过大，就会过分延长 IGBT 的开关时间，使它的开关损耗加大，这对高频的应用场合是很不利的。而过小的 R_G 可使 di_C/dt 太大而引起 IGBT 的不正常或损坏，所以正确选择 R_G 的原则是应在开关损耗不太大的情况下，选择略大的 R_G。R_G 的具体数值还与驱动电路的具体结构形式及 IGBT 的电压、电流大小有关，大致在数欧姆到数十欧姆左右。小容量的 IGBT 其 R_G 值较大，可超过 100 Ω 具体数值可参考元件厂的推荐值。

为了使门极驱动电路与信号电路隔离，应采用抗噪声能力强、信号传输时间短的光耦件器件。

IGBT 门极与发射极的引线应尽量短，并且这两根引线应该绞合后使用，以减少栅极电感和干扰信号的进入。

图 8-12 是用光耦器件隔离信号电路与门控电路。驱动电路由 MOSFET 及晶体管推挽电

路构成,具有正、负偏置。当输入信号为高电平时,MOSFET 截止,T_1 导通,使 IGBT 迅速开通。当输入信号为低电平时,MOSFET 及 T_2 都导通,IGBT 截止。

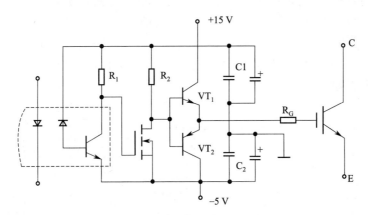

图 8-12　IGBT 的门控电路原理图

8.4.2　用模块化集成门控电路驱动 IGBT

1. 三菱 M57962AL 集成模块

(1)M57962AL 的外部特性

M57962AL 的外形尺寸如图 8-13 所示,其各引脚的接法为:

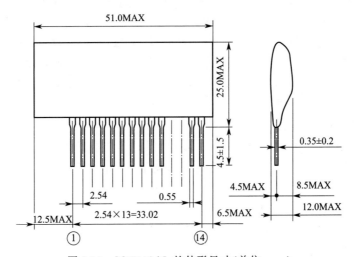

图 8-13　M57962AL 的外形尺寸(单位:mm)

另外,M57962AL 的 3、7、9、10 脚是用于芯片测试,在应用时禁止连接。其温度特性为:工作温度为 $-20\ ℃\sim 60\ ℃$,存储温度为 $-25\ ℃\sim 100\ ℃$。

(2)工作过程概述

M57962AL 的设计完全考虑了 IGBT 驱动设计的要求,很好地实现了驱动的过流保护的功能。图 8-14 为电路的功能框图。

开关脉冲输入信号经高速光耦隔离后经中间传输电路送入输出放大电路,产生正负偏压,加到 IGBT 门极。为了防止过流故障,特设有过流检测与保护电路。其工作原理是根据

IGBT 通态压降跟集电极电流成正比的特性,通过检测通态压降 U_{CEON} 来判断是否发生过流。当门极输入电压高时,通态压降 U_{CEON} 超过设定值时,过流检测电路动作,起动过流保护动作电路,降低门极驱动信号,输入故障信号,驱动外光耦,将故障信号输出传递给主控制回路。为了使 IGBT 完全关断,抑制管子集电极与发射极之间的关断尖峰电压,避免管子过压击穿,这种驱动器设计时采用了"软关断"技术,检测到过流信号立即降低门极输入电压,输出负向偏压,真正关断 IGBT。保护电路中设有一定时器.若发生过流保护后 $1\sim2$ ms,输入电平为低电平时,保护电路打开控制阀,恢复正常工作。

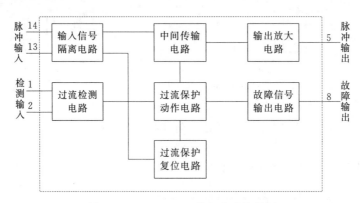

图 8-14   M57962AL 的电路功能框图

(3)外围电路的典型配置

M57962AL 需要正负电源工作。应用时外围电路的典型配置如图 8-15(a)(b)所示。图 8-15(a)为单电源供电时外围电路的配置,V_{CC} 为 25 V,负向偏压可用一只稳压管(W_s)与串联的限流电阻(R_s)产生,W_s 常选用一只 10 V 稳压管,R_s 常选用 2.7 kΩ。图 8-15(b)为双电源供电时,外围电路的配置,V_{CC} 为 15 V,V_{EE} 为 10 V。M57962AL 的 1 脚和 6 脚间常接一只 30 V 的稳压管(W_1),其 1 脚与 IGBT 漏极之间接一快速恢复二极管(D_1),其反向恢复时间要求 $t_{rr}\leqslant0.2$ μs。

(4)抗干扰电容 Ctrip 的选择

若二脚悬空,过流保护检测时间常为 2.6 μs,保护动作非常迅捷,但过流反应太灵敏常常引起误动作。为此 M57962AL 可以通过调节电容 Ctrip 来调节保护时间,一般选用 $0\sim3\,300$ μF。

(5)故障保护输出光耦的选用

故障保护输出信号经光耦(O1)传递给上级控制电路,光耦参数选择不合理常常引起误动作,建议选用快速光耦如 PC817 等。

2. SCALE 驱动模块

SCALE 驱动模块主要为高电压大电流 IGBT 模块配套。该模块系列采用 ASIC 设计,仅用 15 V 电源驱动,开关频率可大于 100 kHz,且具有高可靠和长寿命特性。SCALE 模块应用的特点为:1)触发电压高,运行可靠;2)具有良好的电气隔离技术;3)脉冲变压器无老化效应;4)延迟时间小;5)驱动信息和状态接收双向工作;6)引线布局简单;

图 8-16 所示为一种适用于 2 500 V IGBT 的双通道 SCALE 模块的内部原理框图。

控制线路与 LDI(Logic to Driver Interface)连接,一个 LDI 驱动两个 IGBT。加到输入端的 PWM 信号被处理后,供给每个通道的脉冲变压器的驱动信息。脉冲变压器实现电气隔离,

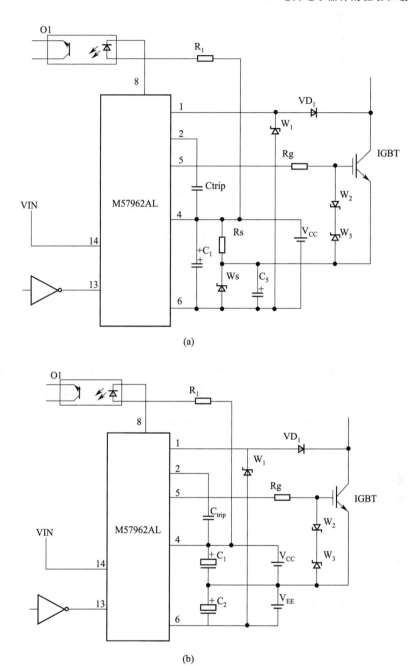

图 8-15 M57962AL 供电方式与外围电路图

(a)单电源供电时的典型外围电路图;(b)双电源供电时的典型外围电路图

并把每个通道的状态信息返回到 LDI。IGD(Intelligent Gate Driver)从变压器接收到脉冲编码信息,重新构成 PWM 信号,然后经过放大,形成一个几安培的栅极电流,用于驱动每个通道的 IGBT。此外,IGD 具有保护功率器件不受有害工作条件而损坏的功能。DC/DC 变换器构成电气隔离的电源,此电源用于单个的驱动器通道。

SCALE 驱动器的工作模式有两种:

(1)直接模式

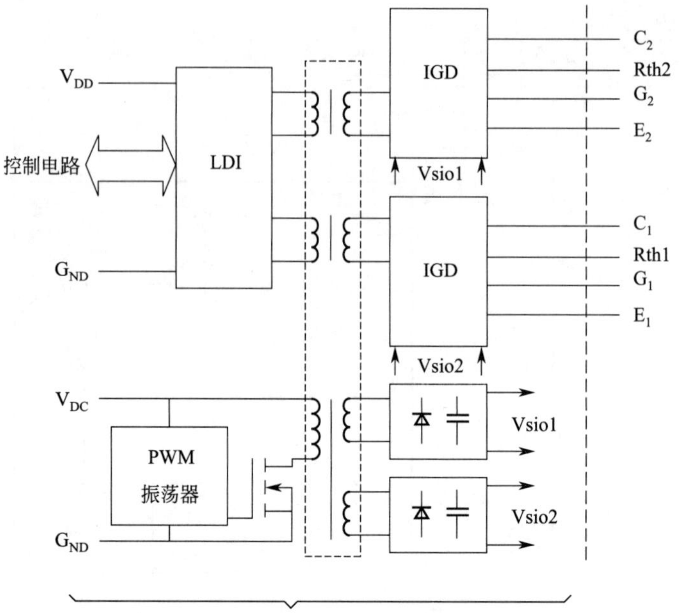

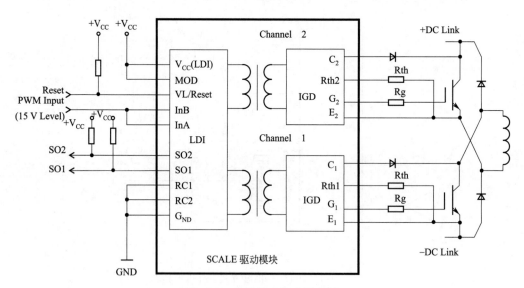

图 8-16 双通道的 SCALE 驱动器内部框图

  直接模式中,在不同驱动通道之间没有锁定。例如,它允许已经产生死区时间的调节器的使用。然后,几个通道也可以同时开通,如图 8-17 中一个不对称半桥的例子所示。

图 8-17 直接模式的应用实例

  在图 8-17 中,两个通道总是同时被驱动,因此,InA 和 InB 也被连在一起。通过一个上拉电阻,把输入端 V_L/Reset 接到 Vcc,那么 InA 和 InB 被编程为 15 V 电平。输入端 MOD 接到Vcc 上,这样就选择为直接模式。RC1 和 RC2 接到 GND,在直接模式中,这是必要的。两个状态输出 SO1 和 SO2 分别送回,这样,在任何给定的情况下,控制电子线路都能查到哪个通道显示错误状态。

  (2)具有死区时间的半桥模式

在半桥模式中,两个通道总是作为一个半桥来工作。本模式中,SCALE 驱动器能直接产生所要求的死区时间,其范围为大约 100 ns 到几毫秒。只需要两个外部 RC 网络。通过转换输入端(InB)到低电平,就能使所有功率半导体关断。具有死区时间产生的半桥模式的应用实例如图 8-18 所示。

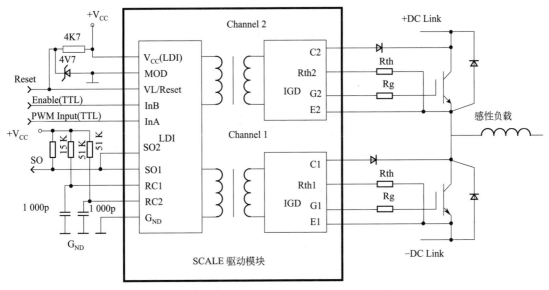

图 8-18　具有死区时间产生的半桥模式的应用实例

在图 8-18 中,为一个典型的半桥电路。在此应用中,两个 IGBT 不可同时被驱动。输入端 MOD 接在 GND 上,这样就选择了半桥模式。输入端 InA 是 PWM 输入,InB 是释放输入。在 V_L/Reset 输入端带有 4V7 的齐纳二极管,InA 和 InB 被编程为 TTL 电平。两个状态输出端 SO1 和 SO2 连在一起:对于两个驱动通道,有一个共同的错误接收。RC1 和 RC2 接到一个 51 kΩ/1 000 pF 的 RC 网络。这样就产生了大约 37 μs 的死区时间。

8.4.3　IGBT 有源箝位电路暂态分析

有源箝位电路的目的是箝住 IGBT 的集电极电位,使其不要达到太高的水平,如果关断时产生的电压尖峰太高,或者太陡,都会使 IGBT 受到冲击。IGBT 正常情况下关断时也会产生一定的电压尖峰,但是数值不会太高,所以有源钳位电路一般不会工作,否则会产生很多的损耗,导致 IGBT 过热。当变流器过载或者桥臂短路的时候,则需要关断开关管,产生的电压尖峰会非常高,此时 IGBT 非常容易被击穿,有源箝位在这种状态下会工作。

传统的有源箝位电路,如图 8-19 所示,由一个 TVS 管 Dz 和普通快恢复二极管构成。当集电极的电压过高时,TVS 被击穿,电流进入门极,门极电位得以抬升,使得关断电压不要过于陡峭,进而减小尖峰。

有源箝位电路关断时暂态过程如图 8-20 所示,图 8-21 表示在关断过程中 IGBT 的工作特性,整个工作过程可以分为 4 个阶段。

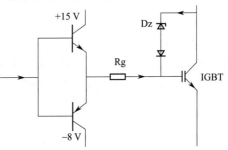

图 8-19　传统的有源箝位电路

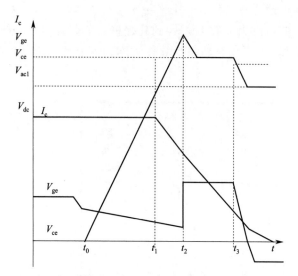

图 8-20　传统有源箝位 IGBT 的电压,电路,门极电压波形

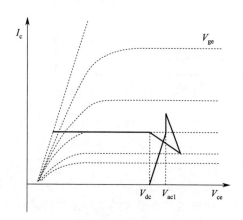

图 8-21　故障状态下 IGBT 特性图

第一个阶段,t_0-t_1时,IGBT 关断,母线电压加在 IGBT 上,由于米勒效应,电流向米勒电容充电,有电流会流过门极,因此门极电压突降后下降速度会减缓。V_{ce}开始迅速上升,从 IGBT 的特性曲线上来看,门极电压减小,同时 IGBT 从饱和区进入了线性区,在电流不变的情况下,V_{ce}保持一定的斜率上升,V_{ce}的上升斜率表达式为

$$\frac{dV_{ce}}{dt}=\frac{V_{mille}-V_{GE(off)}}{R_G G_{GC}}=\frac{I_G}{G_{GC}}\tag{8-1}$$

第二个阶段,t_1-t_2时,V_{ce}电压超过母线电压 V_{dc},电流 I_c 开始下降,由于 dI_c/dt 的存在,V_{ce} 还是继续上升,当达到箝位电压 V_{acl} 时,还会有一个电压冲击的存在。V_{ce} 继续会给米勒电容充电,V_{ge} 变化不大。从 IGBT 的特性曲线上看,在线性区内,V_{ge}、I_c 减小,V_{ce} 继续增大。

第三个阶段,t_2-t_3时,TVS 管被击穿,反馈电流进入门极,门极电压被抬升。门极电压表示为

$$V_{ge}=V_{dc}+L\frac{d_{Ic}}{dt}-V_{acl}\tag{8-2}$$

电压 V_{ce} 被箝在 V_{acl} 附近。电流 I_c 继续下降,但是下降的斜率减缓,门极电压变化不大。门极

电压有可能会被抬升到比 15 V 高,由于发射极的电流等于门极电流和集电极电流之和,所以从 IGBT 的特性上来看,在线性区内 V_{ge},I_c 增大、V_{ce} 减小直到被箝在 V_{acl} 附近。

第四个阶段,t_3 以后,这是一个拖尾的过程,V_{ce} 下降到与 V_{dc} 相等,门极电压下降到负值,I_c 还存在尾电流,IGBT 关断。

有源箝位电路反馈时,信号的反馈过程是需要时间的,在这段反馈时间,集电极电位仍然会继续上升,这就造成了超调尖峰,其本质原因是:控制环路总滞后于被控对象。在实际应用中,如果遇到杂散电感比较大的情形,或者是 IGBT 关断时 $\mathrm{d}i/\mathrm{d}t$ 很大,这种情况下,有可能每次关断都会触发有源箝位电路。

8.4.4 优化的有源箝位电路暂态分析

优化的有源箝位电路如图 8-22 所示,有两个反馈回路,一个直接反馈到 IGBT 的门极,一个反馈到驱动端,同时在 V_{ge} 端加一个电压源 V_{cc},使得门极电压冲击不要过高,箝住门极电压。在门极和集电极中间并联一个电容,这个电容与米勒电容平行,但容值比较大,用来减缓电压 V_{ce} 的上升速度。

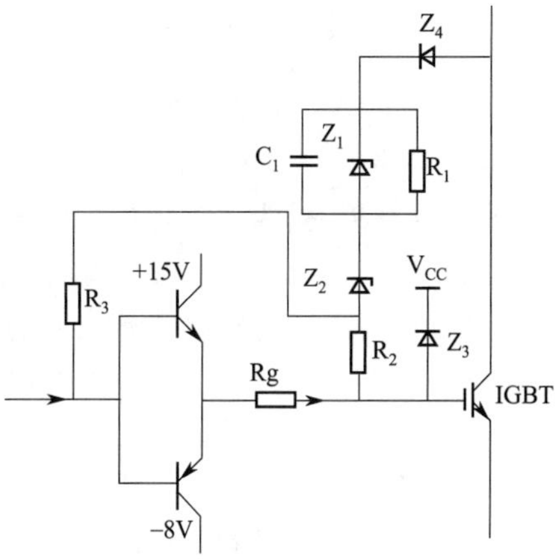

优化的有源箝位电路关断过程中的暂态过程如图 8-23 所示,图 8-24 表示 IGBT 的工作特性图,整个工作过程可以分为 4 个阶段。

第一个阶段,t_0-t_1,电压 V_{ce} 低于 Z_2 管的击穿电压的时候,这种情况下电流 I_c 的变化很小,由于米勒效应 V_{ge} 下降到一定程度,下降速度减缓,V_{ce} 电压迅速上升,$\mathrm{d}V/\mathrm{d}t$ 的上升速度很快,和传统有源箝位电路电压变化的第一个阶段相似。

图 8-22 优化的有源箝位电路

第二个阶段,t_1-t_2,当电压 V_{ce} 高于 Z_2 管的击穿电压,低于 Z_1 和 Z_2 管的击穿电压的时候,Z_2 会被击穿,电容 C_1 开始充电,C_1 与 IGBT 米勒的电容 C_g 平行,由于 C_1 的电容值比 C_g 大很多,所以 C_g 可以忽略,可以减缓电压的上升速度,此时电压的上升速度可以表示为

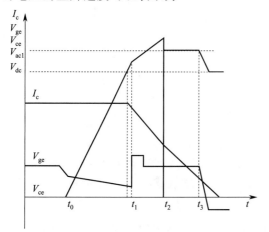

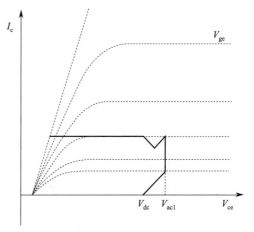

图 8-23 优化的有源箝位 IGBT 的电
压,电路,门极电压波形

图 8-24 故障状态下的 IGBT 特性图

$$\frac{\mathrm{d}V_{ce}}{\mathrm{d}t} = \frac{I_G}{C_1} \tag{8-3}$$

第三个阶段,t_2-t_3,电压 V_{ce} 高于 Z_1 与 Z_2 击穿电压的和的时候,Z_1 也会被击穿。有源箝位电路开始作用,门极电压被抬升,但是由于 V_{cc} 的存在,门极电压会被箝在 V_{cc},电流 I_c 的下降斜率略有减缓。

第四个阶段,IGBT 已经被关断,电容 C_1 通过 R_2 放电,V_{ce} 下降到与 V_{dc} 相等,门极电压下降到负值,I_c 还存在尾电流。

整个 IGBT 的关断过程,从 IGBT 的特性曲线上来看,有源箝位电路的作用是延长 IGBT 的关断时间,使 IGBT 一直工作在线性区内。

8.5 电力电子器件的缓冲电路

8.5.1 缓冲电路的作用与基本类型

电力电子器件的缓冲电路(Snubber Circuit)又称吸收电路,它是电力电子器件的一种重要的保护电路。

晶闸管开通时,为了防止过大的电流上升率而烧坏器件,往往在主电路中串入一个扼流电感,以限制过大的 $\mathrm{d}i/\mathrm{d}t$,所串电感及附加元件组成开通缓冲电路,或称串联缓冲电路。晶闸管关断时,电源电压与线路电感引起的感应电压突加在管子上,瞬时电压和过大的电压上升率,会导致晶闸管内部过大的结电容电流而误触发。因此在晶闸管的两端并联一个 RC 网格,构成关断缓冲电路,或称并联缓冲电路。

GTO 等全控型器件运行中都必须配用开通和关断缓冲电路,但其作用与晶闸管的缓冲电路有所不同。主要原因是全控型器件的工作频率要比晶闸管高得多,因此开通与关断损耗是影响这种开关器件正常运行的重要因素之一。GTO 开通的缓冲电路用来限制导通时的 $\mathrm{d}i/\mathrm{d}t$,以免发生器件内的过热点,而且它在 GTO 逆变器中还起着抑制故障时短路电流的峰值及其 $\mathrm{d}i/\mathrm{d}t$ 的作用。GTO 的关断缓冲电路不仅为限制 GTO 关断时重加电压的 $\mathrm{d}u/\mathrm{d}t$ 及过电压,而且对降低 GTO 的关断损耗,使 GTO 发挥应有的关断能力,充分发挥它的负荷能力起重要作用。

IGBT 的缓冲电路功能更侧重于开关过程中过电压的吸收与抑制,这是由于 IGBT 的工作频率可以高达 $30\sim50$ kHz,因此很小的电路电感就可能引起较大的 $L\mathrm{d}i_C/\mathrm{d}t$,从而产生过电压而危及 IGBT 的安全。图 8-25(a)和(b)是 PWM 逆变器中 IGBT 在关断和开通中的 u_{CE} 和 i_C 波形。由图 8-25(a)可见,在 i_C 下降过程中 IGBT 上出现了过电压,其值为电源电压 U_{CC} 和 $L\mathrm{d}i_C/\mathrm{d}t$ 两者的叠加。图 8-25(b)为开通时的 u_{CE} 和 i_C 波形,图中增加极快的 i_C 出现了过电流尖峰 i_{CP},当 i_{CP} 回落到稳定值时,过大的电流下降率同样会引起器件上的过电压而需加以吸收。IGBT 开通时出现尖峰电流,其原因是刚导通的 IGBT 负载电流上,又叠加了桥臂中互补管上反并联续流二极管的反向恢复电流,所以在此二极管恢复阻断前,刚导通的 IGBT 上形成逆变桥臂的瞬时贯穿短路,使 i_C 出现尖峰,为此需串入抑流电感即串联缓冲电路,或放大 IGBT容量。

图 8-25(c)是 IGBT 开关过程中的 u_{CE} 和 i_C 的轨迹,其中轨迹 1 和 2 是没有缓冲电路时的情况,开通时 u_{CE} 由 U_{CC}(电源电压)经矩形轨迹降到零,相应地 i_C 由零上升到 I_{CM};关断时 i_C 由 I_{CM} 经矩形轨迹降到零,相应地 u_{CE} 由零升高到 U_{CC}。不但集电极电压和电流的最大值同时出

现,而且电压和电流都有超调现象,开关应力大、开关损耗高。加上缓冲电路后,u_{CE}和i_C的开通与关断轨迹分别如图 8-25(c)中 3 和 4 所示,由图可见,其轨迹不再是矩形,避免了两者同时出现最大值,大大降低了开关损耗。

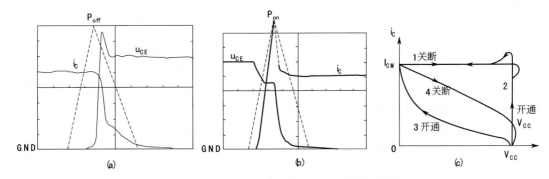

图 8-25　IGBT 在开关过程中的 u_{CE} 和 i_C 波形及其轨迹

(a)关断时的 u_{CE} 和 i_C;(b)开通时的 u_{CE} 和 i_C;(c)u_{CE} 和 i_C 的轨迹

　　缓冲电路对于工作频率高的自关断器件,通过限压、限流、抑制 di/dt、du/dt,把开关损耗从器件内部转移到缓冲电路中去,然后再消耗到缓冲电路的电阻上,或者由缓冲电路设法再反馈到电源中去。由此缓冲电路可分为两大类,前一种是能耗型缓冲电路,后一种是反馈型缓冲电路。能耗型电路简单,在电力电子器件的容量不太大。工作频率也不太高的场合下,这种电路应用很广泛。

8.5.2　缓冲电路的基本结构

　　缓冲电路的功能有抑制和吸收两个方面,因此图 8-26(a)是这种电路的基本结构,串联的 L_s 用于抑制 di/dt 的过量,并联的 C_s 用于吸收器件上的过电压,即器件在关断时 C_s 通过快速二极管 VD_s 充电,吸收器件上出现的过电压能量,由于电容电压不会跃变,限制了重加 du/dt。当器件开通时 C_s 上的能量经 R_s 泄放。对于工作频率较高、容量较小的装置,为了减少损耗,图 8-26(a)的 RLCD 电路,可简化为图 8-26(b)的形式。这种由 RCD 网络构成的缓冲电路普遍用于 GTO、功率 MOSFET 及 IGBT 等电力电子器件的保护。

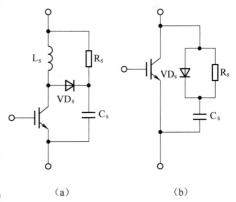

图 8-26　(a)串并联 RLCD 缓冲电路;
(b)并联 RCD 缓冲电路

　　图 8-27 所示的几种缓冲电路是上述基本 RCD 缓冲电路的简化或演变。它们如图所示,既可用于逆变器中 IGBT 模块的保护,也适用于其他电力电子器件的缓冲保护,但其性能有所不同。图 8-27(a)是最简单的单电容电路,适用于小容量的 IGBT 模块(10~50 A)或其他容量较小的器件,但由于电路中无阻尼元件,容易产生振荡,为此 C_s 中可串入 R_s 加以抑制,这种 RC 缓冲电路在晶闸管的保护中已用得很普遍。图 8-27(b)是把 RCD 缓冲电路用于由两只 IGBT 组成桥臂的模块上,此电路比较简单,但吸收功能较单独使用 RCD 时略差,多用于小容量器件的逆变器桥臂上。有时还可以把(a)、(b)两种缓冲电路并联使用,以增强缓冲吸收的功能。图 8-27(c)是 R_s 交叉连接的缓冲电路,当器件开断时,

C_s 经 VD_s 充电，抑制 du/dt；当器件开通前，C_s 经电源和 R_s 释放电荷，同时有部分能量得到反馈，这种电路对大容量的器件，例如 400 A 以上的 IGBT 模块比较适合。

图 8-27(d)是大功率 GTO 逆变桥臂上的非对称 RLCD 缓冲电路。图中限流电感 L_s 经过 VD_s 和 R_s 释放磁场能量。GTO 开断时，C_s 经 VD_s 吸收能量并经 R_s 把部分能量反馈到电网上去，因此损耗较小，适用于大容量的 GTO 逆变器。所以图 8-27(c)和(d)的功能类似，其 C_s 具有吸收电能和电压箝位双重功能，且效率较高。

图 8-27(e)是三角形吸收电路，这里吸收电容 $C_1 \sim C_3$ 为三角形连接，在 VT_1 关断时，并联在 VT_1 两端的总吸收电容量由 C_3 和 C_2 串联再和 C_1 并联后组成，即总电容量是 $C_\Sigma = C_1 // (C_2 + C_3)$。这种电路的特点是：

1）三只电容器之间几乎不需要连接线，所以寄生电感极小；

2）在电力电子器件工作过程中每只电容器都参与工作，电容器利用率高；

3）电路的损耗较小，日立公司曾在一定的条件下进行试验比较，这种电路的损耗约为 RCD 电路损耗的 40%。因此△形电路已用在我国研制中的 GTO 交流传动电力机车逆变器中，其 GTO 的规格为 3 000 A、4 500 V，吸引电容量为 $C_1 = C_2 = C_3 = 18 \mu F$。

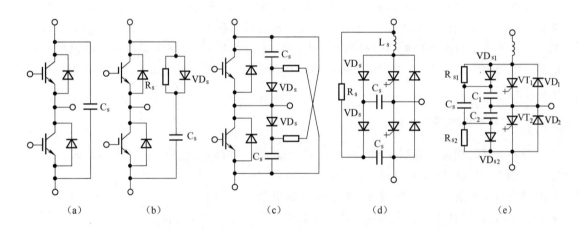

图 8-27　电力电子器件的其他缓冲电路

(a)IGBT 桥臂模块的单电容电路；(b)桥臂模块公用的 RCD 电路；

(c)有反馈功能的 RCD 电路；(d)不对称有反馈功能的 RCD 电路；

(e)△形吸收电路

1. 晶闸管、GTO 缓冲电路

下面结合三角形吸收电路讨论 GTO 晶闸管的换相过程。

VT_1 关断过程[图 8-28(a)～(d)]：初始状态为 $i_{Ls} = i_{VT1} = I_L$，$u_{Cs4} = U_d$。在 VT_1 上加关断脉冲时，负载电流开始分流，其中一部分（$I_L - i_{VT1}$）沿着 VD_{s1}、C_{s1} 和 $VD_{s1} - C_0 - C_{s4}$ 的并联电路流动。C_{s1} 充电，C_{s4} 放电，其能量反馈给负载。直至 VT_1 关断。同时，电感 L_s 及电路中的分布电感使 C_{s1} 和 C_0 上引起电压尖峰（即过充电）。最后 $u_{Cs4} = 0$ 时，VD_4 开通[见图 8-28(d)]。

VT_1 开通过程[图 8-28(e)～(h)]，初始状态为，$i_{Ls} = 0$，$i_{VD4} = I_L$，$U_{Cs1} = U_d$，$u_{Cs4} = 0$。

在 VT_1 上加开通触发脉冲时，负载电流从 VD_4 开始向 VT_1 转移。当 $i_{T1} = I_L + I_{rr}$ 时，VD_4 恢复。然后 C_{s1} 沿 $C_{s1} - R_{s1} - VT_1$ 回路放电，C_{s4} 沿 $VT_1 - C_{s4} - VD_{s4}$ 回路充电，C_0 沿 $VT_1 - C_{s1} - C_0 - VD_{s4}$ 电路充电。C_{s4}、C_0 与 L_s 形成谐振回路；当 $u_{Cs1} = 0$，$u_{Cs4} = U_d$ 时，

VD_{s4} 恢复截止;在此过程中,L_s 及电路中分布电感上的储能以及 C_0 和 C_{s4} 过充(即电压尖峰)的最终状态见图8-22(g)。低耗型吸收电路首先由日本日立公司提出。为了简化电路,德国 AEG 公司采用一种改进的三角形吸收电路,取消了串联吸收电路中的放电二极管和电阻。

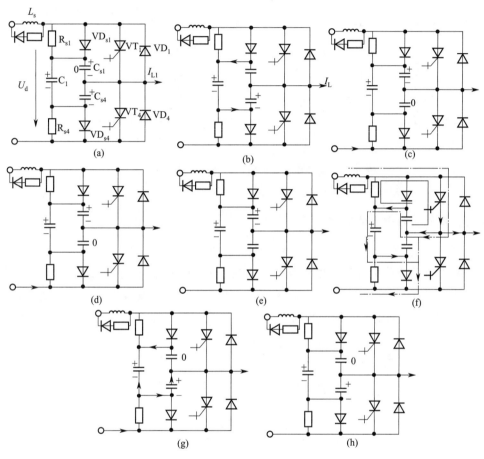

图 8-28 三角形低耗吸收电路

(a)~(d)VT_1 关断;(e)~(h)VT_1 开通

为了防止电力电子器件在关断时出现电压尖峰,并消除杂散电感与缓冲电路中 C_s 构成谐振回路所产生的振荡,缓冲电路引线中的杂散电感 L_s' 必须限制到最小。图 8-29 是以电感性负载中 GTO 的缓冲电路为例,说明杂散电感 L_s' 对关断过程中阳极电压产生尖峰电压 U_P 的影响。在阳极电流迅速下降时,随着 C_s 快速充电,L_s' 上所产生 $L_s'di_s/dt$ 的电势加在 GTO 上,故 L_s' 越大、U_P 也越大,管耗 p_{off} 也越严重。此外,在感性负载下阳极电流下降率 di_A/dt 与缓冲电路中的电流上升率 di_s/dt 相等,故负载电流越大,下降越快,$L_s'di_s/dt$ 也越大,同样会产生严重后果。所以缓冲电路中的 R、C、V、D 等元件也应力求采用无感元件。

(1)缓冲电路中吸收电容 C_s 值的确定

晶闸管缓冲电路中的 C_s 主要用于抑制重加 du/dt,以防止晶闸管因 du/dt 过大而产生过大的结电容电流,导致晶闸误触发,所以吸收过电压的 C_s 值与 SCR 的结电流大小相关。因此 C_s 的大小也直接与被它保护的 SCR 的容量密切相关,其经验公式为

$$C_s = (2 \sim 4)I_{VT}10^{-3}(\mu F) \tag{8-4}$$

式中 I_{VT}——SCR 的通态平均电流。

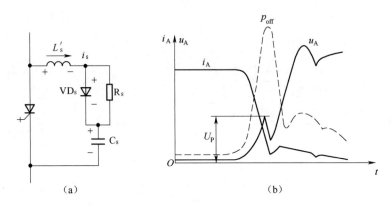

图 8-29   缓冲电路中的杂散电感对关断波形的影响
(a)缓冲电路中的 L_s'；(b)L_s'使阳极电压产生尖峰

相应的缓冲电路吸收电阻值为

$$R_s = 10 \sim 30 \ \Omega \tag{8-5}$$

自关断器件的吸收电容量可以从负载电路关断时其电荷量由 C_s 吸收，从而抑制过电压的观点来算出 C_s 值。已知负载电流 I_L 在关断的下降时间 t_f 内，按线性规律下降到零，故其电荷量可用 I_L 与 t_f 构成的三角形面积表示，即

$$Q = \int_0^{t_f} i_L(t)\,\mathrm{d}t = \frac{1}{2}I_L t_f \tag{8-6}$$

此电荷量被 C_s 所吸收，设其电压在 $t = t_f$ 时由零上升到 U_{Csf}，则

$$U_{Csf} = \frac{1}{C_s}\int_0^{t_f} i_L(t)\,\mathrm{d}t = \frac{1}{2}I_L t_f \cdot \frac{1}{C_s} \tag{8-7}$$

故

$$C_s = \frac{I_L t_f}{2U_{Csf}} \tag{8-8}$$

在 t_f 时的电容电压 U_{Csf} 通常取为电源电压 U_d 的 $10\% \sim 50\%$，如取 $U_{Csf} = 0.5\,U_d$，则

$$C_s \geqslant \frac{I_L t_f}{U_d} \tag{8-9}$$

由此求得 C_s 值。

C_s 参数计算的另一种方法是避开不易确定的下降时间 t_f，认为主电路关断时不能续流释放的那部分磁场能量都转换成 C_s 的电场能量，这时 C_s 的最高电压 U_{CsP} 不应该超过设计允许值。这样 C_s 在电子器件关断时其充电电压就有两部分组成，一部分是由电源输入的充电电压 U_d，另一部分是由没有释放的磁场能量转换过来的充电电压。故

$$\frac{1}{2}L_M I_L^2 = \frac{1}{2}C_s(U_{CsP} - U_d)^2 \tag{8-10}$$

式中 L_M——主电路电感，主要是没有续流的杂散(寄生)电感；

U_{CsP}——C_s 上的最大充电电压。

由此得
$$C_s = \frac{L_M I_L^2}{(U_{CsP} - U_d)^2} \tag{8-11}$$

GTO 的耐压性能高,它的缓冲电路作用如上面所述,L_s 和 C_s 限制过大的 di/dt 和 du/dt,故有下列计算式

$$L_s \geqslant \frac{U_d}{(di/dt)_{max}} \tag{8-12}$$

$$C_s \geqslant \frac{I_{ATO}}{(du/dt)_{max}} \tag{8-13}$$

式中　$(di/dt)_{max}$——GTO 开通时的允许最大电流上升率;

　　　$(du/dt)_{max}$——GTO 关断时的允许最大电压上升率;

　　　I_{TGQM}——GTO 阳极最大可关断峰值电流。

不同的 GTO 其允许的 di/dt 和 du/dt 是不同的,如 4 500 V/3 000 A 的 GTO,其值为 $di/dt < 500$ A/μs,$du/dt < 1 000$ V/μs。

表 8-3 是同一个 GTO 在不同的 C_s 值和不同的杂散(寄生)电感 L_s' 下,它的阳极最大可关断电流变化情况。由表可见适当加大 C_s 值,I_{ATO} 明显加大,但缓冲电路的损耗也相应加大。

表 8-3　吸收电路参数与 I_{ATO} 的关系

吸收电容 C_s(μF)	0.47	2~3	3~4	4~6
寄生电感 L_s(μH)	<0.1	0.3	0.3	0.2
最大可关断电流 I_{ATO}(A)	200	600	1 000	2 000

(2)缓冲电路中 R_s 阻值的确定

缓冲电路中 R_s 阻值若过大,则 C_s 放电时间过慢,在下一次开关过程中 C_s 不能充分发挥吸收能量的作用。若 R_s 过小,在器件导通时,$R_s C_s$ 放电电流过大、过快,可能危及器件的安全也可能引起振荡。为此可取开关器件的工作周期 T 约等于 $(1~2)3 R_s C_s$。

故有
$$T = \frac{1}{f} \approx 3R_s C_s \tag{8-14}$$

即
$$R_s \approx \frac{1}{3C_s f} \tag{8-15}$$

或者采用
$$R_s \approx \frac{1}{6C_s f} \tag{8-16}$$

在功率较大的 GTO 缓冲电路中,一般取 R_s 为 5~10 Ω。

2. IGBT 缓冲电路

(1)电路介绍

IGBT 的吸收电路着重用以控制关断浪涌电压和续流二极管的恢复浪涌电压,减少开关损耗,有以下主要特点:第一,现在市场上应用较多的第三代 IGBT 具有宽范围的开关安全工作区,因为 IGBT 没有 GTR 那种二次击穿的现象,它只需抑制瞬态电压。第二,IGBT 工作频率可以达 30~50 kHz,主电路中的杂散电感就可能引起很大的 Ldi/dt,产生过电压而损坏 IGBT。因此在 IGBT 的应用中,选择合适的吸收电路类型,合理布局是至关重要的。同济大学在研制 300 kV·A IGBT 三电平逆变器时,为进一步减小开关损耗,有效地抑制 IGBT 关断浪涌电压和续流二极管的恢复浪涌电压,引用了在两电平变流器中成功应用的能量回馈型电

容三角形吸收电路,试验证明这种吸收电路更有效地减小开关损耗,把储存在吸收电路电容中的部分能量回馈至电源或负载,适用于大功率 IGBT 三电平逆变器。

吸收电路都有储能元件,在换流过程中储存的能量需要进行转换。IGBT 三电平逆变器主电路和吸收电路如图 8-30 所示。图中所示一相桥臂中电容 C_1、C_2 和 C_3、C_4 分别与电容 C_{12}、C_{34} 连接成三角形,该吸收电路由此而得名,电容 C_{12}、C_{34} 为箝位电容,C_1、C_2 和 C_3、C_4 是吸收电容。在应用中取 $C_1=C_2=C_3=C_4=C$,$C_{12}=C_{34}=C_s$,任一 IGBT 关断时等效吸收电容为 C_s 与 C 串联后与 C 并联,等效电容容值为 $C+\dfrac{C \cdot C_s}{C+C_s}$,稳态时 C_{12}、C_{34} 充有电压为 $E(E=U_d/2)$,在换流过程中,所有电容均参与工作;吸收电阻 R_1、R_{12}、R_2 采用无感电阻,吸收二极管 VD_1、VD_2、VD_3、VD_4 采用快恢复二极管。IGBT 三电平逆变器工作时,VT_1 与 VT_3、VT_2 与 VT_4 的驱动信号反向。

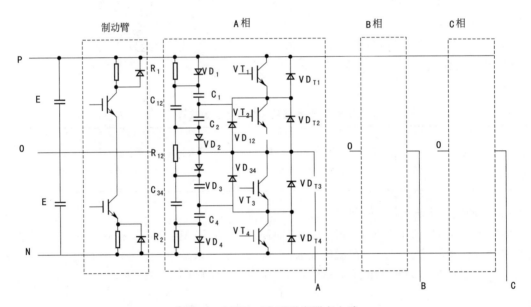

图 8-30　IGBT 三电平逆变器主电路

(2)电容三角形吸收电路参数的选择

吸收电路的设计不仅要对吸收电容、电阻、吸收二极管进行参数的选择,还应考虑吸收电路各器件的布局和连线,吸收电路尽可能短的连接到 IGBT 模块上。这里简要的分析吸收电路各参数的确定原则。

1)箝位电容、吸收电容的选择:在 IGBT 关断时,吸收电容上的充电电压由两部分组成,一部分是由电源输入的充电电压,另一部分是没有释放的磁场能量转换而来。等效吸收电容用来吸收这部分磁场能量。对三角形吸收电路来说,箝位电容、吸收电容的取值有一定的灵活性,但从吸收电压的损耗和 IGBT 关断时过电压角度来考虑,希望箝位电容 C_s 尽可能大些,吸收电容 C 尽可能小些,在实际设计中,通常 C_s 为 C 的 6～10 倍。

2)吸收电阻和吸收二极管的选择:吸收电阻阻值过大,则吸收电容放电时间过慢,下一次开关过程中就不能充分发挥吸收能量的作用,但取值过小,在主管导通时,放电电流过大、过快,可能引起振荡,危及主管的安全,一般取阻容放电时间常数为主管开关周期的 $1/6$～$1/3$。吸收二极管应选取快恢复元件,提高吸收电路的动态响应过程,而且反向恢复电荷要小,反向恢复电流切断速度不要太快,即要求软恢复。

小　　结

本章节主要对电力电子器件的驱动电路进行介绍,包括半控型器件——晶闸管,全控型器件——GTO、IGBT、MOSFET 等,以及常用的一些集成驱动模块,并且对电力电子器件的缓冲电路进行了介绍。对于半控型器件而言,要求相对全控型较低。这里包括脉冲的电压和电流参数,脉冲的陡度和后沿波形,脉冲的相序和相角以及与主电路的同步关系,同时还需要考虑门控电路与主电路的绝缘隔离问题和抗干扰、防止误触发问题。而对于全控型器件来说,情况就比较复杂了,尽管不同的器件对于驱动的要求各不相同(在各个小节中分别介绍),但是全控型器件的驱动电路有一些共性的要求:

1)导通和关断时要求驱动电路输出极性不同的驱动信号。全控型电流器件正电流控制导通、负电流控制关断,如 GTO 属于这类器件;全控型电压器件为正电压控制导通、负电压控制关断,如 IGBT、MOSFET 等。

2)驱动电路一般采用双电源工作,其产生方法有独立供电的双电源方案,亦有自举技术或分压技术获得等效双电源的方案。

3)驱动电路应具有输出驱动信号强弱可调的功能,以满足不同容量全控型电力电子器件对驱动电压(或电流)的不同要求。

4)驱动电路应使被驱动的全控型电力电子器件的工作频率尽可能高,这就是说驱动电路输出的驱动信号前、后沿要陡,使被驱动全控型电力电子器件能快速导通或关断。

5)驱动电路应具有对被驱动的全控型电力电子器件完整、快速的保护功能。

6)驱动电路应具有很强的抗干扰能力,其鲁棒性要好。

7)驱动电路应简单、实用,消耗的功率要尽可能的小,其体积也应较小。

8)驱动电路应具有承受一定电压的隔离器把输入与输出隔离开,以满足电力电子设备中众多全控型电力电子器件对驱动的要求。

另外,针对于电力电子器件的缓冲电路,应注意其与软开关的区别,需要着重掌握的为IGBT 三角形吸收电路的工作原理。

中英术语对照

锯齿波——Sawtooth Wave
同步信号——Synchronous Signal
同步变压器——Synchronous Transformer
触发电路——Firing Circuit
缓冲电路——Snubber Circuit
鲁棒性——Robustness

Problems

Problem 8.1:What are the requirements of a SCR driver?

Problem 8.2:Analyze the firing circuit using a sawtooth wave as the synchronous signal.

Problem 8.3:Illustrate a typical GTO driver and analyze how to turn off a GTO.

Problem 8.4:Both the MOSFET and the IGBT are of the field control devices，but there are slight differences between their drivers. Point out the difference.

Problem 8.5:Compare the requirements of the drivers between the SCR，GTO，MOSFET and IGBT and find the essential differences.

Problem 8.6:Review the Chapter 6，and comprehend the working process of a snubber circuit.

9 电力电子技术的应用 *

在前面的章节当中,对电力电子器件、基本电路、控制方法、驱动以及保护都逐一进行了介绍。在本章介绍电力电子技术在轨道交通和电动汽车动力系统方面的应用。

9.1 城市轨道车辆直流牵引系统

轨道车辆的传动系统分为直流传动牵引系统和交流传动牵引系统。其主要任务是实现能量的传输与变换,该系统硬件配置有 4 个部分组成:

(1)高压设备,包括受电弓或第三轨受流器,空气或真空断路器、防止大气过电压的装置(如避雷器、放电间隙)和高压侧电压、电流检测装置,这部分设备的主要功能是保证通过受电弓的动态接触,使列车从牵引供电网获得可靠的供电。

(2)车内或车下变流设备,包括牵引变流器(斩波器或逆变器等)、制动电阻箱、辅助供电电源以及相关的附加设备,如通风机、压缩机、泵等,它们的任务是实现电能的变换,以满足牵引电机调速运行和列车辅助用电的需要。

(3)转向架中的机电能量变换装置,也就是牵引电动机及力矩传递机构,如齿轮箱、联轴节等;(1)、(2)、(3)均属于能量转换部件。

(4)列车电子控制装置,一般采用分布式结构,分成三个级别,即列车控制级、动车控制级、子系统级,其中子系统通常设置在子系统部件上。列车级控制涉及与整个列车有关的给定值和控制变量,用于整流器列车的控制,包括列车与地面信号装置和安全设施的通信。动车(包括机车)控制级用于控制与动车运行有关的运行过程,主要任务是黏着控制和分配制动力,对牵引力和制动力进行进一步的处理后发送给子系统级的传动单元。子系统级包括牵引控制器、制动控制器、辅助变流器等所用的控制装置。另外,现代列车电子控制装置还包括列车自动监测和诊断系统。

城市轨道交通在我国最早应用于北京,后来天津、上海相继有轨道交通运营线开通。这三个城市的轨道车辆早期均采用直流传动技术,目前尚有许多直流传动车辆在营运线上运营。

9.1.1 斩波电路在轨道交通中的应用

早期的轨道车辆(电动车组)均采用变阻控制器有级的改变电阻进行调速,自从电力电子器件出现后,轨道车辆采用斩波调速技术,根据牵引电动机不同的控制方式,可分为下列 3 种斩波调速方式。

1. 斩波调阻方式

这种方案实际上属于改变串联电阻实现电机端电压调节的方式。斩波器 CH 和电阻器的一部分并联,如图 9-1 所示,控制斩波器的导通比,该电阻即等效于无级的可变电阻。由于斩波器 CH 容量有限,所以在电路中只用以调节一段电阻,斩波器与接触器配合,可以有效调节所有的串联于主电路中的电阻,从而达到调节电机(或车辆)速度的目的。通过斩波器的控制可以实现恒流控制,进而调节牵引力或制动力。由于斩波器调节没有大的电流冲击,电机调速性能得到改善,并可充分利用黏着条件,车辆的牵引性能也得到改善。但由于主电路中仍有一段电阻存在,性能不如其他斩波方式,是传统电阻调速车和斩波车之间的过渡性车种。

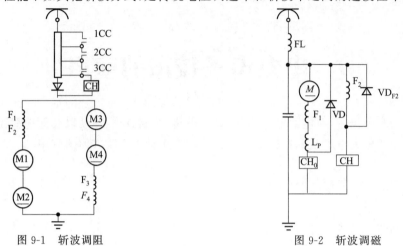

图 9-1　斩波调阻　　　　　　　　图 9-2　斩波调磁

2. 斩波调磁方式

斩波器 CH 与励磁绕组相串联,以控制牵引电动机的励磁电流。图 9-2 所示为斩波调磁动车的主电路原理图,图中电机为复励牵引电动机。牵引时为加复励电动运行状态,再生制动时为差复励发电运行状态,从牵引到制动的整个运行范围电路不需切换,可实现连续控制,与串励牵引电动机相比较,它具有斩波器的控制容量小(为调压斩波的 5% 以下)、经济、斩波器造成的脉动电流成分小、对其他线路干扰影响小等特点。图中斩波器 CH_0 为牵引电机调压斩波器。

3. 斩波调压方式

(1)斩波器与牵引电机串联

斩波器 CH_0 与电机电枢相串联,可以控制牵引电动机的供电电压。图 9-3 是直流串励电动机牵引工况的典型电路。当斩波器导通时,电动机 M 从电网中获取能量,平波电抗器中储存能量,当斩波器关断时,储存在平波电抗器中的能量通过续流二极管 VD 释放。显然,CH_0 属于降压斩波器。

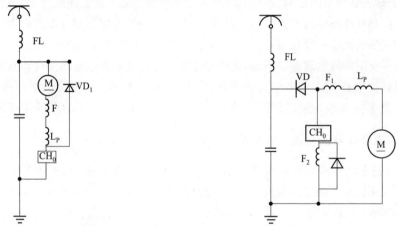

图 9-3　斩波器与电机串联(降压斩波器)　　图 9-4　斩波器与牵引电机并联(再生斩波器)

(2)斩波器与牵引电机并联

斩波器与牵引电机并联连接,应用于牵引电机的再生制动工况,图 9-4 所示为复励牵引电机再生制动工况时的主电路原理。牵引电机作为发电机工作,当斩波器开通时,发电机发出的能量以磁场能储存在平波电抗器 L_p 中,当斩波器关断时,发电机发出的电能与平波电抗器中的磁场能反馈给电网,从而实现再生制动。斩波器 CH_0 属于再生斩波器。

北京地铁中 BJ-4 型和 BJ-6 型曾普遍应用,前者采用变阻控制器进行主回路中电阻切换(即有级变阻调速)方案,后者采用晶闸管斩波器调阻调速方案,实现无级平滑调节,列车运行平稳性较好。

9.1.2 上海地铁车辆直流传动系统主电路分析

上海地铁 1 号线 DC01 型车辆为引进德国西门子的直流传动车辆,该车型于 20 世纪 80 年代末设计,90 年代初生产提供,车辆由 DC 1 500 V 架空线受电,采用直流斩波调速。

DC01 型车由两个单元构成,每单元由 A、B、C 三节车辆组成。每辆车的走行部分由两台二轴转向架组成。车辆 A 有司机控制台但车轴上没有牵引电动机,因此是一节拖车,B、C 两节车辆皆为动车(B 车带受电弓),每一动轴由一台全悬挂的直流牵引电动机通过传动比为 5.95 的传动齿轮驱动,动轮直径为 805 mm。牵引电动机为 CUS5668B 型直流串励电动机,在牵引工况下,其额定功率为 207 kW,额定电流 302 A,额定电压 750 V(电网电压为 1 500 V,一节车中 4 台牵引电动机固定二串两并联接)。额定转速 1 470 r/min,在电阻制动工况下,最大制动电流为 360 A。

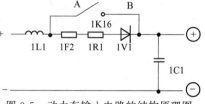

图 9-5 动力车输入电路的结构原理图

动力车传动系统输入电路的结构原理图如图 9-5 所示,电容 1C1 为滤波电容。在首次充电时,为防止充电电流过大,必须串入电阻(1R1)用以限流充电,当电容充足电后,短路限流电阻。

由牵引斩波器和直流牵引电动机构成的直流传动系统主电路如图 9-6 所示。其工况工作原理分析如下:

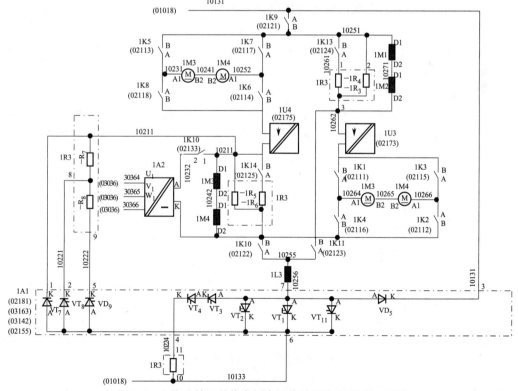

图 9-6 上海地铁 1 号线车辆直流传动系统主电路原理图

1K1~1K 14—接触器;1U3~1U4—电流互感器;1A2—预励磁装置;1M1~1M4—牵引电动机;R₃、R₅—固定分路电阻;
R₄、R₆—磁场削弱电阻;1L3—平波电抗器;1R₃-R₇~R₉—制动电阻;1A1—斩波器;VT₁、VT₂—GTO 主管;
VT₃、VT₄—制动晶闸管;VT₇、VT₈—晶闸管;VD₅—续流二极管;VD₉—二极管;VD₁₁—保护晶闸管

（1）正向牵引工况

在正向牵引工况,牵引接触器 1K9,换向接触器 1K5、1K6 及换向接触器 1K1、1K2、牵引接触器 1K10 闭合,其电路如图 9-7 所示。

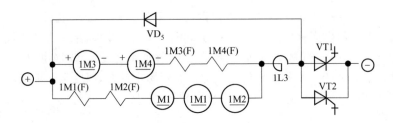

图 9-7　正向牵引工况工作原理电路图

图中 1M3(F)、1M4(F)分别为牵引电机 1M3、1M4 的励磁绕组,1M1(F)、1M2(F)分别为牵引电机 1M1、1M2 的励磁绕组。

两组串励绕组分别并有削弱分流电阻(图 9-5),以 1M3(F)、1M4(F)为例,接法如图 9-8 所示(1K14 未闭合)。

图 9-7 中 VT$_1$ 与 VD$_5$ 各以 250 Hz 频率交替开关工作(GTO 器件最小导通比为 0.05)。两管交替工作可以使流过电网和电机的电流脉动量减小,也可使流过平波电抗器 1L3 的电流脉动量减小,从而减小输入滤波器和平波电抗器的体积与重量。

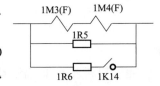

图 9-8　磁场削弱分流电阻接线图

（2）反向牵引工况

对应于正向牵引工况,1K5、1K6 断开,改为 1K7、1K8 闭合,1K1、1K2 断开,改为 1K3、1K4 闭合,原理图同正向牵引工况。

（3）再生制动工况

再生制动在牵引电动机处于发电机工况时向电网反馈电能,由再生斩波器实现。再生制动时(对应于正向运行),牵引接触器 1K9、1K10 断开,制动接触器 1K11 闭合,牵引电机采用交叉励磁,其工作原理电路如图 9-9 所示。

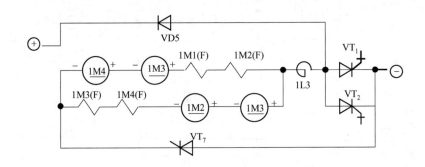

图 9-9　再生制动工况工作原理电路图

当 GTO VT$_1$(VT$_2$)和晶闸管 VT$_7$ 导通时,平波电抗器 1L3 储能,当 GTO VT$_1$(VT$_2$)关断时,平波电抗器 1L3 自感电势(左负右正)、电机串励绕组自感电势(左负右正)与电机电势叠加。经二极管 VD$_5$ 反馈电能至(＋)端,另一端经 VT$_7$ 晶闸管接至(－)端,此时电机把能量反馈给电网。与牵引工况相比,电机电动势与励磁磁通方向均不变,而电枢电流方向改变。

(4)电阻制动工况

电阻制动工况(对应于正向运行),牵引接触器 1K10 断开,制动接触器 1K11 闭合。电机能量消耗在外接制动电阻 1R9、1R8、1R7 中,其电路原理如图 9-10 所示。

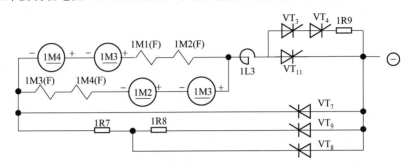

图 9-10　电阻制动工况工作原理电路图

触发导通各晶闸管(VT$_3$、VT$_4$、VT$_7$、VT$_8$、VT$_9$)可以切换(改变)制动电阻大小,从而改变制动力大小。同时通过 VT$_{11}$、VT$_7$、VT$_8$ 的开关工作,可以调节与 VT$_{11}$、VT$_7$、VT$_8$ 相并联的电阻值,从而满足串励电机制动工况工作的需要。

(5)磁场削弱控制

我们知道,对于直流牵引电机,要使电机速度增加(高于额定转速),可以采用磁场削弱的方法,在图 9-5 所示的具体电路中采用闭合磁场削弱接触器 1K13 与 1K14。

上海地铁 1 号线车辆直流传动系统的主要技术特点总结如下:

1)牵引斩波器采用两相不重形式,从而减小流过电网和电机的电流脉动,有利于减小滤波器和平波电抗器尺寸。

2)电阻制动和再生制动时,电机为串励形式,采用交叉励磁方式,从而防止两组电机的由于电势差引起过大的环流。在电阻制动工况时,配以调阻斩波器调节制动电阻。

3)磁场削弱采用分路电阻法实现。

4)轨道车辆组在制动工况中有三种不同的形式,即再生制动,电阻制动和空气制动,电阻制动为基本制动方式,空气制动原则上在低速时运用。

5)采用先进的 SIBAS16 计算机控制单元实现牵引控制功能,根据司机控制指令实现列车的自动控制,整个主电路的控制可靠而简单。

9.2　城市轨道车辆交流牵引系统

随着电力电子技术的发展,城市轨道车辆中的交流传动系统已称为主流产品,这标志着直流传动为主导的轨道牵引技术被交流传动技术取代。广州地铁、上海地铁 2 号线及其后建线路和许多城市正在建设的轨道交通线路都采用交流传动技术。交流牵引系统采用 PWM 控制的电压型牵引逆变器、交流异步牵引电动机,通过适当的编组方式和控制方式以改善黏着和降低噪声,并配有完善的监控和自动诊断系统,成为我国城市轨道车辆开发和制造的主要方向。

下面,结合德国西门子公司研制的广州地铁 1 号线车辆分析电力电子技术在交流牵引系统中的应用。

1. 车辆技术参数

广州地铁列车由两个基本单元组成,每个基本单元由一台带驾驶室的拖车(称为 A 车)和两台动车(分别称为 B 和 C 车),形成二动一拖(2M1T)的编组单元。其列车主要参数如表 9-1 所示。

表 9-1　广州地铁 1 号线列车主要技术参数

列车长度(6 辆车)		139 980 mm
车辆宽度		3 000 mm
车辆高度		3 810 mm
地板高度		1 130 mm
拖车质量		33 t
动车质量		36 t
轨距		1 435 mm
轴式		$2'2'+B_0B_0+B_0B_0+B_0B_0+B_0B_0+2'2'$
轴重		16 t
旅客容量		
座位		336 个
站位	正常(6 个/m²)	1 860 个
	最大(9 个/m²)	2 592 个
牵引电动机		
型式		异步电动机
等效持续功率		190 kW
数量		16 台
齿轮传动比		6.3
启动加速度		1.0 m/s²
最大制动减速度		1.3 m/s²
最大速度		80 km/h
接触网电压		
标称值		DC1 500 V
变化范围		DC1 000～1 800 V
辅助系统		
DC/AC 逆变器输出		6×75 kV·A=450 kV·A AC3×380 V,50 Hz
DC/DC 变换器输出		2×25 kW=50 kW DC126 V
控制电压		DC110 V
蓄电池		
容量		100 A·h
数量		2×84 个
制动方式		
常用制动		电气制动
快速制动		空气制动(踏面制动)
紧急制动		空气制动(踏面制动)
停车制动		储能制动(踏面制动)

2. 主电路

轨道车辆交流牵引系统的主电路包括受电弓、高速开关、避雷器、线路滤波器、牵引逆变器、牵引电机系统等几部分,应根据车上或车辆底部空间合理安排安放位置。一般滤波器、牵引逆变器和牵引电机不宜距离太远,应放置在动车上。

图 9-11 是主电路受电部分的典型电路,它包括受电弓、高速开关、接地开关、电流与电压检测等几部分,用于保证变流器、直流电源供电的可靠与安全。

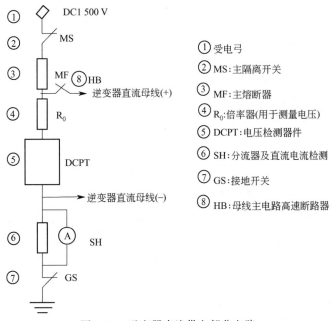

图 9-11　逆变器直流供电部分电路

① 受电弓
② MS:主隔离开关
③ MF:主熔断器
④ R_0:倍率器(用于测量电压)
⑤ DCPT:电压检测器件
⑥ SH:分流器及直流电流检测
⑦ GS:接地开关
⑧ HB:母线主电路高速断路器

图 9-12 是广州地铁一号线车辆电牵引系统(除受电部分)的主电路图,其中 A_1 为滤波器部分,A_2 为牵引逆变器单元,A_3 为牵引电机及电压电流检测部件。滤波器用来平滑输入电流、抑制接触网与车辆之间的相互干扰,减少车辆对其他系统的影响,它包括线路电抗器,直流支撑电容器及其充电、放电电路,负载电流的续流电路,输入电压和电流、差动电流及线路电容电压检测电路,抑制干扰用的退耦电路等。

滤波器中设有差动电流传感器 U_4、谐波吸收电容 $C_{11} \sim C_{25}$。另外,还装有模块 A_{10}。模块 A_{10} 上装有网压传感器 $A_{10}:U_1$、电容电压传感器 $A_{10}:U_2$、网侧极性反向保护二极管 $A_{10}:A_3$、充电熔断器 $A_{10}:F_1$、充电接触器 $A_{10}:K_3$、放电接触器 $A_{10}:K_4$、充放电电阻 $A_{10}:R_1 \sim R_5$、支撑电容极性反向保护二极管 $A_{10}:A_2$;还装有可选用支撑电容 A_{31}、A_{32},用于抑制直流侧的谐振。冷却风道中装有直流电抗器 L_1。接触器 K_1、电流传感器 U_3 与逆变器冷却风道隔离。逆变器箱 A_2 装有支撑电容及其固定放电电阻,A 和 B 相模块 A_{11}、A_{12},C 相模块 A_{13},制动斩波模块 A_{14},模块吸收电阻 $R_{31} \sim R_{42}$ 以及吸收模块 A_{24}。在模块 A_{14} 中有 GTO、VT_1,快速恢复二极管 VD_3、VD_4,吸收二极管 VD_5、VD_6。

在图 9-12 中,差动电流传感器 U_4 用于接地检测。差动电流传感器有 1 A 和 50 A 两个电流差监测阀值。如果电流差超过了对应的阀值,封锁逆变电路 GTO 触发脉冲,继电器动作;如果电流差下降到阀值以下,继电器断开;如果逆变器主电路接地或电机接地,则可产生 50 A 的电流差,继电器闭合,联锁的保护信号将车辆的高速断路器断开,起到接地保护作用。滤波电容 $C_{21} \sim$

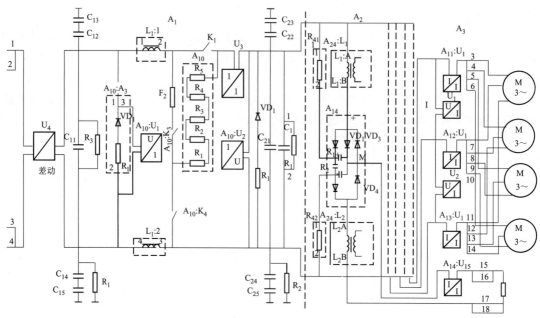

图 9-12　牵引变流器的主电路图

C_{25} 和滤波电抗器 L_1 形成了一个抑制谐波的滤波电路,可以有效地吸收逆变器所产生的高频谐波,减小对控制电路及列车通信的干扰。滤波电抗器 L_1 为空心电抗器,设计额定电流为 800 A。当逆变器发生短路时,可短时通过 8 kA 的电流。A_{10} 为滤波器箱的电阻模块,电阻 $R_1 \sim R_5$ 均为 12 Ω,可对主电路支撑电容进行快速充放电。直流接触器 K_1 的额定分断能力为 800 A,其作用是完成列车在正常情况下通断主电路功能。当逆变器主电路或输出发生短路时,此接触器仍保持闭合,车辆的高速断路器完成分断过电流的功能。每当主电路电流超过 1 200 A 时,分断主电路的功能由高速断路器完成。主电路电容充电时,K_3 闭合,充电完成后 K_1 闭合,K_3 断开。放电时 K_1、K_3 断开,K_4 闭合。K_1、K_3、K_4 的控制电路是联锁的。电压传感器 U_1 和 U_2 用于测量网压和支撑电容电压。VD_1 为极性反向保护二极管,当电压源逆变器或输出端短路时,由于主电路中存在电感,电感中的能量将向电容反向充电,此时 VD_1 导通,可保护电压源逆变器。U_3 为主路电流传感器。直流支撑电容 C_1 为 1.65 mF,逆变器可根据实际运行情况需要选择安装 4～6 个电容。每个电容带有一个过压开关,当电容内部压力超限时,可通过联锁电路向控制单元提供超压信号,产生保护动作。电容上并联的电阻 R_1 为电容的放电电阻,这个 100 kΩ 的电阻可使单个电容在 8 min 内完成放电。在逆变器脉冲封锁或最大电流时,电容短时电压可达到 2 550 V。如果电容不经充电电阻突然充电,电压可能达到 3 450 V。在正常情况下,电容电压被斩波模块限制到 2 100 V。

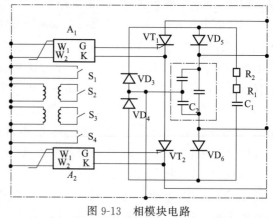

图 9-13　相模块电路
A_1、A_2:门控电路;S_1、S_2、S_3、S_4:测温器件

　　广州地铁列车中的牵引逆变器在结构设计时采用模块设计方法,它除了包含三相逆变器外,还包括制动斩波器(可视为逆变器的一相),每相包含了一个支撑电容器、一个相模块(见图 9-13,其工作原理与电容三角形吸收电

路相似)、两个相电抗器及两个吸收电阻。模块的主元件采用 GTO,在相模块内部以及牵引逆变器控制单元内,均设有完善的保护措施。广州地铁列车中的主电路牵引逆变器的主要技术参数如表 9-2 所示。

表 9-2　广州地铁 1 号线牵引逆变器参数

输入电压	DC1 500 V	+20%
		-33%
输入电流	480 A(有效值)	
输出电压	0~1 147 V(线电压基波有效值)	
最大输出电流	636 A	
输出效率	0~112 Hz	
最高开关频率	450 Hz	
脉冲模式	异步调制,9、7、5、3 分频的同步调制和方波	

3. 异步牵引电机及传动装置

以广州地铁列车为例,在每辆动车的转向架上装有 4 台异步牵引电机,并由一台牵引逆变器供电,其技术参数如表 9-3 所示。

表 9-3　广州地铁 1 号线牵引电动机参数

输出功率	190 kW(持续)、210 kW(h)
转矩	1 008 N·m(持续)、1 114 N·m(h)
线电压	1 050 V
线电流	132 A(持续)、144 A(h)
功率因数	0.85(持续)、0.86(h)
效率	0.915(持续)、0.914(h)
绝缘等级	200 K
质量	650 kg

异步牵引电机在 PWM 逆变器供电时的机械特性 $m=f(n)$ 为:(1)牵引状态:0~1 453 r/min 范围为恒转矩特性区;1 453~2 076 r/min 范围为恒功率特性区;2 076~3 322 r/min 范围为自然特性区。(2)制动状态:0~3 322 r/min 范围均为恒转矩制动特性。

4. 列车诊断系统

在车辆上,牵引逆变器、空调、辅助逆变器、直流变换器和空气制动系统均有独自的诊断系统,简要说明如下:

通过 SIBAS32 中央故障存储单元(CFSU)、TFT 彩色显示器、智能终端(KLIP Substation),将分散于每辆车上的被诊断部件(或系统)联系起来,形成集中的列车诊断系统,如图 9-14所示。

智能终端接受来自各部件(系统)的数字或模拟信号(如状态、故障等),并变换成总线信号,送入 CFSU。这不仅减少了布线数量,也对 CFSU 提供了好的接口。智能终端接收并传递的信号,A 车为 47 个,B 车为 26 个,C 车为 26 个。

CFSU 中储存的信息,可以显示在彩色显示器的屏幕上,或通过其上的专用连接线显示两种语言(中文或英文)和两种工作模式(面向运行的司机模式和面向检修的检查模式)。

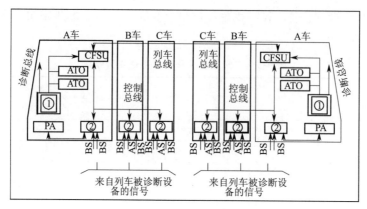

图 9-14　列车诊断系统

在司机模式,有 7 种功能,显示 15 种页面。在检查模式,有 9 种功能,显示 23 种页面,以帮助检修人员分析和查找故障。为防止无关人员任意进入这种模式,在进入这种模式前,必须输入密码。

5. 轨道车辆的牵引控制单元简介

轨道车辆牵引系统的核心部件之一是牵引控制单元(TCU),它一方面接受列车司机控制器的指令,另一方面实现牵引电机的瞬时转矩控制。由西门子公司开发的 SIBAS32 牵引控制单元(TCU),由带有 32 位处理器的中央计算机和几个较低等级的信号处理器(如高速数字信号处理器 DSP)等构成,信号处理器处理实现信号变换和实时控制(实现基于转子磁场定向的牵引电机矢量控制),中央计算机执行其他功能,这些功能大多数是车辆特定的。

SIBAS 32 系统的牵引控制单元,采用信号处理器 Motorola DSP56001,该信号处理器时钟频率为 27 MHz,用于三相交流传动的复杂控制结构,采样时间小于 1 ms,为满足实时控制的要求,所有功能软件用汇编语言编写。逆变器开关元件开关命令的输出分辨率达 1 μs 以下,由软件设计实现的逻辑元件组(LCAS)用于精确地驱动逆变器开关元件,同时承担采集数据的任务。

9.3　城市轨道车辆辅助电源系统

辅助系统是轨道交通车辆上的一个必不可少的电气装置,可为空调机、通风机、空压机、蓄电池充电器及照明等辅助设备提供电源。随着电力电子技术的发展,辅助电源系统已从早期的旋转式电动-发电机组由静止式辅助电源替代。

9.3.1　广州地铁一号线辅助系统

辅助供电源包括三相交流供电电源和直流 110 V 供电电源两部分,分别用三相逆变器和直-直变换器实现。

1. 三相辅助逆变电源(静止辅助电源)

广州地铁列车的每辆车上配置了一台 75 kV·A 的辅助逆变器作为静止辅助电源产生三相 380 V 交流电,驱动空调系、通风机、空气压缩机、牵引逆变器风机、制动电阻风机等负载。

广州地铁列车的静止辅助电源的逆变器采用直流电源二分压式电路,主开关元件采用

IGBT,输出端通过两台变压器二次侧的特殊连接(曲折形连接),得到近似于正弦波的阶梯波,再经过滤波器向负载供电,其电路图如图 9-15 所示。

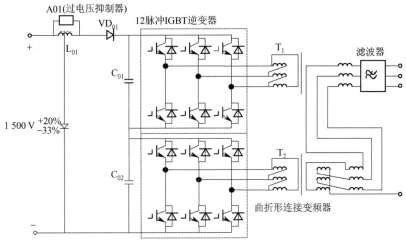

图 9-15　辅助逆变器电路图

2. 直-直变换器

每辆 A 车上安装了一台直-直变换器,正常运行时与蓄电池及负载并联,供照明和充电电源用,输入电压取自 1 500 V 的接触供电网,输出电压为直流 126 V,额定容量为 25 kW,采用 IGBT 为开关元件,其电路图如图 9-16 所示。

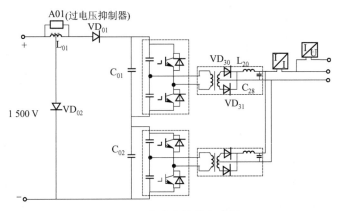

图 9-16　直流变换器电路图

对于直流接触电网压为 1 500 V 的系统,为了降低成本,辅助电源中的逆变器直流输入电压需要降到 600~700 V 范围,图 9-15 介绍的方案采用电容分压来获得 750 V 的直流电压,为了消除两台直流输入电压相互耦合、逆变器工作不平衡带来的缺陷,输出端用曲折形连接的变压器来解决这个问题(同时也可以实现逆变器输出电压与交流 380 V 电压的匹配)。但变压器在 50 Hz 下工作体积很大,不利于负载装置的轻量化。为此,西门子公司为上海地铁二号线提供车辆时,提出了另一种辅助电源方案。在该方案中,采用高频谐振变换器,开关元件工作在高谐软性开关状态,可以降低器件发热损耗,大大减小散热器的尺寸(较理想的情况下,可取消散热器),亦可大大减小滤波器的尺寸,并可以减小电磁辐射,消除开关器件二次击穿故障隐患,因而可进一步提高变换器的工作可靠性。该系统在重量、尺寸上都具有很大的优势,是今后车辆辅助供电系统发展的方向之一。

9.3.2 上海地铁 2 号线辅助系统

上海地铁 2 号线车辆静止辅助系统原理图如图 9-17 所示,采用电容分压、两路直-直变换器、并联输出,经斩波升压稳压到 DC 640 V,再逆变输出三相四线 50 Hz 380 V/220 V 交流电给用电设备供电;并有一路经斩波降压稳压再经直-直变换为输出 DC 110 V 控制电源。A 车上带 DC 110 V 控制电源,B 车和 C 车上无 DC 110 V 控制电源环节,逆变器输出为三相 AC 380 V 并带有中线。

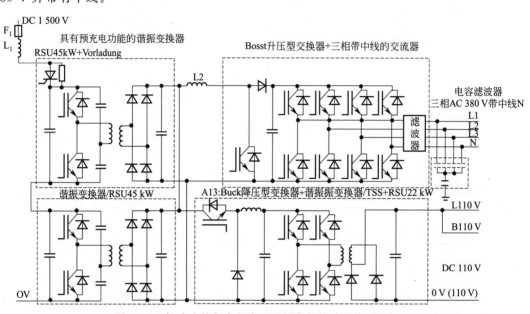

图 9-17 直-直变换与高频变压器隔离的辅助系统原理框图

9.3.3 上海地铁三号线车辆静止辅助系统

上海地铁三号线车辆静止辅助系统是法国 Alstom 公司制造,该辅助系统原理如图 9-18 所示。它由电压等级 3 300 V 的 IPM 构成两电平逆变器直接逆变。对于高压模块,为减少其开关损耗,开关频率一般不超过 1 kHz。为改善输出波形,在变压器原边一般要接入较笨重的滤波器,再经 50 Hz 变压器降压隔离供出 380 V/220 V 三相四线变压器电源;另一路再经整流与直-直变换器输出 DC 110 V 控制电源,从电路上看,又经过一级高频变压器隔离。

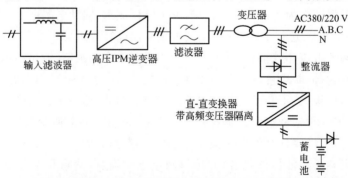

图 9-18 直接逆变式辅助系统结构框图

9.4 高速动车组交流牵引系统

现在运行的高速动车组有"和谐号"CRH$_1$、CRH$_2$、CRH$_3$ 和 CRH$_5$ 型 4 种。其中 CRH$_2$ 高速动车组由中国中车集团生产,原型车是日本新干线 E2-1000。CRH$_2$ 高速动车组采用交流传动技术,其牵引系统主要由高压电器设备(包括受电弓)、牵引变压器、四象限变流器、中间环节、牵引逆变器、牵引电机、齿轮传动系统等组成。动车组电弓将接触网的 AC 25 000 V/50 Hz 单相工并频交流电输送给牵引变压器,经变压器降压输出 1 500 V 单相交流电供给脉冲整流器,脉冲整流器将单相交流变换成直流电经中间直流电路 DC 2 600～3 000 V 的直流电输出给牵引逆变器,牵引逆变器输出电压 0～2 300 V,频率 0～220 Hz 可控的三相交流电供给异步牵引电动机。CRH$_2$ 动车组牵引传动系统主电路组成原理如图 9-19 所示。

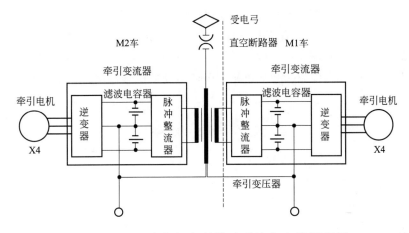

图 9-19 CRH$_2$ 动车组牵引传动系统主电路原理图

9.4.1 牵引传动系统简介

1. 高压电器

主要包括受电弓、真空断路器、避雷器、高压互感器、高压电缆及高压连接器、接地保护开关 EGS、高压隔离开关、接地电阻器等。

受电弓是电力机车从接触网获得电能的部件,机车运行时压缩空气通过车的各阀进入受电弓升弓装置气囊,升起受电弓,使受电弓滑板与接触网接触;反之,排出升弓装置气囊内压缩空气,使受电弓落下。

CRH$_2$ 型动车组采用的 DSA250 型单臂受电弓由底架、升弓装置、下臂、上臂、弓头、滑板及空气管路等组成。其外形结构图见书首页彩图 8 所示。

2. 牵引变压器

牵引变压器是电力机车上的一个重要部件,用来把接触网上取得的 25 kV 高压电变换为供给牵引变流器及其他电机、电器工作所适合的电压,其工作原理与普通电力变压器相同,但由于工作条件的特殊性,存在一些在技术参数和结构设计上的特点而属于特种变压器。ATM9 型牵引变压器是 CRH$_2$ 动车组用的牵引变压器。其外形结构如首页彩图 9 所示。

3. 牵引器

CRH2 牵引变流器(以下简称变流器)由三电平脉冲整流器、中间直流电路、三电平逆变器、真空交流接触器等主电路设备和无触点控制装置、控制电源等控制电路设备构成,上述设备组装于 1 个箱体内,安装于搭载有牵引电机的动力转向架上。在 CRH2 一个基本动力单元中,一个牵引变压器接两个牵引变流器,每个牵引变流器可带 4 台并联的牵引电机。

牵引变压器牵引绕组输出的 AC1 500 V/50 Hz 输入牵引变流器,三电平脉冲整流器以 PWM 斩波方式工作,控制中间直流电压牵引时在 2 600～3 000 V 之间,再生制动时稳定在 3 000 V,三电平逆变器采用异步调制、5 脉冲、3 脉冲和单脉冲相结合的控制方式,牵引电机采用磁场定向矢量控制方式,输出三相交流 2 300 V-424 A,0～220 Hz 对 4 台并联的电机进行速度、力矩控制。CRH2 牵引变流器实物图如彩图 10 所示。

(1)三电平脉冲整流器

三电平脉冲整流器主电路原理图如图 9-20 中,L_N 和 R_N 分别为二次侧牵引绕组的等效漏感和漏电阻,VT_{a1}～VT_{a4},VT_{b1}～VT_{b4} 为额定值为 3 300 V、1 200 A 的 IPM,VD_a、VD_a'、VD_b、VD_b' 为箝位二极管。C_1 和 C_2 为直流侧支撑电容。控制部分采用 PWM 调制方式,如图 9-21 所示。脉冲整流器实物图如彩图 11 所示。图 9-22 所示为其为三电平 PWM 整流交流侧输入电压 u_{ab} 的波形,可以看出,该波形与三电平 PWM 逆变器的输出电压形状一致。

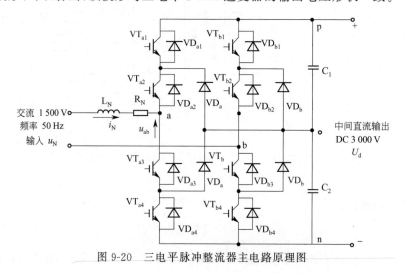

图 9-20　三电平脉冲整流器主电路原理图

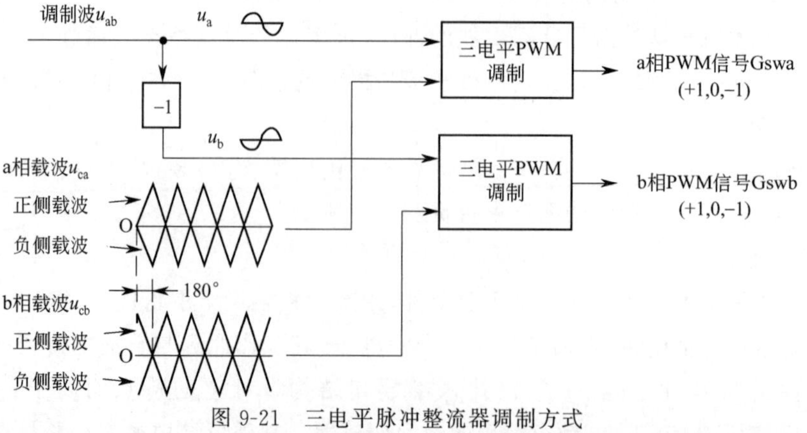

图 9-21　三电平脉冲整流器调制方式

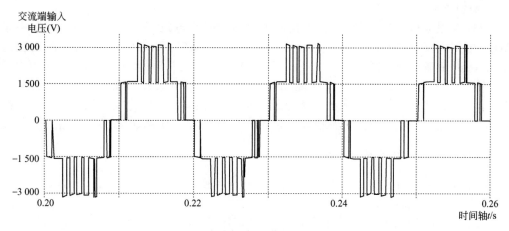

图 9-22 交流侧输入端电压 u_{ab} 的波形

（2）三电平逆变器

逆变器部分以支撑电容器电压为输入，经过 IPM 变换，输出电压和频率可变的三相交流电压，以控制 4 台并联感应电机的速度和力矩。再生制动时功能为反变换，以感应电机输出的三相交流为输入，向支撑电容器侧输出直流电压。逆变器主电路采用两主管串联与中点带箝位二极管的方案，主电路原理图如图 9-23 所示，控制采用改善中点电位偏移的空间矢量控制技术。逆变器功率模块实物图如彩图 12 所示，其详细参数如表 9-4 所示。

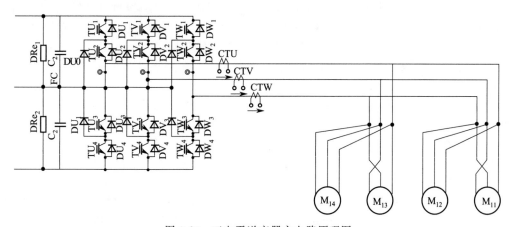

图 9-23 三电平逆变器主电路原理图

表 9-4 CRH2 逆变器参数

输入功率	1 296 kW(直流 3 000 V-432 A)
输出功率	1 475 kV·A(三相交流 2 300 V-424 A,0~220 Hz)
效率	98.5%以上(牵引电机额定)
功率因数	97%以上(在额定载荷条件下,除辅助电路和控制电路外)
载波频率	1 250 Hz
主功率元件	高耐压 IPM/IGBT 3 300 V-1 200 A
箝位二极管	高耐压二极管 3 300 V-1 200 A
支撑电容器	1 250(1±10%) μF

(3)牵引电机

CRH2 牵引电机采用 MT205 型三相四极鼠笼形异步电机,每节动力车 4 个(采用并联连接),一个基本动力单元 8 个,全列共计 16 个。电机额定功率为 300 kW,最高运转速度 6 120 r/min,最高试验速度达到 7 040 r/min。牵引电机的外形图如彩图 13 所示。所有牵引电机的外形尺寸、安装尺寸和电气性能相同,在动车的转向架各个轮轴之间可完全互换。CRH2 牵引电机在车体转向架上的安装位置如彩图 14 所示。牵引电机控制采用矢量控制方式,独立控制转矩电流和励磁电流,以使转矩控制高精度化、反应高速化,提高电流控制性能。

9.4.2 CRH2 牵引传动系统的特点

CRH2 动车组牵引传动系统采用交流传动,在牵引变压器、牵引变流器、牵引电机、控制策略等方面有其显著的特点。

(1)CRH2 动车组牵引变压器采用壳式结构、车体下吊挂、油循环强迫风冷方式,原边采用两组并联结构的绕组,从而增加了每相牵引绕组的容量;牵引绕组为两个独立线圈,确保牵引绕组的高电抗、弱耦合性,使牵引变流器稳定运行。

(2)CRH2 动车组变流器主电路均采用两主管串联与中点带箝位二极管的方案,功率开关采用 IPM 智能功率模块,IGBT 集成化、智能化的一种应用方式。除具有 IGBT 的优点外,驱动功率小,吸收回路简单,器件模块本身具有检测和自保护功能,可以采用多个并联以增大电流容量。

(3)整流部分采用单相三电平 PWM 脉冲整流器,可以实现变流器单位功率因数运行,能量双向传递可以四象限运行。具有以下优点:每一个功率器件所承受的关断电压仅为直流侧母线电压的一半,在相同的情况下,直流母线电压可以提高一倍,容量也可以提高一倍;在同样的开关频率及控制方式下,输出电压或电流的谐波大大小于二电平变流器,因此它的总的谐波失真 THD 也远小于二电平变流器;三电平变流器输入侧的电流波形即使在开关频率很低时也能保证一定的正弦度。这在减小对通信信号的谐波干扰和充分利用电网的传输功率方面都有很大意义。

(4)中间直流环节不设二次谐振滤波装置,从而减轻了牵引变流器何牵引变压器的重量。

(5)逆变器部分采用三电平拓扑结构,与传统的二电平逆变器相比,端电压波形包含较少的谐波分量,有利于减小相邻两种电路状态间转换时引起的电压和电流波动,从而降低损耗,提高电动机和系统效率,减少转矩脉动。

(6)CRH2 动车组采用三相交流鼠笼式异步电机,具有良好的牵引性能,可以实现宽范围的平滑调速,另外调节调频特性能使机车起动时发出较大的起动转矩;异步电机结构简单,可靠性高,无换向引起的电气损耗和机械损耗,无环火引起的故障,牵引主电路系统省去许多有触点电器,运行可靠性进一步提高;耐振动、耐风雪、多尘、潮湿等恶劣环境;过载能力强;转速高,功率/重量比高,有利于电机悬挂;转矩—速度特性较陡,可抑制空转,提高黏着利用率,在几台电机并联时,不会发生单台电机空转现象。

(7)异步电机采用按转子磁场定向的矢量控制策略,把定子电流分解成转子磁场定向坐标系下的励磁电流分量和转矩电流分量,实现了定子电流的完全解耦,控制方式简单,使整个牵引传动系统具有良好动态性能和控制精度。

9.5 电动汽车的典型应用

在电动汽车中,电力电子技术得到了广泛应用和深入研究,其典型应用为 DC/AC 驱动逆变器、DC/DC 电能变换器、电池充电器、DC/DC 辅助电源等。受电动汽车实际运行条件的限定,车载电力电子装置应具有成本低、体积小、比功率大、易于安装的特征。除此之外,电动汽车电力电子装置的可靠性、电磁兼容性(EMC)也是需要考虑的因素。

9.5.1 电动汽车的分类

电动汽车分为纯电动汽车(Pure EV)、混合动力电动汽车(Hybrid Electric Vehicle, HEV)和燃料电池汽车(Fuel Cell Vehicle,FCV)三大类。其典型结构分别如图 9-24 所示。

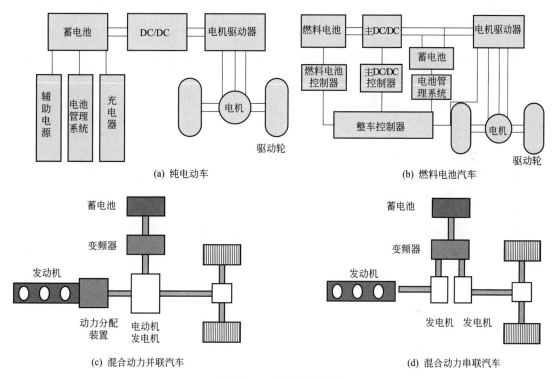

(a) 纯电动车 (b) 燃料电池汽车

(c) 混合动力并联汽车 (d) 混合动力串联汽车

图 9-24　电动汽车类型

1. 纯电动汽车

纯电动汽车是完全由二次电池(如铅酸电池、镍镉电池、镍氢电池或锂离子电池等)储能并通过电机提供唯一驱动力的汽车,其附件、照明等能源也单独依靠电池储能。纯电动车结构简单、操作性好、效率高,而且它本身不排放污染大气的有害气体,噪声也远比传统汽油车小,是未来交通的理想选择。但目前电动汽车的动力电池单位重量储存的能量太少,电池价格较贵,使用成本因配套设施不完善也没有形成明显优势,因此,纯电动汽车的发展没有达到预期的目的。

2. 燃料电池汽车

燃料电池电动汽车具有能量转化率高、不污染环境、使用寿命长等不可比拟的优势。它区别于纯电动汽车,由常见的氢燃料电池不断将化学能转换为电能,并储存在蓄电池中,依然由电机驱动车轮。燃料电池外表上看有正负极和电解质等,像一个蓄电池,但实质上它不能"储电"而是一个"发电厂",其化学反应过程不会产生有害产物,而且能量转换效率比内燃机要高2~3 倍,因此燃料电池车辆是无污染能效高的环保汽车。近几年来,燃料电池技术已经取得了显著的进步,但目前燃料电池技术和研究还没有取得重大突破,燃料电池电动汽车的发展也受到了限制,而且其价格过于昂贵,需要有更进一步的突破性进展。目前燃料电池汽车往往采用燃料电池和蓄电池组合的混合能源方式。

3. 混合动力汽车

混合动力汽车是为解决纯电动汽车续驶里程短而提出的一种折中方案。它既有发动机，又有电机，可单独由电机驱动或发动机参与电机驱动。系统的复杂性增加，但是改善了发动机的工作状况，具有很高的燃油利用率，从而实现高效率的行驶。通常也把它归入电动汽车。按照其体系构成的不同，有并联式混合系统、串联式混合系统和混联混合系统。

(1)并联式混合动力系统由发动机和电动机驱动车轮，可以根据情况使用两种驱动力。驱动车轮的驱动力各自独立、并行，所以称并联式混合动力。在该系统中，将电动机切换到发动机上就可以充电。两种驱动力各自拥有单独结构，因此，在电动机工作的时候不能进行充电。

(2)串联式混合动力系统是发动机驱动发电机，电动机使用产生的电力驱动车轮的系统。动力的流动是直列的，所以称串联式混合动力。串联混合动力系统由于发动机、发电机、驱动电机三大总成系统体积较大，质量较重，一般不适合中小型车辆，比较适合大型客车采用。

(3)混联式混合动力系统具备串联式和并联式的特点，由发动机、发电机、电动机三大动力总成组成。该混合系统可以选择发动机为主动力源，电动机为辅助动力或者电动机为主动力源，发动机为辅助动力。

9.5.2 燃料电池电动汽车传动系统主电路

现以燃料电池汽车的驱动主电路为例，对其主电路结构进行分析。由于燃料电池的特性，电能从燃料电池输出之后进入 DC/DC 变换电路之后才能进入 DC/AC 变换电路驱动电机，其框图如图 9-25 所示。

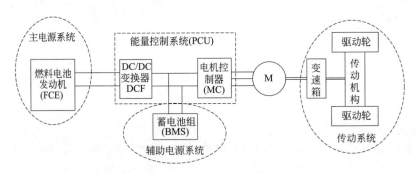

图 9-25 燃料电池汽车驱动系统框图

1. DC/DC 变换电路

图 9-26 所示为燃料电池电动轿车用 DC/DC 变换器升压主电路，包括两个不同类型的电容器 C_1 和 C_2、电感器 L_s、二极管 VD_s，所述电容器 C_1 和 C_2 并联于所述主电路上，所述二极管 VD_s 和所述电感器 L_s 串联于所述主电路上，在所述主电路上还连有两个功率开关器件 VT_1 和 VT_2，所述功率开关器件的集电极、发射极、基极分别与所述电感器 L_s 的输出端、所述主电路的负极和控制电路相连。所述控制电路由电压电流检测电路、控制环节和驱动电路组成。所述功率开关器件为绝缘栅双极晶体管。在所述功率开关器件的集电极与发射极之间还设有 RC 换相过电压抑制器和设置于所述主电路上的过电压抑制器 RV。

图 9-27 所示为燃料电池电动轿车用 DC/DC 变换器降压主电路，包括两个不同类型的电容器 C_1 和 C_2、电感器 L_s、二极管 VD_s，所述电容器 C_1 和 C_2 并联于所述主电路上，所述二极管 VD_s 和所述电感器 L_s 串联于所述主电路上，在所述主电路上还连有两个功率开关器件要

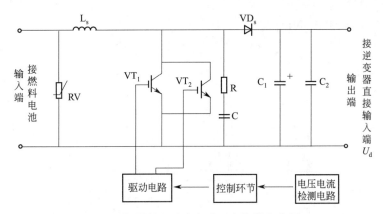

图 9-26 燃料电池汽车升压变换器电路图

VT_1 和 VT_2,所述功率开关器件的集电极、发射极、基极分别与所述主电路的正极、电感器 L_s 的输出端和控制电路相连。所述控制电路由电压电流检测电路、控制环节和驱动电路组成。所述功率开关器件为绝缘栅双极晶体管。在所述功率开关器件的集电极与发射极之间还设有 RC 换相过电压抑制器设置于所述主电路上的过电压抑制器 RV。

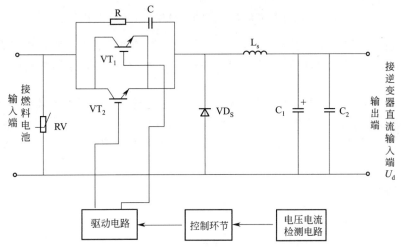

图 9-27 燃料电池汽车降压变换器电路图

2. DC/AC 变换电路

燃料电池输出的电能通过 DC/DC 变换后作为逆变器的直流电源,逆变器根据整车控制指令,输出电压和频率可调三相交流电,驱动牵引电机运行。用于电动汽车的电机和逆变器的主电路原理框图如图 9-28 所示。

图中,U_d 为直流回路电源(V);C_d 为中间直流回路滤波电容(F);$VT_1 \sim VT_6$ 为 6 个开关管,$VD_1 \sim VD_6$ 为 6 个开关管对应的续流二极管,每两个开关管和两个二极管组成一个功率桥臂,并共同组成三相逆变电路;位置传感电路用于实时检测永磁无刷电机的转子位置;相电流采样电路用于检测永磁无刷电机三相电流;温度采样电路用于对控制器温度和电机温度分别进行处理,其中控制器温度信号采用功率模块安装基板温度,电机温度采用定子绕组温度;模块故障处理电路用于将三相功率模块输出的故障信号进行"线与"后输出一路综合故障信号;电压信号检测电路用于检测直流母线电压;电机控制单元根据转子位置信号、电流采样信号、控制器温度和电机温度信号、电压信号以及来自电机通信控制单元的转矩指令、电机

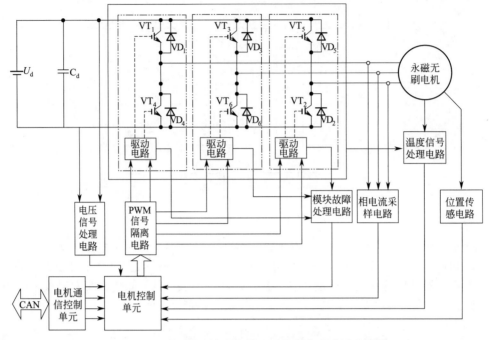

图 9-28　用于电动汽车的电机及逆变器主电路原理框图

使能信号、电机转向信号和牵引/制动信号控制输出六路 PWM 信号;六路 PWM 信号经过驱动信号隔离电路送三相功率模块,驱动三相功率模块工作,输出三相电压和频率可调的三相交流电。

　　由图 9-28 电机及逆变器的主电路原理图可知,逆变器设计包括逆变器的功率电路布置、功率电路参数设计、功率母线设计、驱动电路设计、信号检测与处理电路设计、故障处理与保护电路设计、控制电路硬件设计、通信电路设计、电源系统的抗干扰设计和系统的散热设计等几个方面。

9.5.3　车载辅助电路

　　(1)12V 辅助电源

　　通常汽车中各种用电装备由 14 V 蓄电池组供电(额定电压为 12 V),普锐斯也选用了14 V 蓄电池组作为诸如控制计算机、车灯、制动器等车载电气装备的供电电源,而对该蓄电池的充电工作则由直流 220 V 经过 DC/DC 降压变换器来完成的,变换器的电路图如图 9-29 所示。变换器的容量为 1.4 kW(100 A/14 V),功率器件选用压控型 MOSFET (500 V/20 A),每个 MOSFET 芯片的面积为 49 mm² (7 mm×7 mm)。

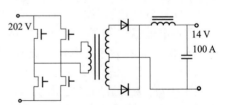

图 9-29　14 V 蓄电池充电用 DC/DC 降压变换器

　　(2)车载充电器

　　电动汽车充电装置总体上可分为非车载充电装置和车载充电装置。非车载充电器功率体积和质量均比较大,能够满足各种功率需求。车载充电装置是指安装在电动汽车上的、采用地面交流电网或车载电源对电池组进行充电的装置,包括车载充电机、车载充电发电机组和运行能量回收充电装置。车载充电装置通常使用结构简单、控制方便的接触式充电器,也可以是感应充电器。上海燃料电池汽车动力系统有限公司研发的集成式车载充电机结构如图 9-30 所示。

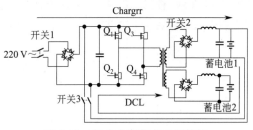

图 9-30 集成式车载充电机结构

该集成式充电机按照可划分为流高压充电器和低压直流变换器两部分,采用接触式设计。从图中可以看出该充电器有一组输入两组输出,两组输出电路共用一组控制电路,通过控制充电机变压器输入侧 4 个开关管的来实现不同的输入源对应不同的隔离输出电源。该充电机具有集成度高、隔离输出、能量转换效率高等特点,能够实现高压(动力电池)和低压直流充电(12 V 蓄电池)的恒流、恒压控制。结合目前轨道车辆功率需求及普通民用插座允许输出功率范围,该集成充电机额定功率为 2 kW。

感应耦合式充电方式,即充电源和汽车接受装置之间不采用直接电接触的方式,而采用由分离的高频变压器组合而成,通过感应耦合,无接触式地传输能量。图 9-31 给出电动汽车感应耦合充电系统的简化功率流图。输入电网交流电经过整流后,通过高频逆变环节,经电缆传输通过感应耦合器后,传送到电动汽车输入端,再经过整流滤波环节,给电动汽车车载蓄电池充电。

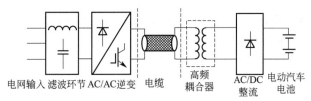

电网输入 滤波环节 AC/AC逆变 电缆 高频耦合器 AC/DC整流 电动汽车电池

图 9-31 EV 感应耦合充电系统简化功率流图

感应耦合充电方式还可进一步设计成无需人员介入的全自动充电方式。即感应耦合器的磁耦合装置原副边之间分开更大距离,充电源安装在某一固定地点,一旦汽车停靠在这一固定区域位置上,就可以无接触式地接受充电源的能量,实现感应充电,从而无需汽车用户或充电站工作人员的介入,实现了全自动充电。对于感应耦合式电动汽车充电,SAEJ-1773 标准推荐采用三种充电方式:应急充电、家用充电、充电站充电。其中,最常用的方式是家用充电方式,充电器功率为 6.6 kW,更高功率级的充电器一般用于充电站等场合。感应耦合器可以用图 9-32 所示的等效电路模型来表示。

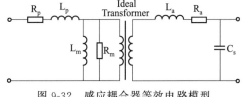

图 9-32 感应耦合器等效电路模型

(3)电动空调逆变电路

普锐斯混合动力汽车空调系统运用了电机驱动的空气压缩机,取代了传统的用发动机机械驱动的空气压缩机。为了驱动空气压缩机用电机,设计了一种小功率逆变器(DC202 V,1.6 kW)。功率器件选用带有反并联续流二极管的商用 IGBT(600 V/30 A),其中每个 IGBT 芯片的面积为 22.1 mm²(4.7 mm×4.7 mm),每个续流二极管芯片的面积为 9 mm²(3 mm×3 mm)。

另外,将无位置传感器技术应用于电动汽车无刷直流电机的空调驱动系统也已经在奇瑞汽车的纯电动汽车 T11,上海汽车的燃料电池汽车 ROVER(上海牌)、上海大众的燃料电池汽车 PASSAT 领域上获得应用。该系统由无刷直流电机、功率模块、驱动电路、控制模块、端电压检测电路、转子位置硬件检测电路等组成。图 9-33 为整个系统的框图。其中控制模块包括 TI 公司的 DSP 处理器、看门狗电路、输入输出调理电路、CAN 通信接口电路等。驱动电路包括了电流电压检测电路和故障保护电路。功率模块采用三菱公司的 7 单元 IPM 模块。

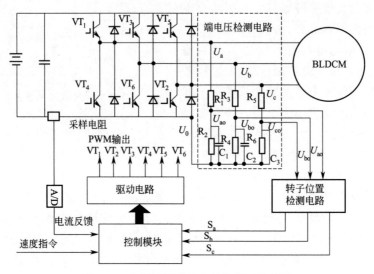

图 9-33　空调无刷直流电机控制系统框图

值得一提的是,将无传感器控制应用于实际电机控制是一个很有意义的研究,对电动汽车的驱动系统也有着很好的参考和研究价值。

附录 电动汽车用高效反激式开关电源

车用 DC-DC 开关电源与民用和普通工业使用开关电源在技术标准上存在不小的差距。主要原因是车用的工作环境十分恶劣,空间狭小,高温、冰冻、雨水、颠簸都会导致开关电源的稳定性难以保证,而且车用条件下电磁干扰大,电源的输出纹波极易增大和不稳定。

本设计实例性能能指标要求如下:

输入部分技术规格:输入电压 12 V,电压变动范围 8~18 V。

输出部分技术规格:

1. 15 Vdc,1.2 A,精度:±1%;

2. ±15 Vdc,330 mA,精度:±2.5%;

3. 15 Vdc,200 mA,精度:±2.5%;

4. 负载效应:0~100%负载变化时,电压变动≤2%;

5. 源效应:输入电压 8~18 V 变动时,电压变动≤2%;

6. 输出纹波及噪声:V_{P-P}≤1 V;

7. 电源总效率:≥85%。

保护功能:

1. 输入过压保护,且可恢复;

2. 输入欠压保护,且可恢复;

3. 输出过压保护:130%~150%;

4. 输出过流保护:保护点(110%);

5. 电源过温保护:<110 ℃。

电源整机基本规格:

1. 工作温度范围:-25 ℃~+105 ℃;

2. 存储温度范围:-40 ℃~+120 ℃;

3. 相对湿度:≤90 RH (40±2)℃;

4. 启动时间:<50 ms。

开关电源拓扑结构为反激式,工作模式采用断续模式,防止变压器磁芯饱和。功率开关管选用 N 沟道型 MOSFET,相比于 P 沟道型的开关管,N 沟道具有正向驱动导通、导通电阻小开关速度快的优点。输出整流二极管选用 BYV26 快恢复二极管,反向恢复时间为几百纳秒,反向峰值电压为几百伏至几千伏。反馈取样采用线性光耦元件 TLP121,隔离性能好,电流传输比为 2,线性度区间为 5~10 mA。基准电压源采用可调式精密并联稳压器 TL431,输出电压可在 2.5~36 V 范围内连续调节。控制芯片采用德州仪器的 UC3845 电流控制性脉宽调制器。由 UC3845 构成的多路输出升降压开关电源电路如附图 1 所示,电路分析详见附表 1。

其中 UC3845 的振荡频率计算式为

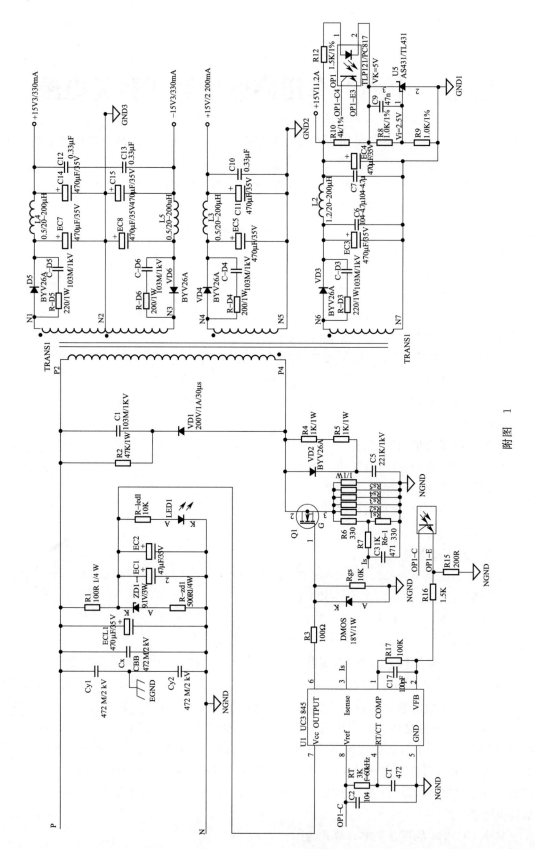

附图 1

$$f_{\text{OSC}} = \frac{1.72}{R_T C_T}$$

f_{OSC} 为开关频率的两倍，$R_T C_T$ 的取值以 $R_T \leqslant 500$ kΩ，$C_T \geqslant 100$ pF 为宜。

附表　1

输入滤波电路	滤波电容 CBB、ECL1
输入欠压保护	稳压管 ZD_1，UC3845 的工作门槛电压是 8.4 V/7.6 V，防止供电电压不稳造成芯片停止工作
启动电路	R_1、EC_1、EC_2，给 UC3845 提供工作电压
指示电路	R-led、LED 发光二极管
开关功率管	N 沟道 MOSFET—IRF540
尖峰电压吸收回路	第一级变压器一次侧 R2、C1、D1 第二级 MOS 管 R4、R5、C5、D2
过流检测电路	Rsense1—5、R6（与 R6-1 串联）、R7
振荡电路	$R_T = 3$ k　$C_T = 4\,700$ pF，设定开关频率 60 kHz
反馈电路	光耦 TLP121
补偿电路	R17、C17，补偿误差放大器的频率响应
输出整流滤波电路	由 L2、L3、L4、L5 及两侧电容构成 π 型滤波器，其插入损耗特性比 C 型和 LC 型更好
钳位电路	R8、R9、R10，为 TL431 提供 2.5 V 基准电压箝位和 15 V 输出
输出尖峰电压吸收回路	变压器二次侧 D3、R-D3、C-D3、D4、R-D4、C-D4、D5、R-D5、C-D5、D，6、R-D6、C-D6

设计要点：

高频变压器磁芯采用铁氧体 PQ20/20 磁芯，该磁芯漏感较小，原边用线径为 1.0 mm 的绝缘漆包线绕制 4 匝，初级电感量 3.54 μH，硅钢片开气隙 0.35 mm；副边 200 mA 支路用线径为 0.23 mm 的绝缘漆包线绕制 8 匝，330 mA 共地路用线径为 0.29 mm 的绝缘漆包线分别绕制 8 匝，1.2 A 支路用线径为 0.56 mm 的绝缘漆包线绕制 8 匝。

参 考 文 献

[1]   康劲松,陶生桂,等.电力电子技术[M].北京:中国铁道出版社,2010.

[2]   邵丙衡.电力电子技术[M].北京:中国铁道出版社,1997.

[3]   徐国卿.城市轨道车辆电力传动[M].上海:上海科学技术出版社,2003.

[4]   陈国呈.PWM变频调速及软开关电力变换技术[M].北京:机械工业出版社,2001.

[5]   王兆安,黄俊.电力电子技术[M].4版.北京:机械工业出版社,2000.

[6]   王增福,李昶,魏永明.软开关电源原理与应用[M].北京:电子工业出版社,2006.

[7]   陈坚.电力电子学-电力电子变换和控制技术[M].北京:高等教育出版社,2002.

[8]   阮毅,陈伯时.电力拖动自动控制系统[M].2版.北京:机械工业出版社,2005.

[9]   贾正春,马志源.电力电子学[M].北京:中国电力出版社,2002.

[10]   林云,管春.电力电子技术[M].北京:人民邮电出版社,2012.

[11]   徐德鸿.电力电子系统建模及控制[M].北京:机械工业出版社,2005.

[12]   张占松,蔡宣三.开关电源的原理与设计(修订版)[M].北京:电子工业出版社,2005.

[13]   徐德鸿.现代电力电子器件原理与应用技术[M].北京:机械工业出版社,2009.

[14]   曾允文.变频调速SVPWM技术的原理、算法与应用[M].北京:机械工业出版社,2011.

[15]   Bimal K Bose.电力电子与电力传动.朱仁初译.西安:西安交通大学出版社,1991.

[16]   何志.第3代半导体电力电子功率器件和产业发展趋势[J].新材料产业,2014(3):8-12.

[17]   钱照明.电力电子器件及其应用的现状和发展[J].变频器世界,2014(8):28-29.

[18]   盛况,郭清,张军明,等.碳化硅电力电子器件在电力系统的应用展望[J].中国电机工程学报,2012,32(30):1-7.

[19]   陶生桂,康劲松.用于三点式逆变器的脉宽调制控制方法[J].机车电传动,1997(1):47-49.

[20]   陶生桂,梁建英.城市地铁与轻轨车辆辅助系统综述[J].电力机车技术,2001,24(3)

[21]   康劲松,陶生桂.城市轨道车辆辅助系统IGBT三电平逆变器研制[J].同济大学学报,2001,29(2).

[22]   康劲松,张烨.多电平变流器在风力发电系统中的应用[J].中国电机工程学报,2009(24):20-25.

[23]   康劲松,陶生桂.大功率三电平变流器中的能量回馈型吸收电路[J].电力电子技术,2002,36(4).

[24]   康劲松,郎玉峰.IGBT集成驱动模块的应用研究[J].电工技术杂志,2000,5.

[25]   赵定远,赵莉华.现代电力电子器件的发展[J].成都大学学报,2007,26(3).

[26]   黄海宏,王海欣,张毅,等.PWM整流电路的原理分析[J].电气电子教学学报,2007,29(4).

[27]   胡引娥,程有平.广州地铁1号线车辆的牵引逆变器[J].机车电传动,2003,1.

[28]   杨晓峰,林智钦,郑琼林,等.模块组合多电平变换器的研究综述[J].中国电机工程学报,2013,33(6):1-14.

[29]   Bimal K Bose. Modern Power Electronics,Evolution,Technology and Application[M]. IEEE Press,1992.

[30]   Bimal K. Bose. Modern Power Electronics and AC Drives[M]. Prentice Hall. 2001.

[31]   Bin Wu. High-Power Converters and AC Drives[M]. Wiley-IEEE Press. 2006.

[32]   Univ. -Prof. Dr. Ir. R. W. De Doncker. Lecture Notes Power Electronic Fundamentals,Topologies,Analysis[M]. RWTH Aachen University,2013.

[33]   Erickon,Robert W. Fundamentals of Power Electronics. Second Edition[M]. Secaucus, NJ,USA:Kluwer Academic Publishers,2000.

[34] Dos Santos E,da Silva E R. Advanced Power Electronics Converters: PWM Converters Processing AC Voltages[M]. John Wiley & Sons,2014.

[35] Buso S,Mattavelli P. Digital Control in Power Electronics[M]. Morgan & Claypool Publishers,2006.

[36] Patrick W. Wheeler,José Rodríguez,Jon C. Clare,Lee Empringham,Alejandro Weinstein. Matrix Converters: A Technology Review[J]. IEEE Transactions On Industrial Electronics,2002,49(2).

[37] Banaei M R,Salary E. Mitigation of current harmonics and unballances using power electronic transformer[C]//Power Quality Conference (PQC),2010 First. IEEE, 2010:1-1.

[38] Biczel P,Jasinski A,Lachecki J. Power Electronic Devices in Modern Power Systems[C]//EUROCON, 2007. The International Conference on "Computer as a Tool"IEEE, 2007:1586-1586.

[39] Paice D A. Power electronic converter harmonics[J]. Multipulse Methods For Clean Power," IEEE PRESS New York,1996.

[40] Carrasco J M, Franquelo L G, Bialasiewicz J T, et al. Power-electronic systems for the grid integration of renewable energy sources:A survey[J]. Industrial Electronics,IEEE Transactions on,2006,53(4): 1002—1016.

[41] Murphy J M D, Turnbull F G. Power electronic control of AC motors[J]. 1988.